Andreas Baum

Untersuchung prozessbedingter Strukturabweichungen laserauftraggeschweißter Hartmetalle vom regulären Gefüge der Sinterhartmetalle

TUD*press*

Andreas Baum

Untersuchung prozessbedingter Strukturabweichungen laserauftraggeschweißter Hartmetalle vom regulären Gefüge der Sinterhartmetalle

TUDpress
2014

Die vorliegende Arbeit wurde am 28. Dezember 2012 an der Fakultät Maschinenwesen der Technischen Universität Dresden als Dissertation eingereicht und am 25. November 2013 verteidigt.

Vorsitzender der Promotionskommission:
Prof. Dr.-Ing. habil. Dr. h.c. Eckhard Beyer

Gutachter:
Prof. Dr.-Ing. Christoph Leyens
Prof. Dr.-Ing. Roland Wahl

Bibliografische Information der Deutschen Nationalbibliothek
Die Deutsche Nationalbibliothek verzeichnet diese Publikation in der Deutschen Nationalbibliografie; detaillierte bibliografische Daten sind im Internet über http://dnb.d-nb.de abrufbar.

Bibliographic information published by the Deutsche Nationalbibliothek
The Deutsche Nationalbibliothek lists this publication in the Deutsche Nationalbibliografie; detailed bibliographic data are available in the Internet at http://dnb.d-nb.de.

ISBN 978-3-944331-46-1

Verlag der Wissenschaften GmbH
Bergstr. 70 | D-01069 Dresden
Tel.: 0351/47 96 97 20 | Fax: 0351/47 96 08 19
http://www.tudpress.de

Gesetzt vom Autor.
Printed in Germany.

TECHNISCHE UNIVERSITÄT DRESDEN

„Untersuchung prozessbedingter Strukturabweichungen laserauftraggeschweißter Hartmetalle vom regulären Gefüge der Sinterhartmetalle“

Von der Fakultät Maschinenwesen
der Technischen Universität Dresden

zur

Erlangung des akademischen Grades
Doktoringenieur (Dr.-Ing.)
genehmigte Dissertation

vorgelegt von

Dipl.-Ing.(FH) Baum, Andreas

geboren am 04.04.1979 in Pforzheim

Vorsitzender der Promotionskommission:
Prof. Dr.-Ing. habil. Dr. h.c. Eckhard Beyer

Gutachter:
Prof. Dr.-Ing. Christoph Leyens
Prof. Dr.-Ing. Roland Wahl

Tag der Einreichung: 28.12.2012
Tag der mündlichen Prüfung: 25.11.2013

Kurzfassung

Das Laserauftragschweißen von Hartlegierungen und Hartverbundwerkstoffen hat sich bereits bei zahlreichen industriellen Anwendungen als Standardverfahren etabliert. Allerdings ist der Hartstoffanteil bei den derzeit gängigen Standard-Pulverwerkstoffen aufgrund des spezifischen Gefügebildungsmechanismus auf maximal 40 Gew.% bis 60 Gew.% limitiert.

Aus der lasertechnischen Verarbeitung solcher Pulverwerkstoffe resultieren Gefüge, deren Aufbau mit den klassischen Sinterhartmetallen durchaus vergleichbar ist. Diese Eigenschaft wird in der vorliegenden Arbeit genutzt, um einerseits Analogien auf Basis der Gefüge zu bewerten und um andererseits zu untersuchen, inwieweit Sinterhartmetalle durch lasergenerierte Hartmetalle substituierbar sind. Für die Untersuchungen wird ein WC-Co Pulverwerkstoff mit einem Hartstoffanteil von 88 Gew.% Wolframcarbid eingesetzt.

Derart hohe Hartstoffgehalte führen bei der lasertechnischen Verarbeitung zu einer verbleibenden Porosität der lasergenerierten Volumenkörper im Bereich von 20 Vol.%, die bei angepassten Beschichtungsparametern im Wesentlichen in Form von Gasporen vorliegt. Es wird nachgewiesen, dass der Hartstoffverlust, der im Mittel bei ca. 14 Gew.% liegt, im Wesentlichen durch die verfahrenstypische schnelle Erstarrung, verbunden mit einem prozessspezifischen Kohlenstoffverlust, verursacht wird.

Aus Untersuchungen zum Wachstum der Hartstoffe geht die Koaleszenz als dominierender Wachstumsmechanismus hervor. Trotz des ausgeprägten Wachstums der Hartstoffpartikel ergeben sich beim verwendeten Ausgangspulver immer noch resultierende Korngrößen, wie sie standardmäßig in der Umformtechnik zum Einsatz kommen.

Neben der Porosität wird eine örtliche Abhängigkeit der Gefügestrukturen und -modifikationen als derzeit größte Problemstellung identifiziert. Aus den Untersuchungsergebnissen werden abschließend werkstoffkundliche und prozesstechnische Maßnahmen und Optimierungen abgeleitet, durch welche die ermittelten Strukturabweichungen der lasergenerierten Hartmetalle zu den Sinterhartmetallen reduziert werden können.

Zusammenfassend führen die Untersuchungsergebnisse zur Feststellung, dass das Laserauftragschweißen zum aktuellen Zeitpunkt noch nicht als vollwertiges alternatives Herstellverfahren für Sinterhartmetalle eingesetzt werden kann. Jedoch sind für die genannten Problemstellungen verschiedene Lösungsansätze vorhanden, die den Einsatz des Laserauftragschweißens für die Hartmetallherstellung von zumindest kleinvolumigen Volumenkörpern in naher Zukunft als durchaus realistisches Ziel erscheinen lassen.

Danksagung

Die vorliegende Arbeit entstand neben meiner Tätigkeit als Projektingenieur und wissenschaftlicher Mitarbeiter im Labor für Fertigungstechnik an der Hochschule Pforzheim in Kooperation mit dem Fraunhofer Institut für Werkstoff- und Strahltechnik (IWS) Dresden. An erster Stelle danke ich meinen Eltern, die mir eine entsprechende Ausbildung ermöglichten und mir stets mit Verständnis und Hilfe zur Seite standen.

Mein besonderer Dank gilt Herrn Prof. Dr.-Ing. Christoph Leyens, Inhaber des Lehrstuhls für Werkstofftechnik, an der TU Dresden für die Übernahme des Erstgutachtens sowie für die angenehmen, produktiven Gespräche und das mir entgegengebrachte Vertrauen und Engagement bei der Betreuung der Arbeit.

Ebenfalls danke ich insbesondere Herrn Prof. Dr.-Ing. Roland Wahl, Inhaber des Lehrstuhls für Fertigungstechnik an der Hochschule Pforzheim, der mir die Durchführung der vorliegenden Arbeit ermöglicht hat und mir stets mit fachlichem Rat unterstützend zur Seite stand.

Herr Prof. Dr.-Ing. Dipl.-Wirt.-Ing.(FH) Norbert Jost, Inhaber des Lehrstuhls für Werkstoffkunde an der Hochschule Pforzheim, danke ich für die fachliche Unterstützung, sowie die Möglichkeit der uneingeschränkten Gerätenutzung und stets motivierender Worte.

Frau Dr.-Ing. Anja Techel vom Fraunhofer-Institut für Werkstoff- und Strahltechnik (IWS) in Dresden danke ich für die Vor-Ort Unterstützung und die kritische Durchsicht des Manuskripts.

Mein Dank gilt weiterhin der Max-und Erni-Bühler-Stiftung für das Interesse am bearbeiteten Thema und die langjährige monetäre Unterstützung, sowie die Möglichkeit der regelmäßigen Präsentation der Ergebnisse im Rahmen des jährlich an der Hochschule Pforzheim statt findenden Technik-Forums.

Besonders hervorheben möchte ich an dieser Stelle meine sehr geschätzte Kollegin Frau Ursula Christian, die mir durch ihre stetige Diskussionsbereitschaft und ihr unermüdliches werkstoffkundliches Interesse Zugang zu ihrem einmaligem werkstoffkundlichen Fachwissen gewährte und auf diese Weise erheblich zum Gelingen dieser Arbeit beigetragen hat.

Weiterhin danke ich allen Mitarbeitern des Fachbereichs Maschinenbau an der Hochschule Pforzheim, sowie des Fraunhofer-Instituts für Werkstoff- und Strahltechnik (IWS) in Dresden, die mir fachlich und moralisch bei der Erstellung dieser Arbeit zur Seite standen.

Für die uneingeschränkten Nutzungsmöglichkeiten des Rasterelektronenmikroskops danke ich Herrn Prof. Dr.-Ing. Wolfgang Böhm, sowie den Mitarbeitern des Schmucktechnologischen Instituts der Hochschule Pforzheim. Ein weiterer Dank gilt Herrn Dr.-Ing. Cornel Schreuders und seinen Kollegen vom DLR Stuttgart für die Durchführung der Diffraktometeranalysen.

Pforzheim, im Dezember 2012 Andreas Baum

„Dass etwas schwierig ist, muss ein Grund mehr sein, es zu tun.“

*Rainer Maria Rilke (*1875 - †1926)*

Inhaltsverzeichnis

1 Einführung

Technologische Trends und der globale Zwang der Energieeinsparung bei der Herstellung sowie im Betrieb von Maschinen und Anlagen, aber auch von Konsum- und Luxusgütern stellen insbesondere die metallverarbeitende Industrie immer wieder vor Herausforderungen. Ein allgegenwärtiges Beispiel, mit dem die Hersteller von Fahrzeugen aller Art dieser Forderung Rechnung tragen, findet sich in dem weiträumigen Begriff des Leichtbaus wieder.
Die Entwickler solcher Fahrzeuge stehen vor der Herausforderung, bei unverändertem Belastungsprofil eine ebenso verwindungssteife wie crashsichere Struktur herzustellen, deren Eigenschaften dem aktuellen Stand der Technik in nichts nachstehen. Letztendlich liegt die Lösung in einem optimalen interdisziplinären Zusammenspiel von konstruktiven Maßnahmen, Verbindungstechnik und entsprechenden hochfesten Werkstoffen.
Vorreiter im Einsatz von hochfesten Stählen ist wie so oft die Automobilindustrie. Dort hat sich nach einer Studie von McKinsey der Anteil der im Fahrzeug verbauten hochfesten und höchstfesten Stähle in der letzten Dekade um mehr als das Dreifache auf einen Marktanteil von ca. 15 % erhöht und soll bis 2030 auf mindestens 40 % wachsen [122, 123, 54]. So sind in der Mercedes C-Klasse der Baureihe C204 (Modell 2007) bereits über 60 % der eingesetzten Stähle hochfest und höchstfest [128].
Entsprechend nehmen die Anforderungen an die Werkzeuge, mit welchen derartige Stähle getrennt, gefügt und insbesondere umgeformt werden, zu. Dabei ist für den Werkzeughersteller neben den gewachsenen mechanischen Beanspruchungen auch die Verschleißfestigkeit in zufriedenstellender Weise zu berücksichtigen. In der Summe bedingen diese neuen Anforderungen den Einsatz alternativer, höherwertiger Werkzeugwerkstoffe.
Die Werkstoffauswahl stellt stets einen Kompromiss im paradoxen Verhältnis zwischen Härte und Zähigkeit dar. In Anlehnung an [11] zeigt Abbildung 1.1 eine simplifizierte Klassifizierung potenzieller Werkzeugwerkstoffe auf Basis der Anforderungen an Zähigkeit und Härte.

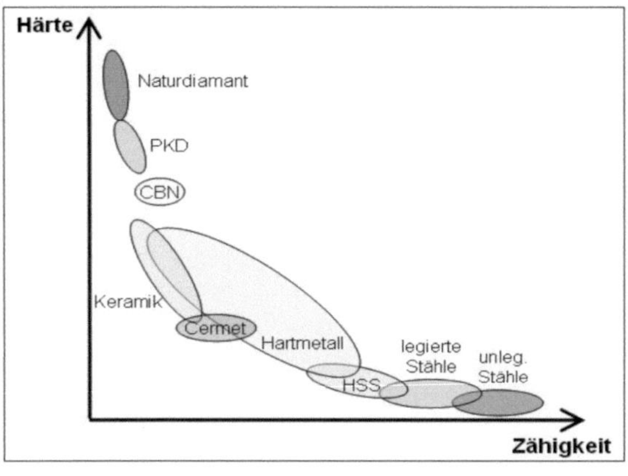

Abbildung 1.1: *Klassifizierung von Werkzeugwerkstoffen in Anlehnung an [11].*

Legierte Stähle sowie HSS sind bis heute die Standardwerkstoffe zur Herstellung von Werkzeugen aller Art. Die steigenden Belastungsprofile, verbunden mit der kostenorientierten Ausreizung von Fertigungsprozessen, führen gemäß Abbildung 1.1 jedoch zunehmend zu einer Verschiebung der verarbeiteten Werkzeugwerkstoffe in die negative Richtung der Abszisse, was in den letzten Jahren zu einem erheblichen Wachstum des Hartmetall- und Keramikmarkts beigetragen hat. Insbesondere in der Umform- und Zerspanungstechnik ist der Anteil der Hartmetallwerkzeuge infolge der beschriebenen Entwicklungen stark angestiegen.

Neben der Auswahl von Werkstoffen können Eigenschaften und Verschleißverhalten der Werkzeuge durch eine Vielzahl weiterer Maßnahmen an das Belastungsprofil angepasst werden. Als bekannteste Vertreter sind die klassischen Härtungsmechanismen zu nennen, die bei hoch beanspruchten Werkzeugen auf Stahlbasis durchgängig angewendet werden. Einige dieser Verfahren verändern die Eigenschaften des gesamten Körpers. Die überwiegende Anzahl der Verfahren beschränkt sich jedoch auf die Anpassung der Randschichteigenschaften. Es handelt sich hierbei im Wesentlichen um die Erzeugung oder Aufbringung von verschleißhemmenden Schichten oder Diffusionssperren.

Die Arbeitsgemeinschaft Wärmebehandlung und Werkstofftechnik (AWT) teilt die Verfahren zur Herstellung solcher Schichten in acht Gruppen ein [15]:

I. Martensitische Randschichten
II. Randschichten mit Änderung der chemischen Zusammensetzung
III. Thermische Spritzschichten
IV. CVD-Schichten
V. PVD-Schichten
VI. Auftragschweißschichten
VII. Laserstrahl-Randschichtschmelzen
VIII. Galvanische Schichten

Für den Verschleißschutz von Hartmetallen kommen standardmäßig verschiedene CVD- und PVD-Schichten (z.B. TiN, TiAlN) zum Einsatz. Diese Schichten weisen Schichtstärken im zwei- bis dreistelligen µm-Bereich auf und werden durch so genannte Dünnschichtverfahren hergestellt.

Das Gegenstück dazu bilden die Dickschichtverfahren, bei welchen Schichtdicken > 100 µm erzeugt werden. Die bekanntesten Dickschichtverfahren stammen aus den Gruppen der Thermischen Spritzverfahren sowie der Auftragschweißverfahren. Der wesentliche Unterschied zwischen den beiden Verfahrensgruppen liegt in der Schichtanbindung. Während die Spritzschichten hauptsächlich durch mechanische Verklammerung und Adhäsion, mit Anteilen von Diffusion auf dem Substrat haften, bilden die Auftragschweißschichten im Übergang ein Mischgefüge mit dem Substratwerkstoff, wodurch optimale Haftungsbedingungen geschaffen werden.

Zur gedanklichen Einordnung der Auftragschweißverfahren zeigt Abbildung 1.2 die Position dieser Verfahrensgruppe nach DIN 8580. Innerhalb der Gruppe erfolgt eine weitere Unterteilung nach Art der Energiequelle.

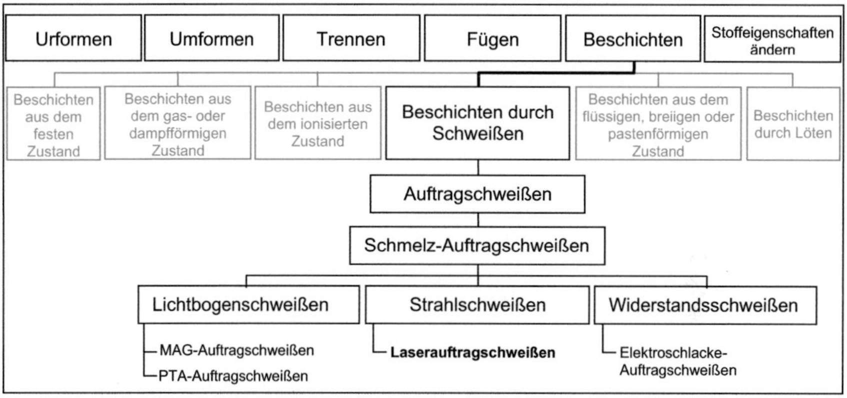

Abbildung 1.2: *Eingliederung der Auftragschweißverfahren in die DIN 8580.*

Mit den Auftragschweißschichten werden abhängig vom Einsatzzweck unterschiedliche Ziele verfolgt. So spricht man nach DIN 1910 vom „Schweißpanzern", wenn es um die Veränderung mechanischer Eigenschaften zum Zwecke der Verschleißoptimierung geht. Die Anpassung der chemischen Eigenschaften der Oberfläche (z.B. Korossionsbeständigkeit) wird als „Schweißplattieren" und die Schaffung angepasster Anbindungsverhältnisse durch Zwischenschichten als „Puffern" bezeichnet.

In diesem Zusammenhang ist es besonders bei temperaturempfindlichen und diffusionsfreudigen Substratwerkstoffen, deren Eigenschaften i.d.R. nicht verändert werden sollen, von großem Vorteil, wenn die Energiequelle eine eng begrenzte, gezielte und gut regelbare Energieeinkopplung ermöglicht. Hier bietet der Laser als Energiequelle sehr große Vorteile gegenüber dem Plasma oder Lichtbogen. Das Laserauftragschweißen ist gleichzeitig eines der jüngsten Auftragschweißverfahren [16].

Die begrenzte Schweißeignung[1] von Hartmetallen schließt den Einsatz von Auftragschweißverfahren an diesem Werkstofftyp aus. Aufgrund der hohen erreichbaren Schichtdicken und der Möglichkeit, ganze Volumenkörper zu erzeugen, haben sich jedoch speziell unterschiedliche Verfahrensvarianten des Laserauftragschweißens auch als Urformverfahren etabliert, mit welchen u.a. auch Hartmetall- oder hartmetallähnliche Beschichtungen bzw. Volumenkörper hergestellt werden können.

[1] Die Schweißeignung ist definitionsgemäß eine Werkstoffeigenschaft [23].

2 Stand der Technik bei Sinterhartmetallen

Per Definition sind Hartmetalle Verbundwerkstoffe, die aus metallischen Hartstoffen und einem Bindemetall bestehen [39].

Die Herstellung kann sowohl guss- als auch sintertechnisch erfolgen. Die bekanntesten Vertreter aus dem Bereich der gegossenen Hartmetalle sind die unter dem Markenzeichen Stellite® vertriebenen Chrom-Cobalt-Wolfram-Legierungen, die heute in erster Linie im Bergbau, im Offshore-Bereich oder bei diversen Hochtemperaturprozessen angewendet werden. Der Nachteil gegossener Hartmetalle liegt in deren durch das Gussgefüge bedingten Sprödigkeit [35].

Der überwiegende Anteil der industriell genutzten Hartmetalle wird jedoch mit Hilfe der Sintertechnik hergestellt. Das Verfahren ermöglicht im Gegensatz zur gusstechnischen Herstellung eine sehr genaue Einstellung des gewünschten Gefüges, das dadurch gekennzeichnet ist, dass Hartstoffe durch ein Bindemetall, auch als Matrix bezeichnet, im Verbund gehalten werden, wobei die beiden Gefügephasen im Optimalfall als getrennte Bestandteile mit definierten Korngrenzen nebeneinander vorliegen. Die Eigenschaften von Hartmetallen lassen sich mit verschiedenen Gefügeparametern in weiten Grenzen einstellen, was einen breitbandigen Einsatzbereich dieses Werkstoffs ermöglicht.

Um auch dem Anwender ohne werkstoffkundlichem Fachwissen die Auswahl des geeigneten Hartmetalls so einfach wie möglich zu gestalten, wurden verschiedene Klassifizierungsmodelle entwickelt. Am weitesten verbreitet ist die Einteilung der Hartmetalle in die drei Zerspanungshauptgruppen K, M und P nach ISO 513, die jedoch nicht weiter betrachtet werden [18]. Die Gebrauchseigenschaften und damit auch das Einsatzgebiet der Hartmetalle werden im Wesentlichen durch deren Zusammensetzung und die Korngröße der Hartstoffe bestimmt, weshalb diese beiden Größen ebenfalls Klassifizierungsmerkmale bilden. Für die Korngröße hat sich die Einteilung in Korngrößenbereiche nach Tabelle 2.1 etabliert.

Korngröße [µm]	Klassifikation
< 0,2	Nano
0,2-0,5	Ultrafein
0,5-0,8	Feinst
0,8-1,3	Fein
1,3-2,5	Mittel
2,5-6	Grob
> 6	Extragrob

Tabelle 2.1: *Klassifikation der Hartstoff-Korngrößen [124].*

Die Hartmetallgüten, die für Anwendungen in der Umformtechnik zum Einsatz kommen, werden als G-Sorten bezeichnet, wobei diese Bezeichnung zunehmend durch die ISO 513 abgelöst wird.

Historisch betrachtet, ist die Entwicklung von Hartmetallen einem glücklichen Zufall zu verdanken. Die Geschichte des Hartmetalls beginnt mit der zufälligen Herstellung metallischer Hartstoffe beim Versuch der künstlichen Diamantherstellung um 1900. Schon damals erkannte man deren herausragende Härte, war aber nicht in der Lage, daraus zusammenhängende Volumenkörper herzustellen.
Die sintertechnische Herstellung des ersten Wolframcarbid-Hartmetalls mit einer Cobaltbindematrix gelang K. Schröter erstmalig im Jahre 1923. Den Durchbruch der industriellen Nutzung erreichte die Firma Krupp, als sie 1926 Sinterhartmetalle unter dem bis heute wohlbekannten Produktnamen „Widia“ (**Wi**e **Dia**mant) auf den Markt brachte.

2.1 Bestandteile von Hartmetallen

2.1.1 Hartstoffe

Per Definition werden Stoffe, deren Vickers-Härte > 1000 HV liegt, als Hartstoffe bezeichnet. Sie zeichnen sich durch hohe Schmelzpunkte und hohe Verschleißfestigkeiten aus. Bei Hartstoffen wird zwischen metallischen und nichtmetallischen Hartstoffen unterschieden. Während sich metallische Hartstoffe durch metallische Eigenschaften wie z.B. elektrische und thermische Leitfähigkeit auszeichnen, sind nichtmetallische Hartstoffe elektrische Nichtleiter.

Die relevantesten Vertreter der nichtmetallischen Hartstoffe sind Diamant, (kubisches) Bornitrid (CBN), Siliciumcarbid (SiC) und Aluminiumoxid (Al_2O_3, Korund). Sie werden vor allem bei Zerspanungsverfahren mit geometrisch unbestimmter Schneide eingesetzt [39].

Für die Hartmetall-Herstellung sind vorrangig die metallischen Hartstoffe von Bedeutung. Zu den metallischen Hartstoffen gehören die chemischen Verbindungen der Übergangsmetalle der Gruppen IVa – VIa des Periodensystems mit den kleinatomigen Elementen Kohlenstoff, Stickstoff, Silicium und Bor. Daraus entstehen die Carbide, Nitride, Silicide und Boride der Metalle Titan, Zirkonium, Hafnium (Gruppe IVa), Vanadin, Niob, Tantal (Gruppe Va), Chrom, Molybdän, Wolfram (Gruppe VIa). Die Hartstoffe können dabei im Gefüge ungelöst nebeneinander, teilweise gelöst oder vollständig ineinander gelöst vorliegen [7].
Sie unterscheiden sich von den klassischen intermetallischen Phasen durch einen einfachen, hochsymmetrischen Aufbau, bezüglich dessen drei Anordnungsschemata des Metalls bekannt sind [18]:

- hexagonal einfache Anordnung: WC, NbN,
- hexagonal dichteste Packung: W_2C, Mo_2C, V_2C, Ta_2C, Ta_2N,
- kubisch dichteste Packung: TiC, ZrC, VC, NbC, TaC, TiN.

Welche Gitterstruktur entsteht, entscheidet unter anderem das Durchmesserverhältnis f zwischen dem Durchmesser des Nichtmetallatoms d (Kohlenstoff oder Stickstoff) und dem Durchmesser des Metallatoms D_M nach Gleichung 2.1.

$$f = \frac{d}{D_M}$$ **Gleichung 2.1 [18]**

Bis zu einem Durchmesserverhältnis *f* von maximal 0,41 können Nichtmetallatome in Zwischengitterplätze eingelagert werden. Mit Werten zwischen 0,43 und 0,59 liegt das Durchmesserverhältnis von Hartstoffen über diesem Grenzwert, weshalb neue Gitterstrukturen entstehen, wie z.B. der kubisch primitive NaCl-Typ, bei dem die Kohlenstoffatome ein Untergitter innerhalb der Gitterstruktur des Metalls bilden [39].
Aus der Gruppe der metallischen Hartstoffe sind die Carbide von größter praktischer Bedeutung. Sie sind Hauptbestandteil der meisten industriell eingesetzten Hartmetalle und verfügen über folgende relevante Eigenschaften [18, 40]:

- hohe Schmelztemperatur
- hohe Härte und Verschleißfestigkeit
- hoher E-Modul, hohe Druckfestigkeit und Warmfestigkeit
- gute Temperaturwechselfestigkeit
- gute Benetzbarkeit durch Metallschmelzen
- Korrosionsbeständigkeit
- hohe thermische und elektrische Leitfähigkeit

Der Einsatz von so genannten Mischcarbiden, die als Kombination verschiedener Hartstoffe zu verstehen sind, ist ein weiteres Mittel zur anwendungsspezifischen Abstimmung von Hartmetallen. Da Boride und Nitride mangels geeigneter Binder bei der Hartmetallherstellung im industriellen Maßstab nicht zum Einsatz kommen, werden im Folgenden ausschließlich die relevanten Carbide näher beschrieben.

Von den zahlreichen Kombinationsmöglichkeiten des Kohlenstoffs mit den Übergangsmetallen, sind nur wenige tatsächlich von praktischer Bedeutung. Eine Übersicht der wichtigsten Carbide mit ihren Eigenschaften gibt Tabelle 2.2 wieder.

Eigenschaft	WC	TiC	TaC	NbC	VC	Cr_3C_2	Mo_2C
Kristallstruktur	hex.	kfz	kfz	kfz	kfz	ortho-rhomb.	hex.
Dichte [g/cm³]	15,7	4,9	14,5	7,8	5,7	6,7	9,2
Mikrohärte [N/mm²]	2080	3200	1790	2400	2950	2280	1950
E-Modul [kN/mm²]	696	451	285	338	422	373	533
Schmelzpunkt [°C]	2600 Z	3160	3780	3500	2830	1895 Z	2400 Z
Wärmedehnzahl [10^{-6} 1/K]	5,2	7,7	6,3	6,7	7,2	10,3	7,8
Elektrischer Widerstand [mΩ · cm]	22	68	25	35	60	75	133

Z = Zersetzung

Tabelle 2.2: *Eigenschaften metallischer Hartstoffe [7].*

Eine besondere Stellung unter den Carbiden nimmt das Wolframmonocarbid (WC), im Folgenden als Wolframcarbid bezeichnet, ein.
Eine herausragende Eigenschaft der **Wolframcarbide** ist, neben der hohen Härte und der sehr guten Zähigkeit, die hexagonal dicht gepackte Kristallstruktur, die durch geringe Verschiebungen in eine kubische Ordnung umklappen kann. Diese Eigenschaft sorgt für die gute Löslichkeit des Wolframcarbids in anderen kubischen Carbiden.
Darüber hinaus weist es eine sehr gute Löslichkeit in metallischen Schmelzen auf, wodurch dessen Benetzung mit dem Bindemetall begünstigt wird. Wolframcarbid bildet im Gegensatz zu anderen Carbiden keine festhaftende, hochschmelzende Oxidhaut, was der Benetzung der Carbide ebenfalls zugute kommt.
Die gute Löslichkeit sowie die fehlenden Oxidhäute bergen jedoch auch Nachteile. So neigt das Wolframcarbid zur Auflösung durch Diffusionsvorgänge, die unter Temperatureinfluss beschleunigt ablaufen. Dadurch sind Hartmetalle auf Basis reiner Wolframmonocarbide ohne eine entsprechende Beschichtung nur begrenzt zur Stahlzerspanung geeignet, da die heiß ablaufenden Späne die Carbide durch den Entzug von Kohlenstoff auflösen [18].

Die gegenüber dem Wolframcarbid deutlich höhere Härte der **Titancarbide** (TiC) bewirkt eine verminderte Zähigkeit, weshalb Hartmetalle auf Titancarbidbasis sehr hart und spröde sind. Das Titancarbid bildet hochschmelzende, festhaftende Oxidhäute, welche einerseits die Benetzung durch Bindemetalle erschweren, aber dadurch andererseits eine gute Schutzwirkung gegen die diffusionsbedingte Auflösung bieten.
Ein guter Kompromiss zwischen Zähigkeit, Härte und Widerstand gegen Auflösung ist daher die Kombination von WC und TiC in abgestimmtem Maße, wie es beispielsweise bei Hartmetallen, die für die Stahlzerspanung eingesetzt werden, praktiziert wird. Auch Hartmetalle auf reiner Titancarbidbasis mit einem Nickelbinder finden in Nischenanwendungen ihren Einsatz [7, 20].

Die niedrige Härte bei hoher Zähigkeit macht das **Tantalcarbid** (TaC) zu einem wichtigen zähigkeitsverbessernden Zusatz für Hartmetalle auf Titancarbidbasis. In der gleichen Gruppe des Periodensystems befindet sich neben Tantal auch das chemisch sehr ähnliche Niob, weshalb das **Niobcarbid** (NbC) mit dem Tantalcarbid sehr eng verbunden ist. Dies zeigt sich auch im gemeinsamen Vorkommen der beiden Elemente in Erzen. Geringe Zusätze von Tantal- und Niobcarbid bewirken eine Hemmung des Kornwachstums bei der Herstellung von WC-Hartmetallen [7, 20].

Auch **Vanadincarbid** (VC) und **Chromcarbid** (Cr_3C_2) besitzen eine kornwachstumshemmende Wirkung. Chromcarbid findet außerdem in korrosionsbeständigen Hartmetallen Verwendung [7, 20].

2.1.2 Bindemetalle

Das Bindemetall hält die Hartstoffe bzw. Carbide im Verbund und beeinflusst maßgeblich die Zähigkeit des Hartmetalls. Neben guten Benetzungseigenschaften gibt es eine Reihe weiterer Anforderungen, die vom Bindemetall zu erfüllen sind. Nach dem Werkstoffwissenschaftler J.T. Norton gelten für die Auswahl eines geeigneten Binders folgende Randbedingungen:

- *„Der Binder muss bei der Sintertemperatur eine flüssige Phase bilden, die im Gleichgewicht mit der Hartstoffphase besteht.*
- *Die flüssige Bindemittelphase muss die Hartstoffphase benetzen.*
- *Die flüssige Bindemittelphase soll eine beachtliche Löslichkeit für die Hartstoffphase bei der Sintertemperatur haben, soll dieselbe jedoch beim Abkühlen wieder ausscheiden.*
- *Die Bindemittelphase soll nicht mit der Hartstoffphase bei der Sintertemperatur derart reagieren, dass eine andere feste Phase gebildet wird und dadurch die flüssige Phase aufgezehrt wird.*
- *Die Bindemittelphase soll mit der Hartstoffphase nicht derart reagieren, dass eine andere bei Raumtemperatur feste Phase gebildet wird, die mechanisch schlechte Eigenschaften aufweist und die eine Bildung von zusammenhängenden Bindemittelfilmen um die harten Teilchen verhindert.*
- *Die Bindemittelphase soll solche mechanische Eigenschaften bei den zu erwartenden Arbeitstemperaturen des Sinterkörpers haben, dass der dünne Binderfilm unter den von den Hartstoffteilchen verursachten Spannungen eine besonders hohe Festigkeit aufweist."* [7, S. 18]

Für die Hartmetallherstellung werden derzeit im Wesentlichen drei Bindemetallsorten eingesetzt.

Durch die gute Löslichkeit mit zunehmender Temperatur sowie das hervorragende Benetzungsverhalten des schmelzflüssigen WC-Co-Eutektikums hat **Cobalt** als Bindemetall die beste Eignung für Hartmetalle auf WC-Basis. Mit weit über 90 % machen WC-Co-Hartmetalle den größten Anteil der jährlichen Weltmarktproduktion aus.

Der Einsatz von **Nickel** als Bindemetall ist überwiegend auf Hartmetalle auf Titancarbidbasis beschränkt. Hier weist Nickel gegenüber Cobalt Vorteile in der Löslichkeit von Titancarbid auf [18]. Weiterhin ist Nickel verbunden mit Chrom das bevorzugte Bindemetall für korrosions- und zunderbeständige Hartmetalle.

Die Verwendung von **Eisen** als Bindemetall ist zwar möglich, aber kritisch, da die Einstellung des Kohlenstoffgehalts (siehe Kapitel 2.2.2) mit Eisen gegenüber Cobalt um eine Größenordnung schwieriger ist. Ein weiterer Nachteil ist die gegenüber der Cobaltbindung herabgesetzte Zähigkeit eisengebundener Hartmetalle. In der Literatur, sowie in einigen Patenten, wird auch die Verwendung von Eisen-Nickel-Bindern beschrieben, die in der praktischen Anwendung jedoch nur einen geringen Stellenwert besitzen [7, 13, 14]. Ein weit verbreiteter Einsatz des Eisens erfolgt im Rahmen vergütbarer Hartmetalle. Hier werden als Bindemetall härtbare Kohlenstoff- oder Schnellarbeitsstähle eingesetzt [40].

2.2 Sintertechnische Herstellung von Hartmetallen

Die klassische Hartmetallherstellung erfolgt auf Basis des so genannten Flüssigphasensinterverfahrens. Hierbei wird das Bindemetall zum Zwecke einer hohen Dichte und guten Benetzung der Hartstoffe vollständig in den schmelzflüssigen Zustand überführt.

Vor dem eigentlichen Sinterprozess werden die pulverförmigen Komponenten mit entsprechender Korngrößencharakteristik der Hartstoffphase gemäß der im fertigen Hartmetall gewünschten Zusammensetzung eingewogen. Eine anschließende Nassmahlung in Kugelmühlen erzeugt daraus ein feindisperses Gemenge. Dabei werden zum einen Kornagglomerate aufgelöst und zum anderen der Kontakt zwischen Hartstoffen und Bindern durch eine Art *„Aufschmieren"* hergestellt [20]. Als Mahlmedium kommen organische Flüssigkeiten wie Benzin, Alkohol oder Aceton zum Einsatz. Die anschließende Trennung von Mahlflüssigkeit und Pulveransatz erfolgt in Sprühtrocknungsanlagen unter Schutzgas. Die nun vorliegende pressfertige Pulvermischung wird als Granulat bezeichnet und dient als Ausgangsmaterial für die anschließende Formgebung.

Für die Formgebung stehen verschiedene Verfahren zur Verfügung. Grundsätzlich unterscheidet man die direkte und die indirekte Formgebung.

Die **indirekte** Formgebung wird bevorzugt für komplexe Formen eingesetzt. Hierbei werden unter Zugabe von Presshilfszusätzen zunächst so genannte Grünlinge gepresst und bei Temperaturen zwischen 700°C und 800°C vorgesintert. Die Grünlinge besitzen dann eine kreideartige Festigkeit und können durch konventionelle zerspanende Verfahren unter Berücksichtigung des Sinterschwunds in ihre Gebrauchsform gebracht werden. Durch ein anschließendes Fertigsintern erhalten die bis dahin nur durch mechanische Verklammerung und Adhäsionskräfte verbundenen Grünlinge ihre endgültigen Gebrauchseigenschaften.

Etwa 2/3 der weltweiten Hartmetallerzeugnisse werden hingegen durch die **direkte** Formgebung mit entsprechenden Negativwerkzeugen hergestellt. Welches Verfahren zum Einsatz kommt, entscheidet letztendlich die Komplexität und Stückzahl des herzustellenden Formkörpers [7].

2.2.1 Prozessparameter beim Sintern

Die wichtigsten Prozessparameter beim Sintern sind die Sintertemperatur und die Sinterzeit. Die Sintertemperatur hängt im Wesentlichen von der Zusammensetzung des Hartmetallansatzes ab und fällt mit steigendem Bindemetallgehalt.

Dabei orientiert sich die Wahl der Sintertemperatur an folgenden Richtlinien:

1. Es soll so wenig WC wie möglich in Lösung gebracht werden, da sich dieses beim Abkühlprozess zum größten Teil unter Kornwachstum an den vorhandenen WC-Partikeln abscheidet.
2. Es muss im Arbeitspunkt genügend flüssiges Bindemetall vorhanden sein, um eine Dichtsinterung zu erreichen. Nach KIEFFER [20] sind für eine Dichtsinterung 5 Vol.% flüssige Phase ausreichend, was theoretisch ab einem Cobaltgehalt von ca. 2 Gew.% gegeben ist.

Somit gilt für die Wahl der Sintertemperatur der Grundsatz: „So hoch wie nötig, so niedrig wie möglich“.

Tabelle 2.3 gibt die beiden Parameter für verschiedene Zusammensetzungen und Dicken für das Sintern von Hartmetallplatten unterschiedlicher Stärke an.

Zusammensetzung [%]	**Sintertemperatur T_{Sinter} [°C]**	**Sinterzeit t_{Halt} [min] bei einer Plattenstärke von**	
		2 mm	**15 mm**
94 WC, 6 Co	1420	20	100
88 WC, 12 Co	1400	20	100
85 WC, 15 Co	1380	17	60
94 WC, 6 Co feinkörnig	1420	17	60

Tabelle 2.3: *Sintertemperaturen und Haltezeiten von WC-Co-Hartmetallen unterschiedlicher Zusammensetzung [20].*

In der Praxis wird unter der Sinterzeit die Dauer der isothermen Haltezeit t_{Halt} verstanden, die jedoch nur einen Teil des gesamten Sinterprozesses zeitlich quantifiziert. Die Temperaturführung beim Sintern kann in drei Phasen aufgeteilt werden:

1. lineare Aufheizphase,
2. isotherme Haltezeit,
3. lineare Abkühlphase.

Welche Zeitintervalle auf die einzelnen Phasen entfallen, hängt von der eingesetzten Prozesstechnik und dem Volumen der Sinterkörper ab. Sintervorgänge im industriellen Maßstab benötigen für großvolumige Sinteröfen und Sinterkörper Gesamtzeiten von 12 h und mehr. Typische Heizraten in der Aufheizphase liegen bei 10 K/min. Die Abkühlraten bewegen sich zumindest in den metallurgisch kritischen Temperaturbereichen bei Gradienten zwischen 3 und 20 K/min.

Das Werkstoffsystem W-C-Co ist ein ternäres System. Mit Hilfe eines vertikalen Schnitts durch dieses System bei einem Kohlenstoffgehalt von 50 At.% (entspricht 6,13 Gew.%) bzgl. des Wolframs lässt sich zum einfacheren Verständnis ein quasibinäres WC-Co-Zustandsdiagramm extrahieren, anhand dessen die detaillierten Vorgänge beim Sintern erläutert werden sollen [7].

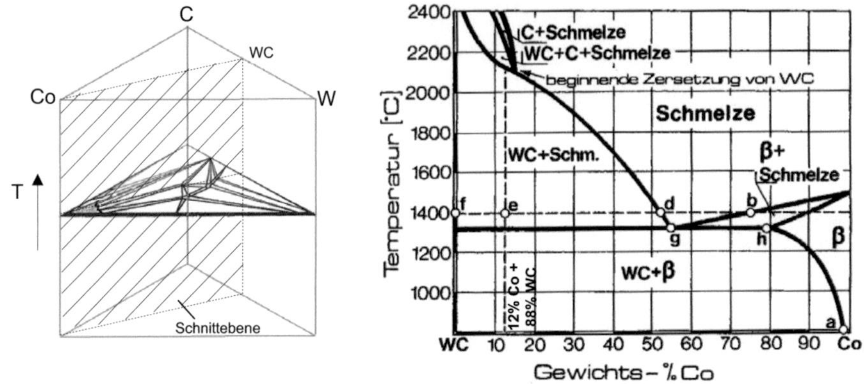

Abbildung 2.1: *Quasibinäres Zustandschaubild mittels vertikalem Schnitt durch das ternäre System W-C-Co .*

Die Wolframcarbidphase (WC) wird als α-Phase bezeichnet, die Bindemetallphase als β-Phase, Matrix oder Binder. Ausgangsbasis für die Betrachtung der Vorgänge soll eine Hartmetallmischung mit 12 Gew.% Cobalt-Bindematrix sein. Die Sintertemperatur T_{Sinter} beträgt gemäß Tabelle 2.3 bei dieser Zusammensetzung 1400 °C.

Dem Zustandsdiagramm ist zu entnehmen, dass in Cobalt bereits im festen Zustand WC in geringen Mengen löslich ist. Mit zunehmender Temperatur steigt die Löslichkeit, wodurch in der β-Phase zunehmend WC gelöst wird. Deren Zusammensetzung verändert sich dabei abhängig von der Aufheizgeschwindigkeit ungefähr entsprechend der β-Phasengrenze (Punkt a → Punkt h). Im Punkt h bildet sich die erste Schmelze, wodurch sich sehr rasch weitere WC-Partikel auflösen (Punkt h → Punkt g). Nach Erreichen der eutektischen Zusammensetzung von 54 Gew.% Co und 46 Gew.% WC in Punkt g wird bis zur Sintertemperatur von 1400°C stetig weiteres WC in der Schmelze gelöst (Punkt g → Punkt d). In Punkt d ist die Sintertemperatur erreicht und es stellt sich ein Gleichgewichtszustand zwischen Schmelze und der festen α-Phase, mit einer Zusammensetzung der Schmelze von ca. 51 Gew.% Co und 49 Gew.% gelöstem WC, ein. Zu diesem Zeitpunkt beträgt der prozentuale Anteil der flüssigen Phase ca. 30 Vol.%, was für eine Benetzung der Hartstoffe und Dichtsinterung mehr als ausreichend ist.

Im Anschluss an die spezifische Haltezeit erfolgt die definierte Abkühlung. Dort scheidet sich mit abnehmender Temperatur bis zur eutektischen Zusammensetzung WC aus der Schmelze aus. Abweichend zur sonst üblichen lamellaren Erstarrung eutektischer Schmelzen scheidet sich im vorliegenden System unter Kornwachstum weiteres WC an den bereits kristallisierten

bzw. nicht aufgelösten WC-Partikeln aus, bis bei Punkt h auch die β-Phase zu erstarren beginnt. Durch Diffusionsvorgänge scheidet sich bei weiter fortschreitender Abkühlung aufgrund der verminderten Löslichkeit sekundär weiteres WC an den vorhandenen Partikeln ab. Mit abnehmender Temperatur laufen die Diffusionsvorgänge zunehmend träger ab.
Wie schnell sich WC ausscheidet und welche Anteile von WC in der Bindephase nach vollkommener Abkühlung gelöst bleiben, hängt von der Abkühlgeschwindigkeit, dem Kohlenstoffgehalt und der Zusammensetzung des Hartmetalls ab [20]. Infolge der Anlagerung von WC durch Ausscheidungen wachsen die Hartstoffe bei einem entsprechend hohen Hartstoffgehalt zu einem so genannten Hartstoffskelett zusammen, dessen Ausprägung Auswirkungen auf die Gebrauchseigenschaften besitzt.

2.2.2 Kohlenstoffhaushalt

Einer der bedeutendsten Gefügeparameter bei der Hartmetallherstellung ist der Kohlenstoffgehalt. Bei der Abkühlung der eutektischen Schmelze wird nur unter der Vorraussetzung eines richtig eingestellten Kohlenstoffgehalts der überwiegende Teil des gelösten WC wieder als solches ausgeschieden. Dessen Toleranzbereich ist dabei sehr eng begrenzt und wird von SCHEDLER [7] mit folgendem Zusammenhang angegeben:

$$(6{,}13 - 0{,}0735 \cdot \text{Gew.\% Cobalt}) < \text{Gew.\% Kohlenstoff} < 6{,}13 \qquad \textbf{Gleichung 2.2 [7]}$$

Ein Kohlenstoffgehalt von 6,13 Gew.% bezüglich des WC-Anteils im Hartmetall wird als stöchiometrischer Kohlenstoffgehalt bezeichnet. Bei Überkohlung scheidet sich Graphit aus, der vor allem die Härte und Verschleißbeständigkeit lokal stark herabsetzt.

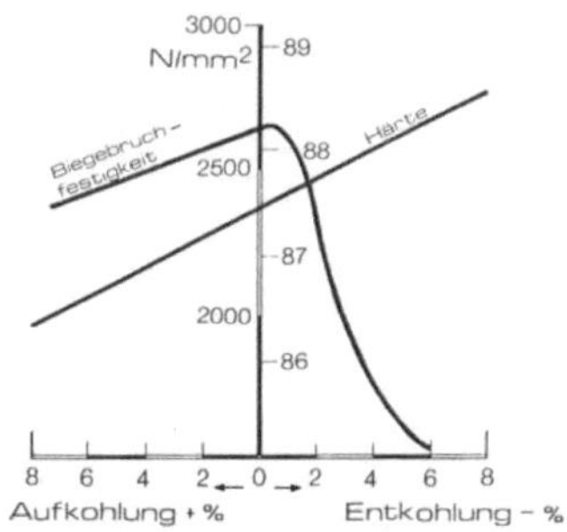

Abbildung 2.2: *Härte und Biegebruchfestigkeit von WC-Co-Hartmetallen in Abhängigkeit der Kohlenstoffbilanz [7].*

Bei Unterkohlung reicht der Kohlenstoffgehalt zur vollständigen Ausscheidung des gelösten WC nicht mehr aus, wodurch die so genannte η-Phase entsteht. Hierbei handelt es sich um eine sehr harte und spröde Doppelcarbidphase, die i.d.R. nesterförmig auftritt und eine körnige Struktur aufweist.

Die Zusammensetzung der η-Phase wird mit Co_3W_3C oder Co_6W_6C angegeben. Sie weist stets eine symmetrische Cobalt- und Wolframkonzentration auf und existiert auch in weiteren Modifikationen [7, 20].
Diese Phase führt zu einer stark verminderten Zähigkeit des Hartmetalls. Zur Vermeidung der η-Phase werden die meisten Sinterhartmetalle mit leicht überstöchiometrischem Kohlenstoffgehalt angesetzt.
Eine nachträgliche Beseitigung der η-Phase ist in Grenzen durch Nachsinterung in einer aufkohlenden Atmosphäre bei Temperaturen über 1500 °C möglich, wird jedoch in der Praxis aufgrund des damit verbundenen starken Kornwachstums i.d.R. nicht angewendet [20].
Der Nachweis der η-Phase kann durch eine einfache Ätzung nach Murakami geführt werden. Es handelt sich dabei um eine kurzzeitige Ätzung mit einer Mischung aus einer wässrigen Lösung von 10-20 Gew.% Kaliumferri(III)hexacyanid und einer wässrigen Lösung von 10-20 Gew.% Natriumhydroxid, wodurch die η-Phase dunkel eingefärbt wird [86].

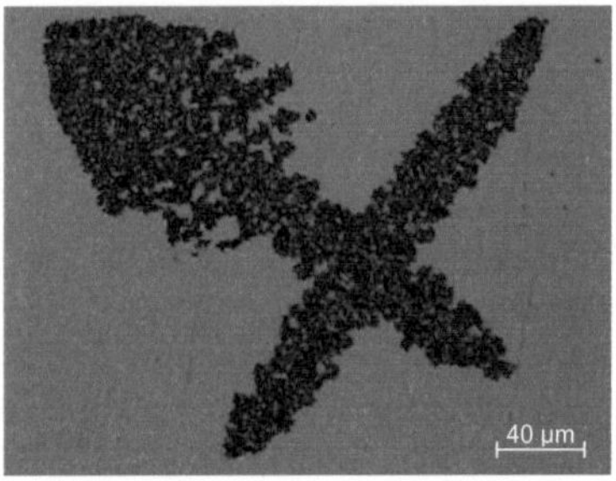

Abbildung 2.3: *Lichtmikroskopische Aufnahme der nesterförmigen η-Phase in einem Feinkornhartmetall nach einer Ätzung durch Murakami [110].*

Weiterhin wird durch den Kohlenstoffhaushalt die Löslichkeit des Wolframcarbids in Kobalt mitbestimmt. So kann die β-Phase bei völliger Abwesenheit von Kohlenstoff bei Raumtemperatur im Bereich von 20 Gew.% Wolfram lösen, während die Löslichkeit bei stöchiometrischem Kohlenstoffgehalt im Bereich von 1-2 Gew.% liegt [7, 20]. In Abhängigkeit der Prozessführung beim Sintern können jedoch auch erhöhte gelöste Wolfram(carbid)-konzentrationen auftreten. Die Löslichkeit von Cobalt in Wolframcarbid liegt hingegen bei < 0,01 Gew.% und kann somit vernachlässigt werden [21].

3 Stand der Technik beim Laserauftragschweißen

Aufgrund der Vielzahl von Entwicklungstendenzen haben sich im Laufe der Jahre verschiedene Begriffe für das Laserauftragschweißverfahren verbreitet. So sind im anglo-amerikanischen Sprachraum die Begriffe „laser deposition welding“ oder „laser cladding“ geläufig. Hierzulande spricht man neben dem „Laserauftragschweißen“ auch vom „Laserbeschichten“ oder „Laser-Pulver-Auftragschweißen“, was bereits eine bestimmte Verfahrensvariante spezifiziert. Es handelt sich dabei um das Laserauftragschweißen mit pulverförmigem Zusatzwerkstoff.

3.1 Verfahrensprinzip und Varianten

Das Laserauftragschweißen ist ein kontinuierliches Verfahren und nicht zu verwechseln mit dem diskontinuierlichen selektiven Lasersintern (SLS), welches ausschließlich zur Gruppe der Urformverfahren zählt und Formen aus dem Pulverbett heraus erzeugt.
Das Laserauftragschweißen kann prinzipiell mit unterschiedlichen Formen von Zusatzwerkstoffen ausgeführt werden. So gibt es Varianten, bei welchen der Zusatzwerkstoff in Band- oder pastöser Form zugeführt wird. Die größte Bedeutung haben jedoch die Verfahrensvarianten, die draht- oder pulverförmige Zusatzwerkstoffe nutzen. Aufgrund der besseren Handhabung werden für manuelle Prozesse die drahtförmigen Zusatzwerkstoffe bevorzugt.
Für automatisierte Prozesse hat sich, nicht zuletzt aus Gründen der größeren Auswahl an Werkstoffen, das Laser-Pulver-Auftragschweißen (LPA) etabliert. Das LPA ist jedoch immer mit einem gewissen Pulververlust behaftet, so dass neuere Entwicklungen den Draht als verlustfreien Zusatzwerkstoff auch für die automatisierten Prozesse forcieren.

Am Prozess des Laser-Pulver-Auftragschweißens sind im Wesentlichen vier Komponenten beteiligt. Dies sind die Laserstrahlung, der pulverförmige Zusatzwerkstoff sowie ggf. ein Schutzgas und eine Handhabungseinrichtung, die den Prozesskopf über das Substrat führt.

Der Transport des Pulverwerkstoffs von einem Vorratsspeicher zum Prozess erfolgt mit Hilfe eines i.d.R. inerten Trägergases, welches dem Pulver durch eine spezielle, meist pneumatische Fördereinheit beigemischt wird.
Die am weitesten verbreitete Standard-Fördertechnik ist der so genannte Scheibenförderer, dessen Funktionsweise in Abbildung 3.1 dargestellt ist.

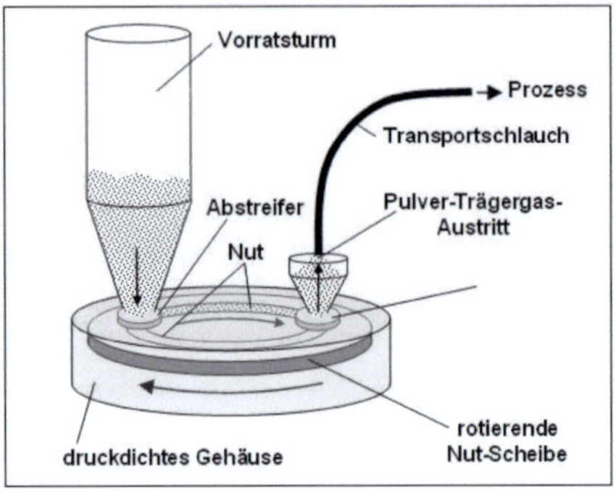

Abbildung 3.1: *Aufbau und Funktionsprinzip des Scheibenförderers.*

Aus dem Vorratsturm fällt der Pulverwerkstoff durch den so genannten Abstreifer hindurch in die Nut einer Scheibe, die mit variabler Drehzahl rotiert. Der Abstreifer sorgt für eine konstante Füllung der Nut. Im druckdichten Gehäuse wird mit Hilfe eines Trägergases ein Überdruck aufgebaut. Die Öffnung am Pulveraustritt oberhalb des Absaugers bietet die einzige Möglichkeit für das Gas aus dem Gehäuse zu entweichen. Dabei muss das Gas durch den Absauger hindurch. Durch den geringen Durchmesser des Pulveraustritts wird das Gas beschleunigt und reißt über eine Injektorwirkung die in unmittelbarer Nähe zum Absauger befindlichen Pulverpartikel mit sich. Durch die Rotation der Scheibe wird stetig Pulver zum Absauger hin gefördert, wodurch ein kontinuierlicher Pulvermassenstrom entsteht, der sich aus Trägergas (meist Argon) und Pulver zusammensetzt. Eine Voraussetzung für ein stabiles Förderverhalten ist eine ausreichende Fließfähigkeit des Pulverwerkstoffs, worauf in Kapitel 6.1 noch näher eingegangen wird.

Der überwiegende Anteil automatisierter Laserauftragschweißanlagen ist mit einer koaxialen Pulverdüse ausgestattet, wie sie in Abbildung 3.2 dargestellt ist.

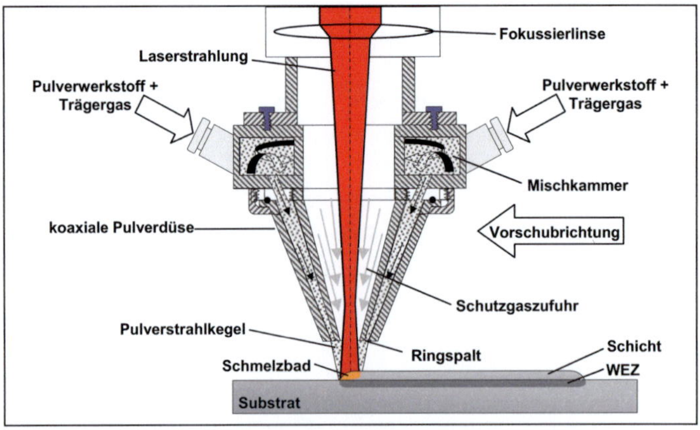

Abbildung 3.2: *Prozesskopf für das Laserauftragschweißen mit koaxialer Pulverzufuhr.*

Der Begriff „koaxial“ kennzeichnet in diesem Zusammenhang die Zufuhrrichtung des Pulverwerkstoffs relativ zum Laserstrahl und zeichnet sich im Gegensatz zur lateralen (seitlichen) Pulverzufuhr durch eine richtungsunabhängige Bearbeitung aus. Dies bietet insbesondere bei komplexen Beschichtungsgeometrien Vorteile, da die für den Strahltransport eingesetzten Laserlichtleitkabel nur bedingt für schnelle und ggf. stetig gleichsinnige Umorientierungen des Prozesskopfs geeignet sind.

Über eine entsprechende Verschlauchung wird das Pulver-Trägergas-Gemisch von der Fördereinheit zur Pulverdüse transportiert, an der es beim verwendeten Düsentyp hohlkegelförmig aus einem Ringspalt an der Unterseite der Düse austritt. Diese fokussiert das austretende Pulver-Trägergas-Gemisch abhängig von deren Abstand zum Werkstück auf Durchmesser im Millimeterbereich.

Das i.d.R. inerte Trägergas erfüllt neben der Transportfunktion auch eine Schutzfunktion. Unterstützt von zusätzlichen Schutzgasdüsen im Inneren der koaxialen Pulverdüse entsteht um die unmittelbare Prozesszone ein Mantel aus inertem Gas, welcher die Bildung von Oxidschichten lokal verhindern soll.

Die Pulverdüse ist an der Fokussieroptik für die Laserstrahlung befestigt. Fokussieroptik und Pulverdüse bilden den Prozesskopf, der von der Handhabungseinrichtung geführt wird. Die ebenfalls koaxial zur Pulverdüse fokussierte Laserstrahlung tritt mit dem Pulver in Wechselwirkung, wobei die Ausprägung der Wechselwirkung mit Hilfe der Prozessparameter in weiten Grenzen einstellbar ist. Durch die Vorschubbewegung des Prozesskopfes wird auf diese Weise eine raupenförmige Auftragspur generiert.

Das entsprechende Aneinander- und Übereinanderlegen solcher Auftragspuren ermöglicht neben der Herstellung von Einzelschichten auch die schichtweise Erzeugung kompletter Volumenkörper, was die Nutzung des Verfahrens zum Urformen ermöglicht. Durch die gute Regelbarkeit der Laserenergie können abhängig von Auftrag- und Grundwerkstoff, sowie den Prozessparametern, Aufmischungsgrade von < 5 % erreicht werden. Die Auftragsraten sind verglichen mit anderen Auftragschweißverfahren mit ca. 2 kg/h relativ gering, lassen sich jedoch durch unterstützende Energiequellen (z.B. Induktion) bis auf Werte oberhalb 15 kg/h erhöhen, die sich allerdings nicht mit jedem Werkstoff realisieren lassen [31].

3.2 Absorption von Laserstrahlung

Trifft Laserstrahlung auf die Oberfläche eines Werkstoffs, so wird nur ein bestimmter Prozentsatz der Strahlungsenergie in Wärmeenergie umgewandelt. Grundsätzlich kann Strahlung absorbiert (A), reflektiert (R) oder transmittiert (T) werden. Es gilt der grundlegende Zusammenhang nach Gleichung 3.1.

$$A + R + T = 1$$ **Gleichung 3.1 [41]**

Da die eingesetzten Substrate in der Regel metallische Werkstoffe mit Dicken im mm-Bereich sind, kann die Transmission vernachlässigt werden, wodurch sich Gleichung 3.1 vereinfacht.

$$A + R = 1 \qquad \textbf{Gleichung 3.2}$$

Welcher Anteil der Strahlung im Prozess absorbiert wird, entscheiden eine Vielzahl von Faktoren. Hierzu gehören, neben dem bestrahlten Werkstoff selbst, die Wellenlänge und Polarisation der Strahlung, der Einstrahlwinkel, die Temperatur des Werkstücks und die Oberflächenbeschaffenheit sowie ggf. Effekte durch absorptionserhöhende Beschichtungen. Aus dem Anteil der vom Werkstoff absorbierten Strahlung P_{LA} kann der Einkoppelgrad η_A der zugeführten Laserleistung P_L berechnet werden, der als Maß für die Effektivität der Umwandlung der Laserenergie in Wärme herangezogen werden kann [17].

$$\eta_A = \frac{P_{LA}}{P_L} \qquad \textbf{Gleichung 3.3 [17]}$$

Wird der nicht absorbierte Anteil der Laserstrahlung in den freien Raum abgestrahlt, kann der Einkoppelgrad dem Absorptionsgrad gleichgesetzt werden [17].

Im Gegensatz zum Laserschweißen, wo die Laserstrahlung ungehindert auf das Werkstück auftrifft, passiert diese beim Laserauftragschweißen auf ihrem Weg zum Werkstück zusätzlich den fokussierten Pulvernebel. Abhängig vom Pulvermassenstrom und damit von der Dichte des Pulvernebels wird die Laserstrahlung somit bereits vor dem Auftreffen auf das Werkstück partiell absorbiert bzw. reflektiert. Hierbei können zwei grundlegende Fälle der Absorption unterschieden werden:

Fall 1: Anteile der Laserstrahlung passieren den Pulvernebel ungehindert und treffen direkt auf die Werkstückoberfläche. Dieser Fall tritt maximal im Randbereich des Pulverkegels bei geringem Pulvermassenstrom auf. Dabei laufen folgende Vorgänge ab:

- Der Strahlungsanteil entsprechend dem Einkoppelgrad η_A wird an der Substratoberfläche absorbiert, der verbleibende Anteil der Strahlung, meist diffus, reflektiert.
- Der reflektierte Anteil trifft abhängig vom Reflexionswinkel:
    - auf Pulverpartikel, die ihrerseits wiederum einen Strahlungsanteil entsprechend ihrem Einkoppelgrad η_A aufnehmen,
    - und/oder wird in den freien Raum abgestrahlt und ist für den Prozess nicht mehr nutzbar.

Fall 2: Anteile der Laserstrahlung treffen im Pulvernebel auf Partikel. Da der überwiegende Anteil der Laserstrahlung im realen Prozess durch den Pulvernebel hindurchtreten muss, ist diese Art der Strahlungsabsorption dominant. Dabei laufen folgende Vorgänge ab:

- Der Strahlungsanteil entsprechend dem Einkoppelgrad η_A wird an der Oberfläche des bzw. der Partikel(s) absorbiert, der verbleibende Anteil der Strahlung, meist diffus, reflektiert.

- Der reflektierte Anteil trifft abhängig vom Reflexionswinkel:
  - auf die Substratoberfläche, die ihrerseits wiederum einen Strahlungsanteil entsprechend ihrem Einkoppelgrad η_A aufnimmt,
  - und/oder auf weitere Pulverpartikel, die ihrerseits jeweils einen Strahlungsanteil entsprechend ihrem Einkoppelgrad η_A aufnehmen,
  - und/oder wird in den freien Raum abgestrahlt und ist für den Prozess nicht mehr nutzbar.

Die beschriebenen Fälle treten dabei unregelmäßig und beliebig oft hintereinander solange auf, bis die gesamte Strahlungsenergie entweder durch Absorption vollständig in Wärme umgewandelt ist oder dem Prozess durch Reflexion in den freien Raum nicht mehr zur Verfügung steht. Kritisch sind in diesem Zusammenhang vor allem stark unterschiedliche Einkoppelgrade von Substrat- und Pulverwerkstoff. Besitzt das Substrat im Vergleich zum Pulver einen geringen Absorptionsgrad, muss die Intensität der Laserstrahlung für eine gute Schichtanbindung erhöht werden, was abhängig vom Pulverwerkstoff zu dessen Überhitzung mit daraus folgenden Einflüssen auf die Gefügestruktur führen kann.

3.3 Struktur laserauftraggeschweißter Schichten

Der Schichtaufbau ist durch vier Zonen bestimmt, die anhand von Abbildung 3.3 erläutert werden. Die Abbildung zeigt eine einzelne Auftragsraupe aus einem zweiphasigen Beschichtungswerkstoff auf einem Stahlsubstrat im Schliffbild.

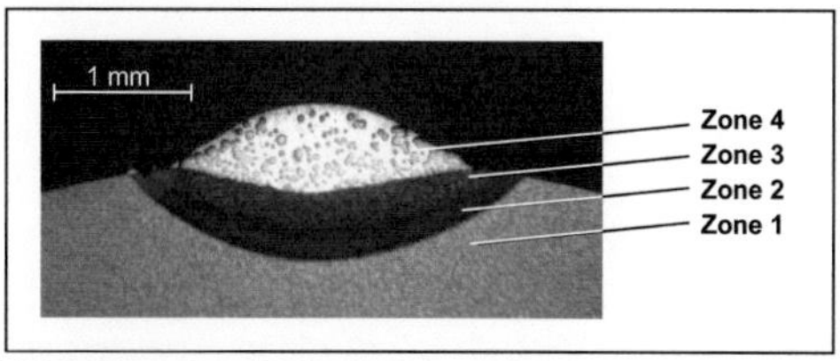

Abbildung 3.3: *Schichtaufbau einer Auftragsspur aus einem zweiphasigen Beschichtungswerkstoff auf einem Stahlsubstrat.*

Zone 1 kennzeichnet den unbeeinflussten Grundwerkstoff. Zone 2 ist der Gefügebereich, der infolge der Energie der Laserstrahlung eine Wärmebehandlung erfährt, die so genannte Wärmeeinflusszone (WEZ). Sie ist i.d.R. unerwünscht, da es abhängig von Höhe und zeitlichem Verlauf der Temperatur zur Grobkornbildung kommen kann. Aufgrund der Wärmeleitung des Werkstoffs kann der Wärmeeinfluss durch entsprechende Wahl der Prozessparameter zwar beeinflusst, jedoch nie ganz vermieden werden. Zone 3 kennzeichnet die Wechselwirkungszone. Hier treten Grund- und Beschichtungswerkstoff durch die Vermischung der Schmelzen gepaart mit Diffusionsvorgängen in Wechselwirkung. Abhängig von den Mischungseigenschaften von Grund- und Beschichtungswerkstoff kommt es hier zur

Bildung von Mischkristallen oder intermetallischen Phasen, deren Auswirkungen auf die Funktionsfähigkeit der Beschichtung im Einzelfall zu bewerten sind.
Der reine Beschichtungswerkstoff bildet schließlich die Zone 4. Dabei kann der Beschichtungswerkstoff homogene oder auch heterogene Gefügestrukturen, wie im vorliegenden Fall, aufweisen. Innerhalb dieser Zone ergeben sich durch dynamische Effekte im Schmelzbad, insbesondere in Substratnähe, Unterschiede in der chemischen Zusammensetzung, die durch die Wahl der Prozessparameter in bestimmten Grenzen beeinflussbar sind.

3.4 Zusatzwerkstoffe für das Laserauftragschweißen

Prinzipiell kann durch Laserauftragschweißen ein großes Werkstoffspektrum verarbeitet werden. Limitierende Größen sind hier vor allem durch die metallurgische Verträglichkeit (Entmischungen, intermetallische Phasen, etc.) der Fügepartner gegeben.

3.4.1 Klassifizierung der Zusatzwerkstoffe

Ein Ansatz zur Klassifizierung der Zusatzwerkstoffe ist die Einteilung entsprechend ihrem Einsatzzweck. Hierbei werden nach BACH et al. [108] vier Gruppen unterschieden. Eine Übersicht hierzu gibt Tabelle 3.1.

Werkstoffe mit hoher Korrosionsbeständigkeit	Werkstoffe mit hoher Verschleißbeständigkeit	Werkstoffe mit hoher Verschleiß- und Korrosionsbeständigkeit	Werkstoffe mit Sonderfunktionen
FeNiCr-Legierungen	Eisenhartlegierungen		Ti-Legierungen (Leichtbau)
NiCr-Legierungen	Nickelhartlegierungen		Ni-Ti-Legierungen (Memorymetalle)
Ti-Legierungen	Cobalthartlegierungen		Cu-Sn-Legierungen (Lagerwerkstoffe)
	Hartverbundwerkstoffe (Hartmetalle)		

Tabelle 3.1: *Klassifizierung der Zusatzwerkstoffe nach BACH [108].*

Die Begriffe Hartlegierung und Hartverbundwerkstoff bezeichnen metallische Werkstoffe auf Eisen-, Nickel- oder Cobaltbasis, welche mit bis zu 90 Gew.% mit Carbiden, Boriden oder Nitriden angereichert sind. Aufgrund der kurzen Prozesszeit muss für ein dichtes Gefüge eine ausreichende Menge an Bindemetall zur Verfügung stehen, weshalb die für das Laserauftragschweißen eingesetzten Pulverwerkstoffe i.d.R. einen Bindemetallanteil von mindestens 40 Gew.% aufweisen. Geringere Anteile erfordern eine angepasste Prozessführung.
Während Hartlegierungen ihre Hartphasen bei der Erstarrung in situ ausscheiden, liegen bei den Hartverbundwerkstoffen Hartphase und Bindemetall bereits im pulverförmigen Zustand nebeneinander vor [36]. Obwohl die Bildung der Hartphasen im Gefüge auf unterschiedlichen Ansätzen basiert, ist beiden Werkstofftypen der mehrphasige Gefügeaufbau gemein.

3.4.2 Mehrphasige Beschichtungswerkstoffe

Analog zum Aufbau der Hartmetalle sind auch die mehrphasigen Beschichtungswerkstoffe ein definiertes Gemisch aus Bindemetall und Hartstoffen. Die schweißtechnische Verarbeitung der Pulverwerkstoffe und die damit verbundene kurzzeitige Überführung in den flüssigen Aggregatzustand erfordern jedoch spezifische Eigenschaften der Bestandteile. Für diese Art der Verarbeitung wurden die so genannten Spritzpulver entwickelt. Sowohl Bindemetall als auch Hartstoffe können dort auf die schweißtechnische Verarbeitung abgestimmt sein. Eine genormte Einteilung solcher mehrphasigen Beschichtungswerkstoffe zum Hartauftragen wird im Rahmen der DIN EN 14700 festgelegt [112].

Hartstoffe für die schweißtechnische Verarbeitung

Die hervorragende Kombination aus Härte und Zähigkeit machen das **Wolframcarbid** auch für das Laserauftragschweißen zur ersten Wahl. Für die schweißtechnische Verarbeitung wird jedoch eine andere Modifikation des Wolframcarbids, das Wolframschmelzcarbid (WSC), bevorzugt. Es besteht aus einem Gemisch aus 20-27 Gew.% WC und 73-80 Gew.% W_2C und verbindet die Duktilität des WC mit der hohen Härte des W_2C. Insbesondere die sphärischen Wolframschmelzcarbide weisen sehr hohe Härten im Bereich von 3000 HV auf [51, 55, 57].
Das Wolframschmelzcarbid wird bei dessen Herstellung als eutektische Legierung in einem Kohlenstoffbereich zwischen 3,9 und 4,2 Gew.% vergossen bzw. von einem Stab abgeschmolzen. Durch das Abschrecken der Schmelze entsteht bei dieser Zusammensetzung infolge eines eutektoiden Zerfalls die gewünschte feinfiedrige Struktur [1].

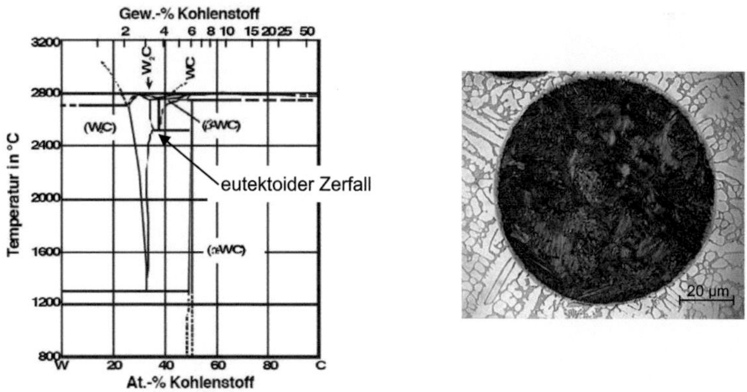

Abbildung 3.4: *Phasendiagramm W-C (li.) [1] und sphärisches WSC Partikel mit eutektoider Struktur (re.) [78].*

Bei der schweißtechnischen Verarbeitung wird das Schmelzcarbid an der Außenhülle partiell angelöst oder zerfällt vollständig, wodurch zwar einerseits eine sehr feste Anbindung durch zusätzliche mechanische Verankerung im Matrixwerkstoff entsteht, es aber andererseits auch zu einer dauerhaften Verringerung des Hartstoffanteils kommen kann.

Auch die schweißtechnische Verarbeitung von Wolframmonocarbid kann in Kombination mit Cobaltbindern bei geeigneten Prozessparametern mit zufriedenstellenden Ergebnissen gelingen, wobei es insbesondere bei hohen Temperaturen ebenfalls zur Bildung von W_2C kommen kann. Auf diesen Mechanismus wird in Kapitel 8.2.4 noch näher eingegangen.

Die Verwendung von **Titan**-, **Tantal-Niob**- und **Vanadincarbid** ist schweißtechnisch ebenso möglich. Diese Anwendungen liegen jedoch mengenmäßig derzeit weit hinter dem Wolfram(schmelz)carbid [12].

Bindemetalle für die schweißtechnische Verarbeitung

Bei den Bindemetallen verschiebt sich die Gewichtung der geforderten Eigenschaften gegenüber dem Fall der Sinterhartmetalle. Während bei den Sinterhartmetallen zur Auswahl des Binders das Benetzungsverhalten in Kombination mit der Löslichkeit im Vordergrund steht, muss bei der schweißtechnischen Verarbeitung zusätzlich der Schmelzpunkt sowie das Fließverhalten des Bindemetalls in Betracht gezogen werden. Mit dem Bestreben, die thermische Belastung der Hartstoffe gering zu halten, werden für das Auftragschweißen bevorzugt so genannte „selbstfließende Legierungen“ mit niedriger Schmelztemperatur eingesetzt. Im Wesentlichen gibt es drei Typen von Basislegierungen, die den Standard für das Auftragschweißen von Hartstoffschichten definieren [114].

Dabei bilden die **Eisenbasislegierungen** in vielerlei Hinsicht das untere Niveau. Neben einer geringen Korrosionsfestigkeit, weisen sie auch eine geringe Warmfestigkeit auf.
In Abhängigkeit der zulegierten Elemente können für Fe-Bindemetalle dieselben Wärmebehandlungsmethoden angewendet werden, wie bei Stahlwerkstoffen. Bei der Verwendung von Eisenbasislegierungen in Kombination mit Hartstoffen kommt es während des Beschichtungsvorgangs infolge der Kohlenstoffaufnahme des Eisens zu Auflösungen der Hartstoffe, da die Basislegierung selbst ein Carbidbildner ist. Abhängig von weiteren zulegierten Elementen und dem Kohlenstoffhaushalt der Fe-Basislegierung, kann dieser Effekt verringert oder verstärkt werden [36]. Eisenbasislegierungen sind jedoch vergleichsweise kostengünstig, wodurch sie bevorzugt bei Anwendungen mit geringen Anforderungen an Korrosion und Warmfestigkeit Einsatz finden.

Die bei den Standard-Hartverbundwerkstoffen am weitesten verbreitete Bindelegierung ist die selbstfließende **Nickelbasislegierung**. Sie enthält Zusätze von Bor und Silicium, wodurch zum einen der Schmelzpunkt erniedrigt und zum anderen das Benetzungsverhalten der Legierung verbessert wird. Chrom als weiterer optionaler Bestandteil verbessert die chemische Beständigkeit bei Korrosionsangriff. Aufgrund der geringen Grundhärte des reinen Nickels im Bereich von 150 HV wird Chrom und Silicium darüber hinaus zur Aufhärtung der Nickelmatrix hinzulegiert. Während Silicium die Härte unterhalb von 600 °C anhebt, zeigt sich die aufhärtende Wirkung von Chrom besonders bei Temperaturen > 600 °C, weshalb für Hochtemperaturanwendungen bevorzugt NiCrBSi-Matrizen eingesetzt werden [36].

Cobaltbasislegierungen sind vor allem aus dem System Co-Cr-W-C als schmelzmetallurgische Hartlegierungen unter dem in Kapitel 2 bereits erwähnten Namen Stellite® auf dem Markt vertreten. Auch reines Cobalt wird beim Laserauftragschweißen als Bindemetall eingesetzt, was jedoch aufgrund der höheren Schmelztemperatur mit einer höheren Prozesstemperatur und damit verbundenen erhöhten Auflösung der Hartstoffe einhergeht. Wegen seiner gegenüber Nickel höheren Härte von ca. 240 HV eignet es sich aber durchaus auch ohne das Zulegieren weiterer Elemente als Matrixwerkstoff. Co-Matrizen werden bevorzugt bei Temperaturen über 700 °C eingesetzt, da sie eine hervorragende Warmfestigkeit aufweisen.

Die Standardpulver für Hartlegierungen und Hartverbundwerkstoffe sind zwar auf die schweißmetallurgische Verarbeitung ausgelegt, dennoch müssen die Pulverhersteller ihre Produkte aus wirtschaftlicher Sicht so gestalten, dass sie alle thermischen Beschichtungsverfahren damit bedienen können, so dass die Feinabstimmung für bestimmte Verfahren oftmals durch spezielle Pulverchargen erfolgen muss und daher hohes Potenzial birgt.

3.5 Potenziale lasergenerierter Hartmetalle

Im direkten Vergleich zur sintertechnischen Herstellung von Hartmetall-Volumenkörpern bietet das Laserauftragschweißen als Urformverfahren zahlreiche Vorteile. Hiervon sollen die Wesentlichen im Folgenden anhand einer Sechskant-Ziehmatrize aus Hartmetall (siehe Abbildung 3.5) dargestellt werden.

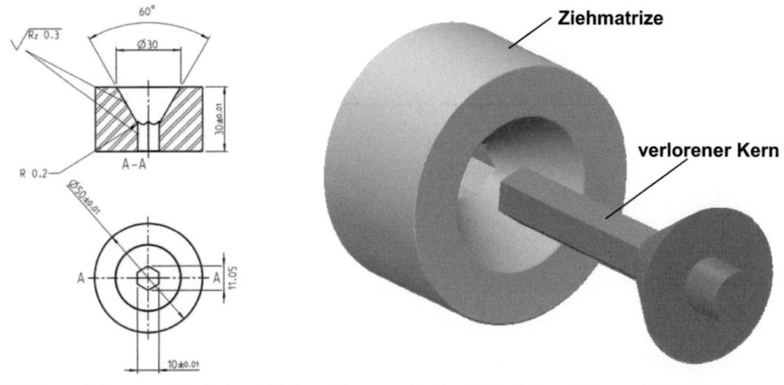

Abbildung 3.5: *Sechskant-Ziehmatrize aus Hartmetall mit Graphitkern als Substrat.*

Bei geringen Stückzahlen wird ein solches Werkzeug im Rahmen des klassischen Herstellprozesses mit Hilfe verschiedener Fertigungsverfahren aus einem Hartmetall-Rundmaterial heraus gearbeitet. Hierbei ist bereits die Herstellung des Hartmetall-Rohmaterials mit erheblichem zeitlichem und monetärem Aufwand verbunden, der sich in den hohen Materialkosten widerspiegelt. Abgesehen von der Herstellung des pulverförmigen Ausgangsmaterials, entfallen diese vorgelagerten Aufwände der Rohmaterialherstellung bei der lasertechnischen

Verarbeitung vollständig. Beim Laserauftragschweißen ermöglicht der in Kapitel 3.1 vorgestellte Prozesskopf die Herstellung beliebiger filigraner dreidimensionaler Objekte ohne den Einsatz formgebender Werkzeuge. Durch die Möglichkeit der freien Programmierung ist der Laserprozess extrem flexibel, wodurch mit geringem Umrüstaufwand verschiedenartige individuelle Werkzeuge mit geringen Stückzahlen herstellbar sind. So kann für den vorliegenden Fall ein verlorener Kern als Substrat verwendet werden, der die Negativform der Innenkontur aufweist (Abbildung 3.5). Auf diesen Kern wird der entsprechende Werkstoff schichtweise aufgebracht. Durch eine angepasste Programmierung kann auf diese Weise das komplette Werkzeug mit hoher Endkonturnähe erzeugt werden. Dabei sind werkstoffabhängige Auftragsraten im Bereich von 1 bis 2,5 cm³/min möglich. Tabelle 3.2 gibt eine Übersicht über Herstellkosten und zeitlichen Aufwand bei der Herstellung der Sechskant-Ziehmatrize mit den beiden betrachteten Verfahren.

Arbeitsgang	**Klassische Herstellung** aus Rund-Vollmaterial		**Klassische Herstellung** aus gesintertem Rohprofil		**Lasertechnische Herstellung**	
	Kosten [€]	Dauer [AT]	Kosten [€]	Dauer [AT]	Kosten [€]	Dauer [AT]
Beschaffung Rohmaterial	220	5-10	310	20-25	58	(Vorhaltung)
Laserprozess	-	-	-	-	80	1 (ca. 0,5 h)
Schleifen (Außenmaße)	55	1 (1 h)	55	1 (1 h)	80	1 (1,5 h)
Drahtschneiden Sechskant	162	1 (3-4 h)	80	1 (ca. 2 h)	80	1 (ca. 2 h)
Senkerodieren Kegel	280	1 (ca. 8 h)	70	1 (ca. 2 h)	70	1 (ca. 2 h)
Läppen (Kegel/ Sechskant)	30	1 (ca. 1 h)	30	1 (ca. 1 h)	30	1 (ca. 1 h)
Summe	**747 €**	**9-14 AT**	**545 €**	**24-29 AT**	**398 €**	**5 AT**

Tabelle 3.2 *Gegenüberstellung von Kosten und Fertigungsdauer der klassischen zur lasertechnischen Fertigung der Ziehmatrize (AT = Arbeitstage).*

Neben dem Kostenaspekt sind jedoch auch in zunehmendem Maße Fertigungszeiten bzw. die damit verbundenen Lieferzeiten von Werkzeugen wichtige Wettbewerbskriterien [6]. Dies gilt insbesondere für Hersteller, die Prototypenwerkzeuge anbieten. So dauert bei der klassischen Herstellmethode alleine die Beschaffung des Hartmetall-Rohmaterials in den entsprechenden Abmessungen zwischen 10 und 12 Arbeitstage. Bei Spezialsorten erhöht sich die Beschaffungsdauer sogar erheblich [9]. Die lasertechnische Fertigung ermöglicht hingegen die Vorhaltung verschiedenster Pulverwerkstoffe, so dass nach erfolgter Anlagenprogrammierung das komplette Rohwerkzeug der betrachteten Ziehmatrize in weniger als 1 h reiner Prozesszeit hergestellt werden kann. Weitere entscheidende Vorteile der lasergenerierten Schichten und Körper liegen in den außergewöhnlichen Beeinflussungsmöglichkeiten der Objektstruktur. So ist es dank der schichtweisen Erzeugung möglich, so genannte „Tailored Tools“ herzustellen, indem durch abgestimmte Schichtsysteme das zu generierende Bauteil aus Sicht der Gebrauchseigenschaften maßgeschneidert wird. Auf diese Weise kann die Ziehmatrize beispielsweise mit duktilem Kern (Bindephase ↑, Hartstoffe ↓) und einer extrem verschleißfesten Oberfläche (Bindephase ↓, Hartstoffe ↑) erzeugt werden.

4 Motivation und Zielsetzung

Im Rahmen der Kapitel Einführung und Stand der Technik wurde aufgezeigt, dass Hartmetalle überall dort zum Einsatz kommen, wo klassische Stahlwerkstoffe die Anforderungen bezüglich Festigkeit und Verschleißverhalten nicht mehr erfüllen können. Hartmetalle verdanken ihre hohe Festigkeit und ausgezeichneten Verschleißeigenschaften ihrem mehrphasigen Gefügeaufbau.
Die Kehrseite der Medaille sind jedoch hohe Rohstoffkosten und der aufwändige und zeitintensive Sinterprozess, was sich in Preis und Lieferzeit der Fertigprodukte niederschlägt. Weitere Nachteile, wie mangelnde Flexibilität des Sinterverfahrens oder hohe Aufwände zur Endbearbeitung sind die Motivation, nach alternativen Herstellverfahren von Hartmetallen zu suchen, die vergleichbare Gefügeeigenschaften bei geringerem zeitlichem und/oder monetärem Aufwand ermöglichen.
In diesem Zusammenhang bietet das Laserauftragschweißen aus theoretischer Sicht vielversprechende Potenziale, mit welchen sich einerseits die Herstelldauer, andererseits aber auch Kosten reduzieren lassen.
Es wurde ebenfalls aufgezeigt, dass die Elemente der Ausgangswerkstoffe zur sintertechnischen Herstellung von Hartmetallen, mit Ausnahme einiger Besonderheiten, prinzipiell auch durch das Laserauftragschweißen verarbeitet werden können. Verbunden mit der Möglichkeit dreidimensionale Körper herzustellen, lassen die genannten Potenziale das Laserauftragschweißen als eine interessante Alternative zur klassischen Hartmetallherstellung erscheinen.

Über die Frage, ob das Laserauftragschweißen als zumindest konkurrenzfähiges, wenn nicht gar überlegenes, alternatives Herstellungsverfahren für Hartmetalle eingesetzt werden kann, entscheiden an erster Stelle die resultierenden Eigenschaften der erzeugten Volumenkörper, welche durch die Gefügestruktur bestimmt werden. Die Qualifizierung des Laserauftragschweißens als alternatives Herstellverfahren ist demnach möglich, wenn die Gefügestrukturen vergleichbar sind.

Dieser Fragestellung soll im Rahmen der vorliegenden Arbeit auf Basis von Gefügeuntersuchungen Rechnung getragen werden. Dabei bildet das Gefüge der Sinterhartmetalle die Referenz, weshalb neben den Gefügen auch der Sinterprozess dem Laserprozess gegenübergestellt wird.

Zur systematischen Behandlung dieser Fragestellung soll als Ausgangsbasis für die weiteren Untersuchungen im ersten Schritt überprüft werden, inwieweit die konkreten pulverförmigen Standard-Ausgangswerkstoffe der beiden Verfahren auch auf mikroskopischer Ebene vergleichbar sind. In diesem Zusammenhang sind neben der reinen Zusammensetzung auch spezielle Kennwerte, sowie das Herstellverfahren zu betrachten.

Sowohl der Sinter- als auch der Laserprozess führen zu Veränderungen der analysierten Kennwerte der Ausgangswerkstoffe, die im Anschluss mit Hilfe einer Gefügecharakterisierung bestimmt werden.

Unter der Voraussetzung identischer Ausgangswerkstoffe müssen die resultierenden Unterschiede der Gefügestrukturen zwangsläufig durch den Herstellprozess bedingt sein. Neben dem Gefügeaufbau ist für den erfolgreichen Einsatz von lasergenerierten Hartmetall-Volumenkörpern auch Porenfreiheit essenziell, weshalb auch diese Eigenschaft im Rahmen weiterer Untersuchungen betrachtet wird.

Die Untersuchungen werden am einführend behandelten ternären W-C-Co Werkstoffsystem durchgeführt. Der minimalen Hartstoffpartikelgröße und dem minimalen Bindemetallgehalt der Pulverwerkstoffe für das Laserauftragschweißen sind nach unten verfahrenstechnische Grenzen gesetzt. Um die Vergleichbarkeit zu wahren, wird für die Gegenüberstellung der Gefüge ein WC-Co-Sinterhartmetall herangezogen, dessen Zusammensetzung und Korngröße mit den Verhältnissen in den lasergenerierten Volumenkörpern vergleichbar ist. Dabei sollen vor allem die verfahrensspezifischen Veränderungen des pulverförmigen Ausgangswerkstoffs im Vordergrund stehen.

Der Pulverwerkstoff zur Herstellung des Sinterhartmetalls verfügt über einen Cobaltanteil von 12 Gew.% und entspricht der Korngrößenklassifikation „grob“. Diese Sinterhartmetall-Güte ist dem Anwender unter der Bezeichnung G20 bekannt und wird vor allem im Bereich der Umformtechnik, der Gesteinsbearbeitung und bei der Bearbeitung von Rauholz eingesetzt. Während der Trend beim Großteil der Anwendungen zu immer feineren Korngrößen mit geringen Bindemetallgehalten hin tendiert, sind bei diesen Anwendungen zähe Werkstoffe mit verhältnismäßig großen Korngrößen gefragt, weshalb sich im Falle einer erfolgreichen Erzeugung lasergenerierter Hartmetalle hier ein potenzielles Einsatzfeld eröffnet [42, 47, 49].

Im Gegensatz zum tiefgehend erforschten Sinterprozess, bei dem die Prozessparameter und Einflussfaktoren für ein optimales Gefüge weitgehend bekannt sind, führt die große Anzahl von Prozessparametern beim Laserauftragschweißen zu zahlreichen Gefügemodifikationen der auf diese Weise erzeugten Hartmetalle. Als einflussreichster Prozessparameter auf die Gefügebildung ist in diesem Zusammenhang die Laserleistung zu nennen. Um einerseits Abhängigkeiten, aber andererseits auch Möglichkeiten und Grenzen aufzuzeigen, wird diese in den folgenden Untersuchungen in einem sinnvollen Parameterbereich unter Konstanthaltung aller anderen Parameter variiert.

Mit der Zielsetzung, die durch Laserauftragschweißen erzeugten Hartmetalle als Alternative für Sinterhartmetalle zu qualifizieren, werden die Analysenergebnisse interpretiert, um so die detaillierten Ursachen der Unterscheidungsmerkmale zu klären.

5 Analysemethoden und experimentelle Randbedingungen

5.1 Analysemethoden und Kenngrößen

Die relevantesten Kennwerte zur Charakterisierung von Hartmetallen werden im Rahmen verschiedener ISO-Normen beschrieben. Für den angestrebten gefügebasierten Vergleich von Sinterhartmetallen zu lasergenerierten Hartmetallen werden folgende Kennwerte herangezogen, die mit entsprechenden Verfahren aus Schliffbild- und Gefügeanalysen gewonnen werden:

- Skelettbildungsgrad,
- Korngröße der Hartstoffpartikel, Korngrößenverteilung und Hartstoffdichte,
- Porosität,
- Phasenanteile und Zusammensetzung von Gefügephasen,
- Homogenität der Korngröße, der Hartstoffdichte und der Phasenanteile in der β-Phase.

5.1.1 Der Skelettbildungsgrad

Der Skelettbildungsgrad, der auch als Kontiguität *K* bezeichnet wird, ist ein Gefügeparameter, mit dem Aussagen über die Struktur des Hartstoffskeletts möglich sind. Dessen Ermittlung erfolgt bildanalytisch mittels Linearanalyse (siehe folgender Abschnitt) an Schliffbildern und wird nach Gleichung 5.1 berechnet [7, 61].

$$K_{WC} = \frac{N_{WC} - N_{Co}}{N_{WC}}$$ **Gleichung 5.1 [7]**

Dabei ist N_{WC} die Anzahl der geschnittenen Hartstoffpartikel und N_{Co} die Anzahl der dazwischen liegenden Co-Schichten [7]. Die Kontiguität K_{WC} liegt zwischen 0 und 1, wobei 0 den Optimalfall einer Trennung der Hartstoffe durch Bindemetallschichten repräsentiert.
Aus der Kontiguität kann für WC-Co-Hartmetalle bei bekannter mittlerer Korngröße der Hartstoffpartikel d_a die mittlere lineare Cobaltschichtstärke L_{Co} zwischen den Hartstoffen in Abhängigkeit des Volumenanteils f_{Co} der β-Phase errechnet werden.

$$L_{Co} = \frac{d_a \cdot f_{Co}}{(1 - K_{WC}) \cdot (1 - f_{Co})}$$ **Gleichung 5.2 [7]**

Aufgrund der Kennwertermittlung auf Basis einer Linearanalyse wird der Kennwert L_{Co} in erster Linie für homogene Gefüge angewendet. Bei inhomogenen Strukturen, wie sie beim Laserauftragschweißen auftreten können, führt eine Flächenanalyse zu einer höheren Genauigkeit, weshalb in Kapitel 11.1 ein angepasstes Modell zur Bewertung der Hartstoffdichte eingeführt wird.

5.1.2 Verfahren zur Bestimmung der Korngrößen und Korngrößenverteilung der Hartstoffpartikel

In der Praxis wird zur Einordnung des Hartmetalls in die entsprechenden Korngrößenbereiche in erster Linie das so genannte Vergleichsverfahren angewendet. Hierbei wird die mittlere Korngröße durch den direkten Vergleich mit Bildern einer Richtreihe ermittelt [48]. Dieses Verfahren nach ISO 4499 hat allerdings einen ausgeprägt subjektiven Charakter [58].
Aus diesem Grund wird zur Ermittlung der Korngrößen im Rahmen dieser Arbeit eine nicht genormte Variante des quantitativen Linienschnittverfahrens nach Heyn eingesetzt, die so genannte modifizierte Linearanalyse. Sie basiert auf einem Linienmuster, welches dem Schliffbild überlagert wird. Im Gegensatz zum klassischen Linienschnittverfahren, wo die mittlere Korngröße aus dem Quotient der Gesamtlänge des Linienmusters zur Anzahl der durch die Linien geschnittenen Korngrenzen bestimmt wird, wird beim modifizierten Verfahren die Sehnenlänge L_P jedes durch das Linienmuster geschnittenen Hartstoffpartikels vermessen. Aus den Messergebnissen kann einerseits die Korngrößenverteilung und andererseits die mittlere Korngröße durch Mittelwertbildung auf Basis der Anzahl der Messungen P_P gemäß Gleichung 5.3 berechnet werden [61].

$$d_a = \frac{\sum L_P}{P_P} \qquad \textbf{Gleichung 5.3}$$

5.1.3 Kennwertermittlung auf Basis der rechnergestützten Bildanalyse

Für die rechnergestützte Bildanalyse wird im Rahmen der folgenden Untersuchungen die Bildbearbeitungs- und Analysensoftware „Image Pro“ eingesetzt. Dabei werden abhängig vom jeweiligen Kennwert unterschiedliche Funktionalitäten und Module der Software genutzt.
Die Ermittlung der Porosität erfolgt üblicherweise durch Richtreihenvergleich nach DIN ISO 4505 [59]. Im vorliegenden Fall soll diese mit Hilfe einer Schwellwertfunktion, mit der verschiedene Eigenschaften eines Farbspektrums ausgewertet werden können, bildanalytisch bestimmt werden. Neben dem Flächenanteil können so auch mittlere Durchmesser sowie Umfänge und Formfaktoren einzelner Merkmale bestimmt werden. Poren erscheinen bei einer entsprechenden Belichtung im Schliffbild dunkel und können somit bezüglich der Farbschwellwerte eindeutig vom restlichen Gefüge unterschieden werden. Die Berechnung der Gesamtporosität A_{CP} erfolgt auf Basis einer Flächenanalyse aus dem Quotient der Summe der Einzelporenflächen A_P zur Querschnittsfläche A_S des Volumenkörpers nach Gleichung 5.4.

$$A_{CP} = \frac{\sum A_P}{A_S} \qquad \textbf{Gleichung 5.4}$$

Die Festlegung der Schwellwerte zur Bestimmung der Phasenanteile erfordert, abhängig von der zu untersuchenden Phase, eine angepasste Bildkontrastierung, die über Ätz- und mikroskopische Kontrastierungstechniken hergestellt wird.

Über die jeweiligen theoretischen Dichten der Gefügebestandteile werden die mit Hilfe der Software ermittelten Flächenanteile in Massenanteile transformiert. Ergänzend zur Bildanalyse wird zur Bestimmung der Phasenanteile das EDX-Analyseverfahren eingesetzt, mit welchem der in der β-Phase gelöste Wolframgehalt ermittelt wird. Die Quelle des gelösten Wolframs sind die Hartstoffe, so dass bei bekannter Ausgangszusammensetzung der mittlere Hartstoffanteil für homogene Hartmetallgefüge mit einer höheren Genauigkeit nach dem Berechnungsmodell aus Anhang A1 abgeschätzt werden kann, sofern neben dem reinen Wolframmonocarbid keine anderen wolframhaltigen Ausscheidungen auftreten.

5.1.4 Verfahren zur Bestimmung der Zusammensetzung von Gefügephasen

Die Bestimmung der Zusammensetzungen der Gefügephasen wird mit Hilfe des EDX-Analysenverfahrens durchgeführt. EDX steht für „energiedispersive Röntgenstrahlanalyse" und ist für die vorliegenden Untersuchungen in einem REM (Jeol JSM-6480LV) integriert. Dabei werden die Atome einer Probe mit Hilfe eines Elektronenstrahls angeregt. Infolge der Anregung senden sie Röntgenstrahlung elementspezifischer Energie aus, die so genannte charakteristische Röntgenstrahlung, welche über einen entsprechenden Detektor erfasst wird. Aus dem aufgenommenen Energiespektrum kann die elementspezifische Zusammensetzung der analysierten Probe angegeben werden. Das eingesetzte Analysensystem von Thermo Fisher Scientific vom Typ „Ultra Dry" verfügt über einen stickstofffreien Silicium-Detektor mit einer Auflösung von 130 eV. Das EDX-Verfahren gehört zur Gruppe der halbquantitativen Analyseverfahren, weshalb die Ergebnisse stets unter Berücksichtung der Genauigkeitsrandbedingungen zu bewerten sind. Auf diese wird in Anhang A2 detailliert eingegangen.
Um die Eindringtiefe des Elektronenstrahls gering zu halten, werden Anregungsspannungen von 15 kV und 20 kV verwendet. Die Genauigkeit der EDX-Analysenergebnisse bei den gewählten Parametern ergibt sich für den vorliegenden Fall durch den Vergleich mit einer chemischen Analyse und liegt im Bereich von 0,5 Gew.% bis 1 Gew.%. Aufgrund der erzielbaren hohen Genauigkeit der EDX-Messungen werden die ermittelten Massenanteile an entsprechender Stelle genutzt, um Abschätzungen der Atomverhältnisse zu treffen. Die Berücksichtigung des Kohlenstoffs erfolgt, wenn erforderlich, auf Basis der stöchiometrischen Zusammensetzung des Wolframmonocarbids. Zur Identifizierung von Phasen wird ergänzend die Röntgendiffraktometrie eingesetzt.

5.1.5 Verfahren zur Bewertung der Homogenität

Die Homogenität wird anhand der Standardabweichung δ der Einzelmessungen des jeweiligen Merkmals bewertet. Per Definition gibt dieser statistische Kennwert die Streuung der realen Werte um den Mittelwert μ an. Ausgehend von einer Normalverteilung liegen im Bereich $\mu \pm \delta$ 68,3 % der realen Werte. Die untersuchten Merkmale sind die Standardabweichungen der Korngröße bzw. Korngrößenverteilung δ_k, der Hartstoffdichte δ_H sowie der gelösten Wolframgehalte in der β-Phase δ_w. Für die Ermittlung der Kennwerte werden jeweils mindestens drei Bildausschnitte bei 2000-facher und 4000-facher Vergrößerung analysiert. Die hohen Vergrößerungen sind aufgrund der Feinheit der Gefüge für eine sichere Detektion der Merkmale erforderlich.

5.2 *Experimentelle Randbedingungen*

Für die folgenden Untersuchungen wird eine Laseranlage mit einem 6-Achs-Knickarm-Industrieroboter als Handhabungseinrichtung eingesetzt. Der Prozesskopf zum Auftragschweißen besteht aus der Laseroptik und der in Kapitel 3.1 beschriebenen Koaxialdüse (COAX 8) des IWS Dresden [34]. Die Laserstrahlung wird von einem lampengepumpten Nd:YAG-Laser mit einer Wellenlänge von 1064 nm (SPP < 25 mm·mrad) über ein Lichtleitkabel mit einem Durchmesser von 0,6 mm bereitgestellt. Die Brennweite der Fokussieroptik f_{fok} beträgt, bei einem Abbildungsverhältnis von 1:1, 200 mm. Als Fördereinheit dient ein Pulverförderer der Firma GTV, der nach dem beschriebenen Scheibenförderprinzip arbeitet.
Der Prozess soll im Rahmen der folgenden Untersuchungen in definierte thermische Zeitabschnitte unterteilt werden, um deren Auswirkungen auf das resultierende Gefüge gezielt untersuchen zu können. Dies setzt allerdings konstante Bedingungen, d.h. konstante Parameter innerhalb dieser Prozessabschnitte, voraus. Aus diesem Grund wird beim Auftragprozess bewusst auf eine Temperaturregelung verzichtet.
Durch den Verzicht auf die Temperaturregelung entsteht beim Generieren der Volumenkörper eine mit zunehmender Schichtanzahl zunehmende Erhitzung des Gesamtsystems. Zur Abschätzung des Einflusses der Erhitzung auf das Gefüge werden sowohl Einzelspuren, als auch Volumenkörper aufgetragen und analysiert.
Als Zusatzwerkstoff kommt ein Standard WC-Co-Spritzpulver des Herstellers H.C.Starck zum Einsatz, welches unter der Produktbezeichnung Amperit® 518 firmiert. Es enthält einen Cobaltanteil von 12 Gew.% und einen Hartstoffanteil von 88 Gew.% WC.
Die Parameter wurden bereits im Vorfeld im Rahmen einer Parameterstudie bestimmt und sind in Tabelle 5.1 zusammengefasst.

Parameter	Einheit	Einstellung
Strahldurchmesser Laser d_L	[mm]	4
Strahldurchmesser Pulver d_{PS}	[mm]	4
Vorschubgeschwindigkeit v	[mm/min]	150
Laserleistung P_L	[W]	400-800
Pulvermassenstrom $\dot{m}_{Pulver}$	[g/min]	5
Schutz- und Trägergas	-	Argon
Schutzgasvolumenstrom $\dot{V}_{Gas}$	[l/h]	3000

Tabelle 5.1: *Parameterensemble für die Auftragsversuche.*

Strahldurchmesser, Vorschubgeschwindigkeit und Laserleistung werden so gewählt, dass einerseits in Anlehnung an den Sinterprozess eine für die Verhältnisse des Laserauftragschweißens, möglichst lange thermische Beeinflussung mit geringen Temperaturgradienten stattfindet und andererseits die thermische Beeinflussung des Substrats durch niedrige Intensitäten ($I = 3 \cdot 10^3$-$6{,}4 \cdot 10^3$ W/cm²) möglichst gering gehalten wird.

Um elementspezifische Wechselwirkungen des aufgetragenen Pulverwerkstoffs mit Elementen des Substratwerkstoffs zu vermeiden, erfolgt sowohl der Auftrag der Einzelspuren als auch der Volumenkörper ausschließlich auf einem ebenen, rechteckigen Graphitsubstrat mit den Abmessungen (B x H x T) 60 x 20 x 10 mm. Um Verdampfungsreaktionen des Graphitsubstrats auszuschließen, wird zunächst eine 0,5 mm dicke Zwischenschicht aus Cobalt aufgetragen.

Es wird mit der integrierten Schutzgaszufuhr der Koaxialdüse gearbeitet, so dass die unmittelbare Prozesszone abgeschirmt wird. In einigen Versuchen wird zusätzlich eine großräumigere Schutzgasatmosphäre erzeugt, die in den entsprechenden Fällen näher spezifiziert wird. Es erfolgt eine Variation der Laserleistung zwischen 400 und 800 W in 200 W Schritten. Aus dieser Variation resultieren niedrige Pulvernutzungsgrade zwischen 20 % und 50 %. Aus diesen Randbedingungen ergeben sich für die aufgetragenen Einzelspuren und Volumenkörper unterschiedliche Abmessungen.

Auftrag von Einzelspuren

Die Abmessungen der Einzelspur liegen bei einer Laserleistung P_L von 800 W bei einer Breite von ca. 2,5 mm und einer Höhe im Bereich von ca. 0,7 mm. Bei geringerer Leistung bleibt die Spurbreite annähernd gleich, während sich die Spurhöhe bei P_L = 400 W im Bereich zwischen 0,3 und 0,4 mm bewegt. Auf die detaillierte Analyse der Einzelspuren wird im Rahmen dieser Arbeit jedoch nicht näher eingegangen, da die Gegenüberstellung der Sinterhartmetall-Volumenkörper zu den lasergenerierten Volumenkörpern im Vordergrund steht.

Auftrag von Volumenkörpern

Für die Untersuchungen des mehrschichtigen Auftrags werden Proben mit einer definierten Anzahl von sechs Schichten erzeugt. Jede Schicht besteht aus fünf Einzelraupen, die mit einem Überlappungsgrad von 50 % aufgetragen werden. Die Abmessungen der resultierenden Volumenkörper liegen abhängig von der Laserleistung im Bereich von 6,1-8,4 mm Breite und 2,1-5,0 mm Höhe. Neben den Abmessungen verändert sich infolge der unterschiedlichen Temperaturprofile auch die Form des Volumenkörpers entsprechend Abbildung 5.1.

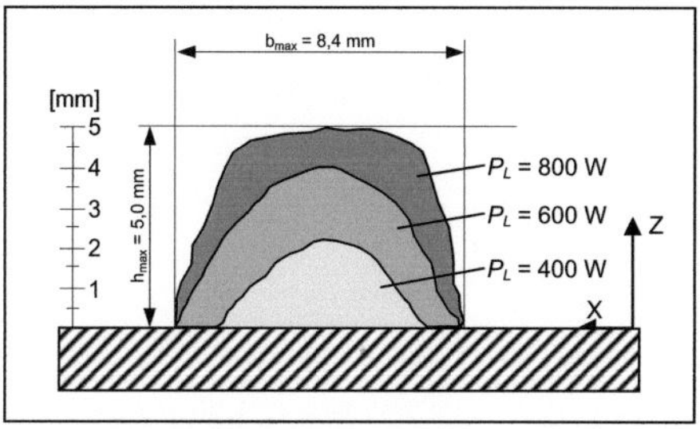

Abbildung 5.1: *Leistungsabhängige Entwicklung von Form und Abmessungen des vertikalen Querschnitts der Volumenkörper.*

6 Gefügecharakterisierung der Ausgangswerkstoffe und Volumenkörper

6.1 Analyse und Gegenüberstellung des Ausgangsmaterials

In Bezug auf die Ausgangswerkstoffe für das Sintern und das Laserauftragschweißen bilden die Hartmetall-Komponenten Co und WC eine Schnittmenge beider Verfahren. Ein Unterscheidungsmerkmal ist jedoch das Herstellverfahren der Ausgangswerkstoffe.
Für die Herstellung von Sinterhartmetallen im industriellen Maßstab erfolgt die Aufbereitung des Pulveransatzes ausnahmslos durch Mischen, Homogenisieren und Mahlen der Komponenten in entsprechenden Mühlen und Attritoren. Im homogenisierten Zustand besteht der Hartmetallansatz aus einem feindispersen Gemenge aus WC- und Co-Partikeln, die im Gemisch jedoch durch Korngrenzen getrennt voneinander vorliegen und noch keine gemeinsame thermische Beeinflussung erfahren haben. Ein großer Vorteil der Hartmetallherstellung durch Sintern liegt in der freien Wahl der Hartstoffkorngrößen für den Pulveransatz. Die technologisch bedingte Untergrenze der für Hartmetalle eingesetzten WC-Korngrößen liegt derzeit im unteren dreistelligen Nanometerbereich.

Eine direkte Verwendung derart feindisperser Pulvergemenge für das Laserauftragschweißen ist aufgrund der mangelnden Förder- und Fließfähigkeit nicht möglich. Die Fließfähigkeit wird zum einen durch Faktoren, wie z.B. den Trocknungszustand oder die Kornform des Pulvers bestimmt, zum anderen aber auch durch die Adhäsions- bzw. Kohäsionsneigung. Die Adhäsion ist in Wechselwirkungen von Partikeln begründet, die in Form von elektrostatischen Kräften, Wasserstoffbrücken, van der Waals Kräften und Kapillarkräften auftreten. Die Reichweiten dieser Wechselwirkungen liegen im ein- bis zweistelligen Nanometerbereich [45]. Folglich tritt Adhäsion in wahrnehmbarer Form nur auf, wenn die betreffenden Oberflächen in sehr engem Kontakt zueinander stehen, wodurch Agglomerate entstehen.
Für die Förderung von WC-Co-Pulvern liegt die Untergrenze bei einer Korngröße von etwa 5 µm, wobei nicht die mittlere Korngröße, sondern vielmehr das Spektrum der Korngrößenverteilung ausschlaggebend ist und somit im Grenzbereich im Einzelfall zu prüfen ist.
Durch eine Vorbehandlung des Pulverwerkstoffs mit adhäsionsmindernden Zusätzen, wie z.B. Aerosil®, lässt sich der Grenzbereich geringfügig zu kleineren Korngrößen hin erweitern. Um die Verwendung von Korngrößen deutlich < 10 µm zu ermöglichen, müssen alternative Fördertechniken eingesetzt werden, wobei mit abnehmender Korngröße auch die Formung eines nutzbaren Pulverstrahls zunehmend schwierig wird.

Um einerseits die paradoxen Forderungen nach geringen Partikelgrößen mit einer guten Fließfähigkeit zu vereinigen und andererseits Komponenten, die sich durch andere Verfahren nicht oder nur aufwändig herstellen lassen, auch dem Laserprozess zugänglich zu machen, bedienen sich die Pulverhersteller des so genannten Agglomerationsverfahrens [108].

Dabei wird aus den Ausgangspulvern zusammen mit einem organischen Binder eine Suspension hergestellt, die dann mit einem scharfen Gasstrahl verdüst wird. Hierdurch entstehen Agglomerate einer bestimmten mittleren Größe, die im weiteren Verlauf i.d.R. durch Plasmatechnologie verdichtet werden, wobei das Bindemittel verdampft. Auf diese Weise können sphärische Agglomerate mit einem guten Fließverhalten hergestellt werden, die aus einer Mischung zahlreicher Einzelpartikel mit definierter Zusammensetzung bestehen. Sie weisen meist eine poröse Struktur auf, wie sie in Abbildung 6.1 dargestellt ist.

6.1.1 Agglomeriert-gesintertes WC-Co-Spritzpulver (Amperit® 518)

Dieses Standard-Spritzpulver besteht laut Herstellerdatenblatt aus 88 Gew.% WC und 12 Gew.% Co [56]. Damit entspricht die Pulverzusammensetzung einem Standard-Hartmetallansatz. Innerhalb eines agglomeriert-gesinterten Pulverpartikels sind sowohl WC, als auch Co-Partikel in der entsprechenden Mischung enthalten.
Abbildung 6.1 zeigt die sphärische Morphologie der Pulverpartikel in einer REM-Aufnahme. Die einzelnen Agglomerate weisen die für das Agglomerationsverfahren typische Porosität auf.

Abbildung 6.1: *BSE-REM-Aufnahme des agglomeriert-gesinterten WC-Co-Pulvers.*

Die mittlere Ausgangskorngröße des Wolframmonocarbids im Agglomerat beträgt ca. 1,0 µm. Das analysierte Korngrößenspektrum liegt zwischen 0,3 µm und 4,8 µm.
Eine gemessene Korngrößenverteilung der Hartstoffpartikel in den Agglomeraten für das Spektrum zwischen 0,2 und 2 µm gibt Abbildung 6.2 wieder.

Die Agglomerat-Korngröße des Pulvers beträgt in guter Übereinstimmung mit dem Herstellerdatenblatt, welches die Körnung mit -45+15 µm angibt, im Mittelwert 35,7 µm. Die modifizierte Linearanalyse ergibt, dass 10,3 % der Partikel < 15 µm und 1,9 % der Partikel > 45 µm sind. Dabei liegt das kleinste analysierte Korn bei einem Durchmesser von 7,6 µm, das größte bei 55,3 µm. Nach der ASTM-Norm B 214 für Siebanalysen dürfen jeweils max. 5 Gew.% ober- bzw. unterhalb des angegebenen Korngrößenbereichs liegen [126]. Der höhere Anteil kleinerer Korngrößen im vorliegenden Fall ist höchstwahrscheinlich auf die Zerstörung von Agglomeraten beim Transport und durch die Schliffherstellung zurückzuführen.

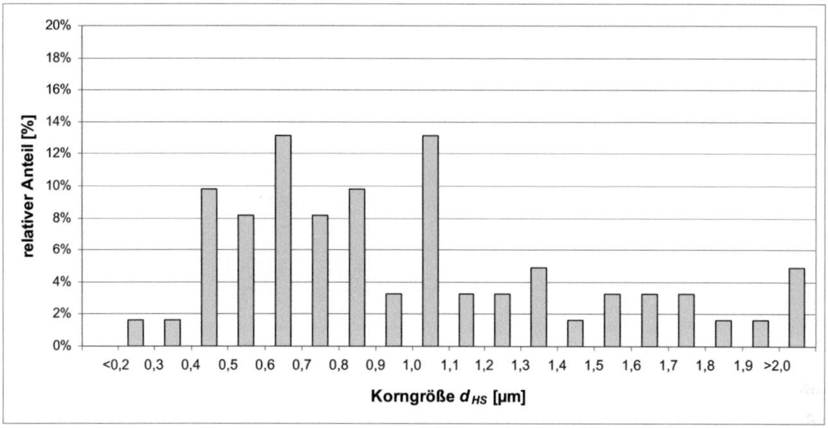

Abbildung 6.2: *WC-Korngrößenverteilung in den agglomeriert-gesinterten Partikeln nach der modifizierten Linearanalyse.*

Der Cobaltgehalt in den analysierten agglomeriert-gesinterten Partikeln liegt gemäß EDX-Analyse mit im Mittel 10,8 Gew.% unterhalb den angegebenen 12 Gew.%. Auch die chemische Analyse führt zu einem geringeren Cobaltgehalt von 11,2 Gew.%.

Innerhalb der Bindephase beträgt der mittlere Wolframgehalt ca. 4,7 Gew.%. Dieser wird durch die Auflösung von Wolframmonocarbiden im Rahmen des Herstellprozesses verursacht. Somit liegen entsprechend dem Berechnungsmodell aus Anhang A1 bereits im Ausgangszustand real nur 87,3 Gew.% des Gesamtgefüges als ungelöste Hartstoffpartikel vor. Die Kontiguität innerhalb der Pulverpartikel liegt im Mittel < 0,1. Dies bedeutet eine nahezu vollständige Trennung der Hartstoffpartikel bei einer mittleren linearen Cobaltschichtdicke von 0,23 µm.

Dieses Spritzpulver enthält keine messbaren Zusätze zur Reduktion des Schmelzpunkts oder Verbesserung der Fließfähigkeit, was gegenüber Pulverwerkstoffen mit einer selbstfließenden Matrix mit einer höheren Verarbeitungstemperatur verbunden ist, die analog zu den Sinterhartmetallen im Bereich der Schmelztemperatur des Eutektikums (1280 °C für das ternäre Eutektikum und 1320 °C für das Co-C Eutektikum) liegt (siehe Abbildung 2.1).

Laut Herstellerdatenblatt liegt der Kohlenstoffgehalt zwischen 5,2 und 5,6 Gew.%. Die Untergrenze des Kohlenstoffanteils ergibt sich bei der vorliegenden Zusammensetzung nach Kapitel 2.2.2 mit 5,25 Gew.%. Die Messung mit einem Kohlenstoff-Analysator, der in Kapitel 8.4.3 näher beschrieben wird, ergibt einen Kohlenstoffanteil von 5,5 Gew.%.

Während die Hartstoffpartikelgrößen bei Analyse von 30 Pulverpartikeln bei einer Standardabweichung von 0,5 µm ebenso wie der gelöste Wolframanteil in der Bindephase bei einer Standardabweichung von 1,1 Gew.% als weitgehend homogen verteilt eingestuft werden können, variiert der Hartstoffanteil mit einer Standardabweichung von 4,8 Gew.% deutlich stärker.

6.1.2 WC-Co-Hartmetallpulver

Die mittlere Hartstoffpartikelgröße des pulverförmigen Ausgangswerkstoffs für das Laserauftragschweißen kann in Bezug auf die WC-Korngrößenklassifikation im Ausgangszustand durchaus der Korngrößenkategorie „fein" zugeordnet werden (vgl. Tabelle 2.1). Aufgrund des prozessbedingten Wachstums der Hartstoffphase ergibt sich jedoch eine resultierende Korngröße, die in die Kategorie „grob" fällt. Aus diesem Grund wird das als Maßstab anzusetzende Sinterhartmetall ebenfalls aus der Klassifikation „grob" gewählt.

Der Pulverwerkstoff besteht ebenfalls aus den Komponenten Cobalt und Wolframmonocarbid mit einer Zusammensetzung von 12 Gew.% Co und 88 Gew.% WC. Die Zusammensetzung entspricht damit einem Sinterhartmetall G20. Zur einfacheren Präparation wurde das Pulver vor der Untersuchung bei einer Temperatur von 800 °C über 120 Minuten vorgesintert. Abbildung 6.3 zeigt eine REM-Aufnahme des Pulverwerkstoffs. Durch den Mahlvorgang wird eine dünne Cobaltschicht auf die Hartstoffe „aufgeschmiert", wodurch der subjektive Eindruck eines höheren Bindemetallgehalts entsteht.

Abbildung 6.3: *BSE-REM-Aufnahme des WC-Co-Pulverwerkstoffs.*

Sowohl die EDX-Analyse als auch die chemische Analyse des Cobaltgehalts im Pulverwerkstoff bestätigen mit im Mittel 11,7 Gew.% (EDX) bzw. 11,2 Gew.% (chemische Analyse) die Ausgangszusammensetzung.

Aufgrund der sehr feinen Verteilung des Cobalts und ggf. darunter liegender Wolframcarbide ist die Analyse des gelösten Wolframanteils mit Messfehlern verbunden. Er liegt jedoch im Mittel im Bereich von 1 Gew.%.

Der Grund für den geringen Lösungszustand ist in der geringen thermischen Beeinflussung des Pulverwerkstoffs durch das Vorsintern zu suchen. Somit ergibt sich ein vernachlässigbarer Hartstoffverlust.

Die mittlere WC-Korngröße beträgt gemäß der modifizierten Linearanalyse ca. 1,2 µm, wobei die maximale Partikelgröße mit ca. 6 µm festgestellt wird. Die Korngrößenverteilung der Hartstoffpartikel ist in Abbildung 6.4 dargestellt.

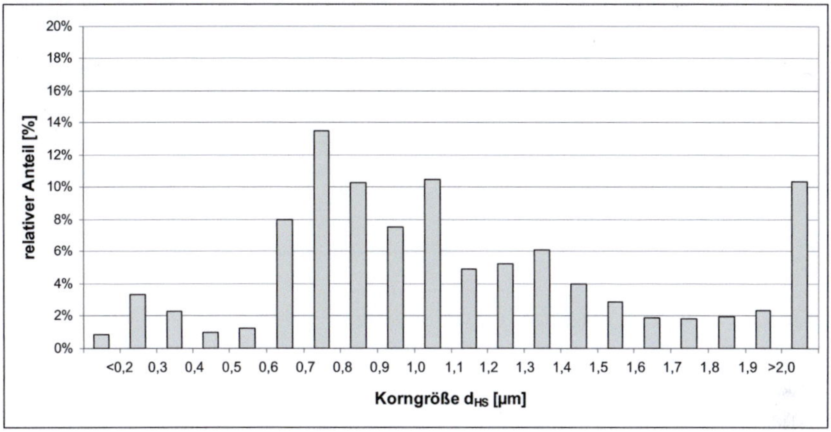

Abbildung 6.4: *WC-Korngrößenverteilung im Hartmetallansatz nach der modifizierten Linearanalyse.*

Der Kohlenstoffgehalt liegt mit 6,2 Gew.% leicht überstöchiometrisch. Die Standardabweichung der Hartstoffpartikelgrößen ist mit 0,68 µm vergleichbar zum agglomeriert-gesinterten Spritzpulver.

6.2 Charakterisierung lasergenerierter Hartmetalle

6.2.1 Auftrag einer Einzelspur mit WC-Co-Spritzpulver

Das Gefüge einer lasergenerierten Einzelspur wird unter anderem durch die Intensitätsverteilung der Laserstrahlung bestimmt. Das gemessene Strahlprofil des verwendeten Nd:YAG-Lasers ist in Abbildung 6.5 dargestellt.

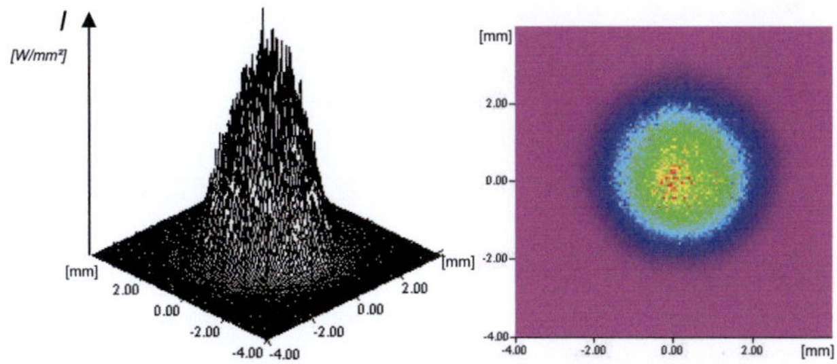

Abbildung 6.5: *Intensitätsverteilung der Laserstrahlung bei d_L = 4 mm.*

Entsprechend der Intensitätsverteilung variiert auch die Temperaturverteilung über den Spurquerschnitt, was jedoch aufgrund der geringen Abmessungen und der hohen Wärmeleitfähigkeit der Bestandteile nur einen geringen Einfluss auf die Gefügebildung der Einzelspur ausübt.
So sind innerhalb der Einzelspuren weder bezüglich der Korngröße noch dem Lösungszustand oder der Homogenität messbare Unterschiede feststellbar.

6.2.2 Mehrschichtiger Auftrag eines kleinvolumigen Körpers mit dem WC-Co-Spritzpulver

Zur groben Orientierung innerhalb der Volumenkörper zeigt die folgende Abbildung eine Gefügelandkarte, die repräsentative Gefügeausschnitte aus dem vertikalen Querschnitt durch einen Volumenkörper, der mit P_L = 800 W erzeugt wurde, bei 200-facher Vergrößerung darstellt.

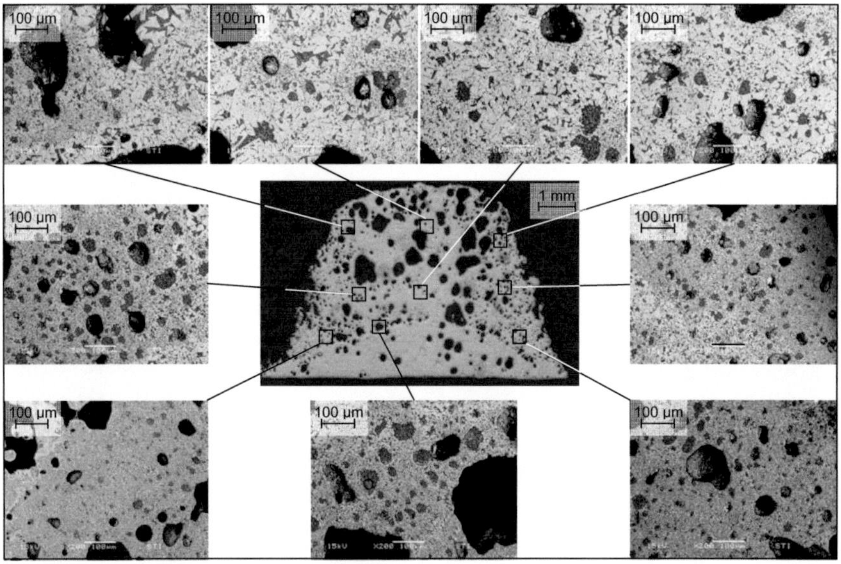

Abbildung 6.6: *Gefügeübersicht im vertikalen Querschnitt bei P_L = 800 W.*

Zur Überprüfung geometrischer Abhängigkeiten wird der Querschnitt des Volumenkörpers gemäß Abbildung 6.7 in neun Segmente aufgeteilt, die zunächst als homogene Bereiche behandelt werden.

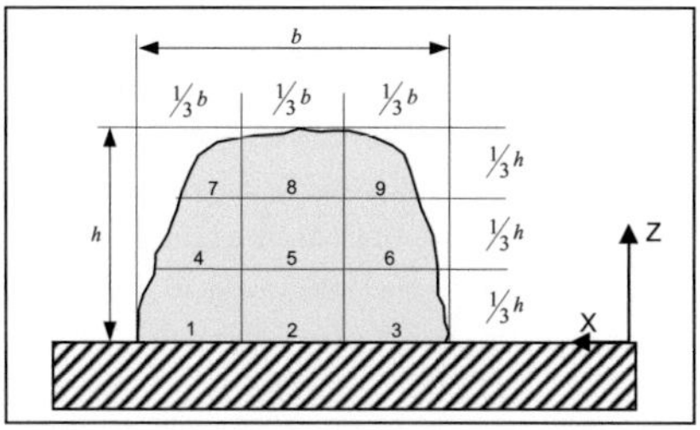

Abbildung 6.7: *Segmentierung des Spurquerschnitts der Volumenkörper zur quantitativen Bewertung der Homogenitätskriterien.*

Eine Auswahl, welche die Bandbreite der resultierenden Gefüge bei den lasergenerierten Volumenkörpern aufzeigt, ist in Abbildung 6.8 dargestellt.

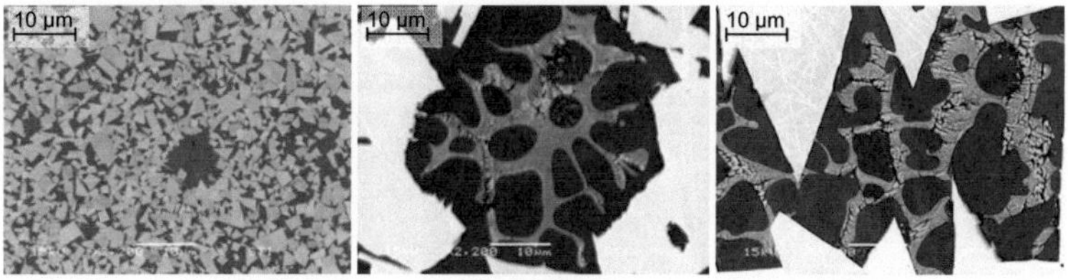

Abbildung 6.8: *Gefügemodifikationen in den lasergenerierten Volumenkörpern.*

Die größten Veränderungen und Variationen der Gefügestruktur treten bei einer Laserleistung von P_L = 800 W auf, weshalb die folgende Charakterisierung beispielhaft für diese Laserleistung aufgezeigt wird.

Hartstoffanteil und Hartstoffauflösung

Der Hartstoffanteil in den lasergenerierten Volumenkörpern weist eine große Streubreite auf. Die über die Spursegmente gemittelten Werte des Hartstoffanteils auf Basis der rechnergestützten Bildanalyse sind in Abbildung 6.9 dargestellt.

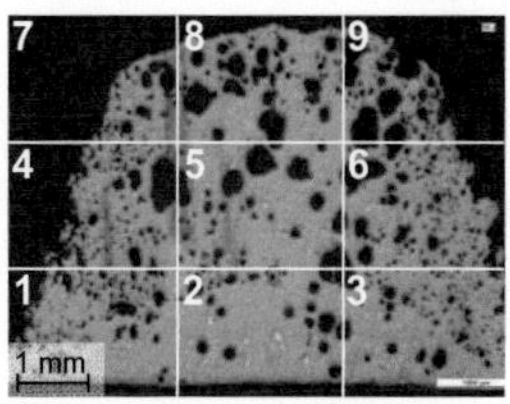

Hartstoffanteil [Gew.%]		
76,9	75,6	79,3
71,3	72,1	77,3
72,3	71,1	71,3

Abbildung 6.9: *Hartstoffanteil in den Segmenten des Volumenkörpers bei einer Laserleistung von P_L = 800 W.*

Der Hartstoffanteil zeigt innerhalb des Spurquerschnitts bezüglich der Vertikalen nach unten hin eine Abnahme, so dass sich der Hartstoffanteil im Maximum um bis zu 20 Gew.% reduziert. Der über den Spurquerschnitt gemittelte Hartstoffanteil liegt bei ca. 74 Gew.%. Stellt man diesen Wert dem Ausgangshartstoffgehalt von 88 Gew.% gegenüber, bedeutet dies, dass während des Auftragsprozesses ca. 14 Gew.% der Hartstoffe verloren gegangen sind. Gleichzeitig finden sich in allen Spursegmenten mehr oder weniger ausgeprägte Bereiche, in denen untypische Ausscheidungen auftreten (Abbildung 6.10). Deren Morphologie reicht von eutektischen bis hin zu feinkörnigen Strukturen.

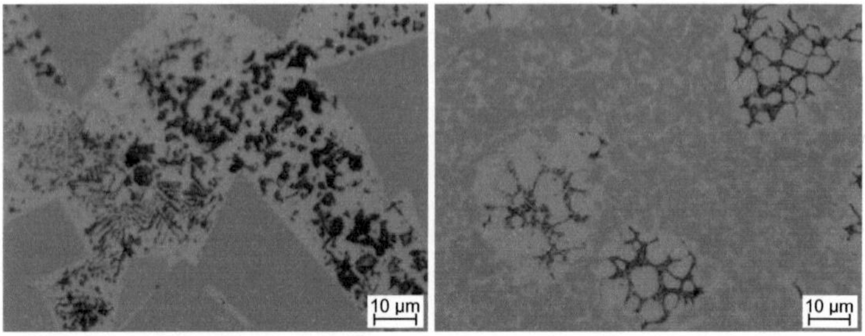

Abbildung 6.10: *Lichtmikroskopische Aufnahmen von Ausscheidungen im Spursegment 5 (li.) und Spursegment 2 (re.) nach einer Murakami-Ätzung.*

Die quantitative bildanalystische Bestimmung dieser Phasen gestaltet sich aufgrund der sehr feinen Verteilung äußerst schwierig. Im Umfeld vieler derartiger Gefügestrukturen befinden sich sehr wenige, z.T. auch überhaupt keine Hartstoffe. Bei 100-facher Vergrößerung lassen sich in den mittleren Segmenten der Vertikalen (2, 5 und 8) bereits Ansammlungen von Ausscheidungen identifizieren, wobei deren Konzentration im unteren Segment (2) deutlich größer ist. Die Ausscheidungen weisen sowohl körnige, als auch eutektische Strukturen auf. Tendenziell treten sie auch in den Randsegmenten , dort allerdings nach oben hin verstärkt auf, was auf einen Zusammenhang mit der Temperatur hindeutet. Die Ätzung dieser Ausscheidungen zeigt auf, dass die eutektischen Strukturen ätzstabiler sind als die körnigen Ausscheidungen. Innerhalb der β-Phase ergibt die EDX-Analyse Wolframanteile von bis zu 30 Gew.%.

Korngröße und Kornwachstum der Hartstoffphase

Im Volumenkörper stellen sich abhängig von den Beschichtungsparametern unterschiedliche mittlere Korngrößen ein, die teilweise erheblich über dem mittleren Ausgangsdurchmesser von ca. 1,0 µm liegen. Abbildung 6.11 zeigt die resultierenden mittleren Korngrößen für eine Laserleistung von P_L = 800 W.

Die Korngrößen im Bereich des Zentrums (Segment 2, 5, 8) weisen gegenüber den Korngrößen im Randbereich ein stärkeres Wachstum auf. In diesen Zonen sind Hartstoffpartikel mit Durchmessern bis zu 14 µm feststellbar.

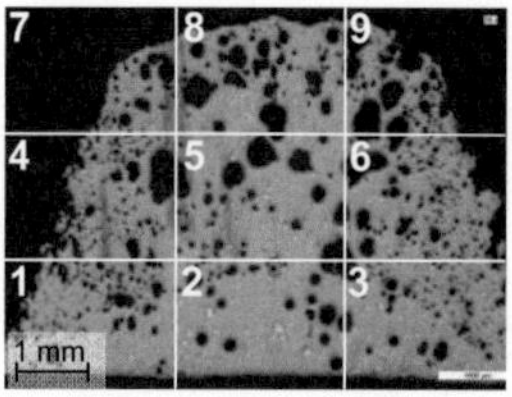

mittlere Korngröße [µm]		
3,6	4,8	3,5
2,5	4,6	2,1
1,5	2,4	1,6

Abbildung 6.11: *Mittlere Korngrößen d_a in den Spursegmenten bei P_L = 800 W.*

Ein auffälliges Merkmal aller Gefüge ist die erhebliche Skelettbildung. Die Ausprägungen reichen dabei vom Verschmelzen einzelner Hartstoffpartikel entlang der Korngrenzen bis hin zu großflächig zusammen gewachsenen Carbidflächen. Einen Extremfall hierzu zeigt Abbildung 6.12. Dort ist das Hartstoffwachstum und die Skelettbildung so weit fortgeschritten, dass sich die Grenzflächen der Hartstoffpartikel sogar an die Porosität anpassen.

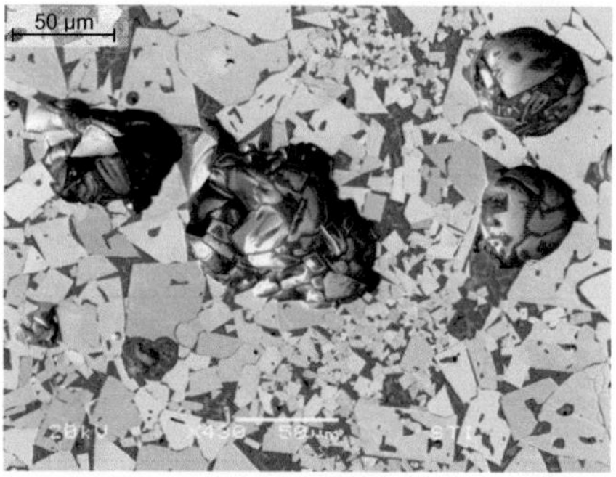

Abbildung 6.12: *Großflächiges Hartstoffnetzwerk bei P_L = 800 W.*

Abbildung 6.13 gibt die Kontiguität als quantitativen Kennwert der Skelettbildung für die einzelnen Segmente des lasergenerierten Volumenkörpers wieder.

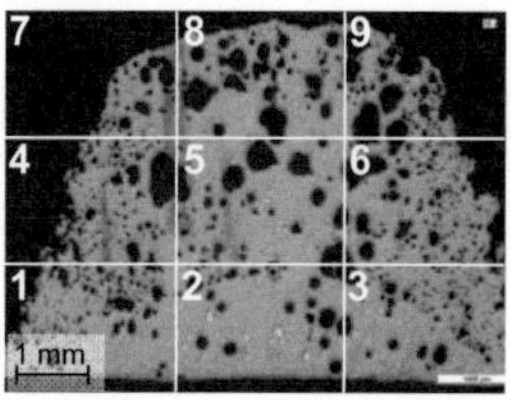

Kontiguität		
0,45	0,16	0,42
0,33	0,33	0,32
0,18	0,24	0,24

Abbildung 6.13: *Kontiguität K_{WC} in den Segmenten des lasergenerierten Volumenkörpers bei P_L = 800 W.*

Es zeigt sich, dass sich die Skelettbildung innerhalb der horizontalen Ebenen analog zu den Korngrößen verhält. Sie steigt tendenziell von unten nach oben an.

Homogenität und Hartstoffverteilung

Die lokalen Unterschiede des Hartstoffgehalts und der mittleren Korngrößen in den einzelnen Spursegmenten machen bereits deutlich, dass die lasergenerierte Auftragspur bei Betrachtung des Gesamtquerschnitts deutliche Inhomogenitäten aufweist. Grundsätzlich unterliegen die Segmente 1, 4, 7, sowie die dazu entlang der Vertikalen gespiegelt angeordneten Segmente 3, 6, 9 ähnlichen Bedingungen, die sich auch in sehr ähnlichen Korngrößen und Hartstoffgehalten widerspiegeln. Tendenziell weisen die lasergenerierten Auftragspuren bezüglich der Ausscheidungen in der unteren Spurhälfte eine größere Homogenität auf, als in der oberen Spurhälfte.

Porosität

Die erhebliche Porosität der lasergenerierten Volumenkörper stellt das größte Problem beim Auftrag der agglomeriert-gesinterten WC-Co-Pulverwerkstoffe dar. Trotz optimierter Parameter kann die Porosität mit der Standardprozesstechnik in einem breiten Parameterfenster nicht vermieden werden. Abhängig von der Einstellung wesentlicher Prozessparameter verändern sich lediglich Form und Anzahl der Poren.
Den größten Einfluss auf die Porosität übt die Variation der Laserleistung aus, wie der Bildreihe in Abbildung 6.14 zu entnehmen ist.

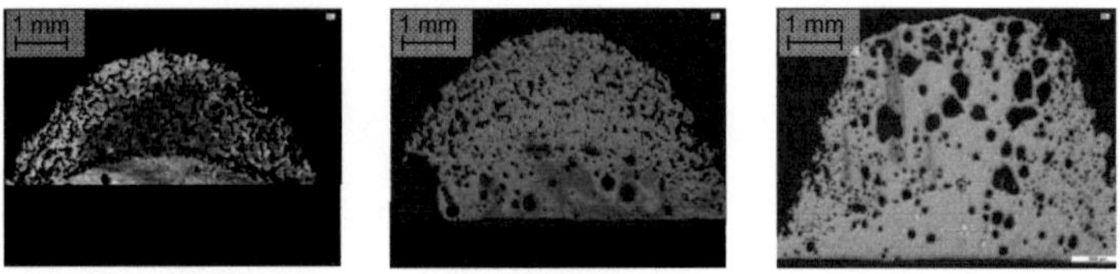

P_L = 400 W P_L = 600 W P_L = 800 W

Abbildung 6.14: *Laserbeschichtung von agglomeriert-gesintertem Pulver mit aufsteigender Laserleistung.*

Bei zu geringer Laserenergie kleben die Pulverpartikel lediglich aneinander, sind jedoch unter dem Mikroskop noch klar als einzelne Partikel zu erkennen. Mit zunehmender Energie verbinden sich die Partikel durch Stoffschluss und bilden ein zusammenhängendes Gefüge. Die Hohlräume, welche die Partikel umgeben, agglomerieren zunehmend. Eine computergestützte Auswertung des Porenanteils an metallographischen Schliffen zeigt die Abhängigkeit der Gesamtporosität von der Laserleistung (Abbildung 6.15). Durch deren Steigerung kann die Gesamtporosität auf weniger als 20 % gesenkt werden, was für den praktischen Einsatz dieser Schichten jedoch immer noch deutlich zu hoch ist.

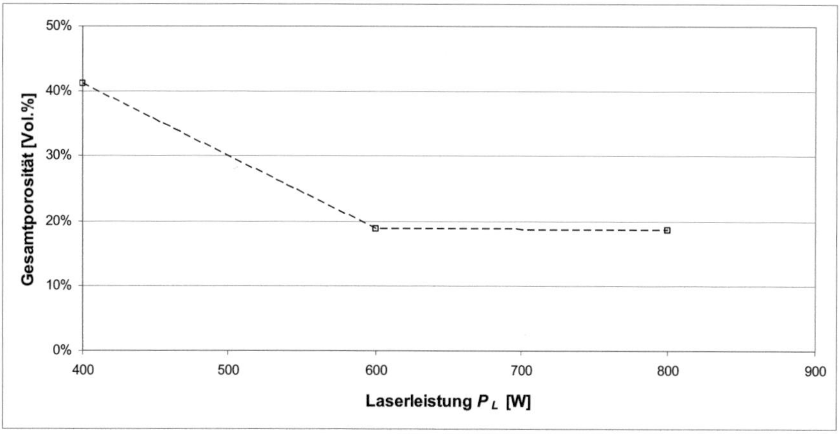

Abbildung 6.15: *Gesamtporosität in Abhängigkeit der Laserleistung P_L.*

Mit der Reduktion der Porosität steigt allerdings der mittlere Porendurchmesser mit zunehmender Laserleistung. Demnach agglomerieren die unzähligen kleinen Poren bei hohen Energien fast vollständig zu einer kleineren Anzahl großer Poren und sammeln sich tendenziell an der Spuroberfläche, worauf der erhöhte Anteil der großen Poren in der oberen Spurhälfte hindeutet (vgl. Abbildung 6.14 re.).

6.3 Charakterisierung des Sinterhartmetalls

Das in Kapitel 6.1.2 untersuchte Hartmetallpulver wird im Ausgangszustand (nicht vorgesintert) zu ca. 10 mm hohen Zylindern mit einem Durchmesser von ca. 20 mm gepresst (Pressdruck ca. 800 kg/cm²). Im Anschluss werden die Grünlinge in einem Vakuum-Sinterofen bei 1400°C über 120 min gesintert. Die metallographische Analyse des Hartmetalls wird an einem präparierten Schliff durchgeführt. Dieser ist in Abbildung 6.16 dargestellt.

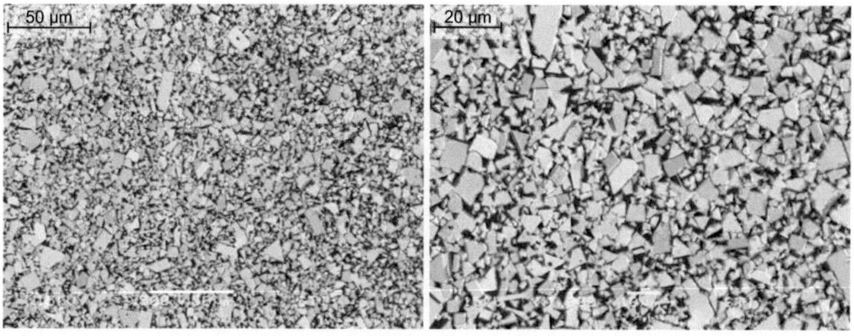

Abbildung 6.16: *REM-Aufnahmen des Sinterhartmetallgefüges bei 500-facher (li.) und bei 1000-facher Vergrößerung (re.).*

Der Lösungszustand des Wolframcarbids in der Bindephase wird mit Hilfe der EDX-Analyse bestimmt und liegt im Mittel bei ca. 10 Gew.%, so dass der tatsächliche Anteil an Hartstoffpartikeln unterhalb von 88 Gew.% liegt. Die rechnergestützte Bildanalyse führt zu einem Hartstoffgehalt von 86 Gew.%.

Die modifizierte Linearanalyse ergibt eine mittlere Korngröße der Hartstoffpartikel von 2,7 µm. Sie liegt somit an der Untergrenze der Korngrößenklassifikation „grob". Die Korngrößenverteilung zeigt Abbildung 6.17.

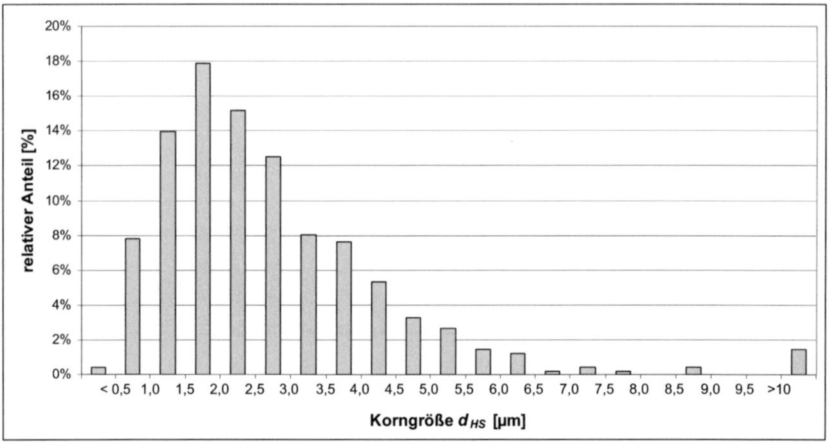

Abbildung 6.17: *Korngrößenverteilung des Sinterhartmetalls G20 als Ergebnis der modifizierten Linearanalyse.*

Die maximal gemessene Korngröße liegt bei ca. 14 µm. Der Vergleich der mittleren Korngrößen des Hartmetallansatzes mit dem fertig gesinterten Hartmetall ergibt in etwa eine Verdoppelung der Korngröße durch den Sinterprozess.

Der Skelettbildungsgrad liegt im Mittel bei 0,38, woraus sich eine mittlere lineare Cobaltschichtstärke von 0,88 µm ergibt. Sie liegt damit knapp oberhalb des optimalen Bereichs, der nach SCHEDLER [7] zwischen 0,4 und 0,6 µm angesiedelt ist.

η-Phasen konnten durch den ätztechnischen Nachweis nicht identifiziert werden. Porositäten und Graphitnester sind bei den nach ISO üblichen Vergrößerungen ebenfalls nicht zu erkennen.

Trotz der teilweise recht großen Hartstoffpartikel ist das Gefüge insgesamt als homogen zu beurteilen. Die Standardabweichung δ_k der Hartstoffpartikeldurchmesser liegt bei 1,8 µm, die Standardabweichungen δ_W bei der Bestimmung des Wolframgehalts in der Matrix bei 0,6 Gew.%. Die Messwerte des Hartstoffanteils besitzen eine Standardabweichung von 0,9 Gew.%.

6.4 Gegenüberstellung der prozesstechnischen Einflüsse auf die Gefügeausbildung

Die Gegenüberstellung der Analysen der Ausgangswerkstoffe mit den daraus resultierenden jeweiligen Gefügen zeigt auf, dass infolge der Prozesse die untersuchten Kennwerte teilweise erheblich verändert werden, wobei der Einfluss des Laserprozesses um mehrere Größenordnungen über dem des Sinterprozesses liegt. So resultieren aus zwei nahezu identischen Ausgangswerkstoffen sehr unterschiedliche Gefüge in den Volumenkörpern. Je nach Prozess gibt es hierbei verschiedene Einflussfaktoren, die zu einer charakteristischen Gefügeausbildung beitragen. Im Folgenden sollen diese durch einen theoretischen Vergleich der beiden Verfahren identifiziert werden, wobei oxidationsbedingte Gefügeveränderungen nicht berücksichtigt werden.

6.4.1 Gegenüberstellung der Prozessdynamik

Der wesentlichste Unterschied der beiden Verfahren liegt in einem stark differierenden thermodynamischen Verhalten. Während der Sinterprozess von einer geringen Dynamik mit einem gleichmäßigen Temperaturprofil geprägt ist, verleiht insbesondere die vergleichsweise hohe Intensität der Laserstrahlung dem Laserprozess eine ausgeprägte Dynamik, die durch hohe Temperaturspitzen gekennzeichnet ist. Dementsprechend „aggressiv“ wirken sich Änderungen der Laserparameter auf die Gefügebildung aus.

Mit dieser Dynamik sind hohe Aufheiz- und Abkühlraten verbunden, die sowohl auf Lösungs- als auf Kristallisationsvorgänge Einfluss haben. Diesbezüglich ergeben sich zwei wesentliche Unterschiede gegenüber dem Sinterprozess:

1. Infolge der rapiden Aufheizung durch die Laserstrahlung finden vermutlich keine vollständigen Lösungsvorgänge statt. Dabei liegen die Spitzentemperaturen zum Ende der Aufheizung deutlich oberhalb der eutektischen Temperatur, sowie der Sintertemperatur (dies wird in Kapitel 7.1 noch näher untersucht).

2. Infolge der fehlenden Haltezeit im Anschluss an die Aufheizung und der raschen Abkühlung werden Diffusionsvorgänge weitgehend unterdrückt und Kristallisationsvorgänge beschleunigt. Die Folge ist ein Ungleichgewichtsgefüge, bei dem nicht alle gelösten Elemente wieder ausgeschieden werden können. Hierdurch besitzen Phasendiagramme nur noch eingeschränkte Gültigkeit.

Die für das Sintern erforderliche Haltezeit zur Benetzung der Hartstoffe und Füllung von Hohlräumen ist beim Laserauftragschweißen auf die Wechselwirkungszeit der Laserstrahlung mit dem Pulverwerkstoff und der abgeschiedenen Schicht begrenzt und liegt im Bereich von Millisekunden bis Sekunden. Grundsätzlich weist die Gefügebildung beim Laserauftragschweißen Analogien zu Gießprozessen auf.

6.4.2 Theoretische Einflüsse auf die betrachteten Kennwerte

Sowohl beim Sintern als auch beim Laserauftragschweißen resultiert die **Korngröße** der Hartstoffe im Gefüge des Volumenkörpers aus der Korngröße im Ausgangszustand und dem prozessspezifischen **Kornwachstum**. Die Auswirkungen der höheren Dynamik des Laserprozesses zeigen sich im Rahmen der Gefügecharakterisierung, bei der im untersuchten Leistungsbereich ein Kornwachstum zwischen 10 % und 440 % auftritt. Dieses Verhalten deutet darauf hin, dass die gegenüber dem Sinterprozess verkürzte Temperatureinwirkung in Verbindung mit höheren Spitzentemperaturen das Kornwachstum begünstigt.

Analog zur Korngröße bestimmt die Ausgangszusammensetzung des Pulverwerkstoffs auch den **Hartstoffanteil** des fertigen Hartmetalls, der sich jedoch infolge der **Hartstoffauflösung** durch das Eutektikum abhängig von den Prozesseigenschaften im fertigen Zustand reduzieren kann. Der Grad der Auflösung wird in erster Linie durch die Temperatur sowie die Dauer der thermischen Beeinflussung bestimmt. In diesem Zusammenhang führt der hochdynamische Laserprozess zu unvollständigen Lösungsvorgängen bei gegenüber dem Sinterprozess höheren Temperaturen. Die in der Schmelze gelösten Elemente W und C können sich aus dieser nur unter zwei Bedingungen wieder ausscheiden. Zum einen muss eine ausreichend langsame Abkühlung gewährleistet sein, da aufgrund der abnehmenden Löslichkeit des Wolframcarbids in der β-Phase auch im festen Zustand noch erhebliche Ausscheidungsvorgänge diffusionsgesteuert ablaufen. Zum anderen ist eine genaue Einhaltung des Kohlenstoffgehalts essenziell.

Während diese Voraussetzungen beim Sinterprozess u.a. durch eine aufwändig erzeugte Sinteratmosphäre erfüllt werden, ist zumindest die Randbedingung der langsamen Abkühlung beim Laserauftragschweißen nicht erfüllt. Durch das rasche Durchschreiten des für Kristallisation und Ausscheidungen aus der Schmelze relevanten Temperaturbereichs werden große Anteile der Hartstoffe in Lösung gehalten. Im unteren Bereich der exponentiellen Abkühlkurve, wo mehr Zeit zur Verfügung steht, laufen Diffusionsvorgänge aufgrund des großen Atomdurchmessers des Wolframs nur noch sehr träge ab, so dass dieser Ungleichgewichtszustand auch sekundär nicht abgebaut werden kann. Die Folge ist ein verminderter Hartstoffanteil, verbunden mit einer mit Wolfram übersättigten Bindemetallphase.

Die Basis zur Vermeidung von **Porosität** ist beim Sinterprozess neben einer entsprechenden Sinteratmosphäre durch ein ausreichendes Schmelzvolumen in Verbindung mit einer ausreichend langen Sinterzeit gegeben, die für Umlagerungsvorgänge notwendig ist. Der Einfluss des Pressdrucks des Grünlings hingegen hat nach Überschreitung eines Grenzwertes nur geringen Einfluss auf die Dichte des fertig gesinterten Körpers [20].

Aufgrund der kurzen Prozessdauer beim Laserauftragschweißen finden derartige Umlagerungsvorgänge nicht statt. Da der Laserprozess keine mechanische Verdichtung des aufgetragenen Pulvers zulässt, ist zur Vermeidung von Porosität ein höherer Bindemetallanteil und eine niedrig viskose Schmelze mit guten Benetzungseigenschaften erforderlich.

Die Viskosität weist eine Temperaturabhängigkeit auf, weshalb aus theoretischer Sicht hohe Laserleistungen zu porenärmeren lasergenerierten Hartmetallen führen, was mit den praktischen Erkenntnissen aus der Gefügecharakterisierung übereinstimmt.

Die **Homogenität** wird beim Sintern im Wesentlichen durch den Hartmetallansatz bestimmt, da die dort stattfindenden Umlagerungsprozesse räumlich begrenzt sind. Darüber hinaus sorgt das homogene Temperaturprofil über alle Phasen des Sinterprozesses für gleichmäßige Lösungszustände.
Im Gegensatz dazu führt beim Laserauftragschweißen die Intensitätsverteilung innerhalb der Laserstrahlung in der Einzelspur einerseits und die inhomogene Temperaturverteilung im Volumenkörper andererseits zu lokalen Unterschieden der Lösungszustände, sowie der Abkühl- und Kristallisationsgeschwindigkeit, woraus inhomogene Gefügestrukturen resultieren. Schmelzbadeffekte, analog zum vom Laserschweißen bekannten Marangoni-Effekt, werden von GASSER [71] und TECHEL [125] in ähnlicher Form auch beim Laserauftragschweißen mit hohen Laserleistungen beobachtet, sind jedoch für das betrachtete Parameterfeld aufgrund der geringen Laserleistungen von untergeordneter Bedeutung.

6.5 Fazit

Die für den Sinterprozess und den Laserprozess verwendeten pulverförmigen Ausgangswerkstoffe sind weitgehend identisch. Unterschiede ergeben sich lediglich hinsichtlich der Morphologie sowie im Lösungszustand.

Die Veränderungen der untersuchten Kennwerte, die durch den Sinterprozess gegenüber dem pulverförmigen Ausgangszustand verursacht werden, sind gegenüber den Veränderungen durch den Laserprozess relativ gering und äußern sich im Wesentlichen durch das Kornwachstum und die Skelettbildung. Durch die geringe Dynamik können sich in den Gefügen weitgehend Gleichgewichtszustände ausbilden, so dass das quasibinäre Zustandsschaubild uneingeschränkte Gültigkeit besitzt.

Durch den Einfluss des Laserprozesses ergeben sich hingegen deutliche Veränderungen der untersuchten Kennwerte, woraus zu schließen ist, dass diese aus der abweichenden thermodynamischen Prozesscharakteristik resultieren. Die Vorgänge, die beim Sinterprozess über viele Stunden hinweg ablaufen, sind beim Laserauftragschweißen auf wenige Sekunden begrenzt. Die Folge sind Ungleichgewichtsgefüge mit einem hohen Anteil gelöster Hartstoffe. Hinzu kommen hohe Temperaturspitzen und inhomogene Temperaturprofile bei der Erzeugung von Volumenkörpern, die zu Inhomogenitäten bei der Gefügebildung führen.

Dementsprechend große Unterschiede ergeben sich auch im direkten Vergleich der Sinterhartmetalle mit den lasergenerierten Hartmetallen. So liegt der **Hartstoffverlust** der lasergenerierten Hartmetalle lokal bei bis zu 20 Gew.%, während sich bei den Sinterhartmetallen Hartstoffe im Bereich von 1-2 Gew.% in Lösung befinden.

Die mittlere Korngröße der Hartstoffe im Pulverwerkstoff für das Laserauftragschweißen liegt bei ca. 1 µm. Das prozessbedingte **Kornwachstum** besitzt innerhalb des Spurquerschnitts starke Wachstumsgradienten und führt zu einer resultierenden mittleren Korngröße von ca. 3 µm. Dabei treten Hartstoffpartikel mit einer Größe von bis zu 14 µm auf. Bei den Sinterhartmetallen liegt das Kornwachstum der Hartstoffe durch den Sinterprozess, abhängig von der Ausgangskorngröße und der Sinterzeit, bei optimalen Prozessbedingungen zwischen 10 % (bei grobem Korn) und 150 % (bei feinem Korn), so dass sich die Klassifikation des Hartmetalls durch den Sinterprozess i.d.R. nicht wesentlich verändert [62].

Die ausgeprägten Unterschiede der untersuchten Kennwerte verdeutlichen die inhomogene Gefügestruktur der lasergenerierten Hartmetalle. Die weitgehend homogenen Pulverpartikel sind als Ursache auszuschließen, weshalb die inhomogene Gefügestruktur auf Einflüsse durch den Laserprozess zurückzuführen ist.
Die Sinterhartmetalle weisen hingegen ein homogenes Gefüge mit gleichmäßig verteilten Hartstoffen und einer homogenen Verteilung der Partikelgrößen über den gesamten untersuchten Materialquerschnitt auf.

Die größten Schwierigkeiten bereitet die erhebliche **Porosität**, die durch den Laserprozess verursacht wird. Sie kann zwar durch die Prozessparameter beeinflusst, jedoch beim aktuellen Stand der Verfahrensentwicklung im untersuchten Parameterfeld nicht auf deutlich kleiner als 20 Vol.% reduziert werden.
Im Sinterhartmetall ist hingegen auch bei hohen Vergrößerungen keinerlei Porosität festzustellen.

7 Thermische Zeitabschnitte beim Laserauftragschweißen

Die folgenden thermischen Analysen des Prozesses dienen zur Abschätzung der Maximaltemperaturen sowie zur Bestimmung der Temperaturverläufe während des Laserprozesses. Zur detaillierten Untersuchung der Vorgänge wird der Laserprozess zunächst bezüglich eines ortsfesten Punktes auf dem Substrat in zwei thermische Haupt-Prozessabschnitte eingeteilt: in die Aufheizphase τ_H und die Abkühlphase τ_C. Die Kurve aus Abbildung 7.1 zeigt diese Prozessabschnitte in einem gemessenen, ortsfesten Verlauf der Oberflächentemperatur für das Laserauftragschweißen mit dem vorliegenden Parameterensemble.

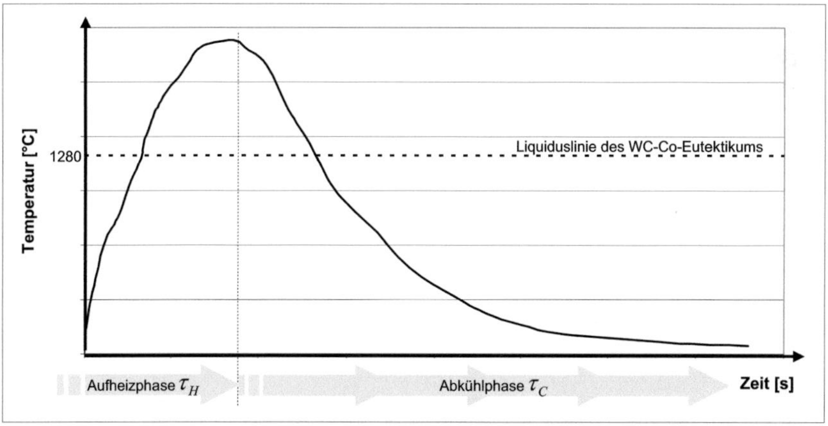

Abbildung 7.1: *Gemessener, qualitativ dargestellter, bauteilgebundener und ortsfester Temperaturverlauf einer Einzelspur beim Laserauftragschweißen.*

7.1 Einfluss der Aufheizphase auf die Pulverpartikel

Die Aufheizphase τ_H ist durch eine durchgehende thermische Beeinflussung des Beschichtungs- und Substratwerkstoffs geprägt. Die Dauer dieser Phase wird in erster Linie durch die Vorschubgeschwindigkeit des Prozesskopfes relativ zum Bauteil bestimmt und bewegt sich abhängig von der Vorschubgeschwindigkeit und dem Laserstrahldurchmesser im zwei- bis dreistelligen Millisekundenbereich. Die detaillierte Prozessbetrachtung erlaubt eine Aufteilung der Aufheizphase in zwei weitere Zeitbereiche.

Im ersten Zeitabschnitt der Aufheizphase erfolgt die Wechselwirkung der sich im Fluge befindlichen Partikel mit der Laserstrahlung, im Folgenden als Flugphase τ_F bezeichnet. Diese beginnt prinzipiell mit dem Austritt des Pulverwerkstoffs aus der Pulverdüse, wobei nur die Zeitspanne der Wechselwirkung mit der Laserstrahlung relevant ist. In der Flugphase steigt die Temperatur der Partikel mit zunehmender Dauer der Bestrahlung so lange an, bis

sich ein Gleichgewichtszustand aus eingebrachter Energie und durch Wärmeleitung, Konvektion und Wärmestrahlung abgegebener Energie ergibt oder das Pulverpartikel den Wechselwirkungsbereich der Laserstrahlung verlässt. Dabei ist die Dauer der Flugphase unabhängig von der Vorschubgeschwindigkeit, wohl aber abhängig von der Partikelgeschwindigkeit v_P.
Der zweite Zeitabschnitt der Aufheizphase beginnt mit dem Auftreffen des Partikels auf dem Substrat, bzw. der bereits abgeschiedenen Teilschicht und umfasst den generativen Prozess einer Auftragsspur vom Eintritt des betrachteten ortsfesten Punkts in die Wechselwirkungszone der Laserstrahlung bis zu dem Zeitpunkt, an dem die Wechselwirkungszone den betrachteten Ort verlässt und somit keine direkte Energiezufuhr mehr stattfindet. Diese Phase wird im Folgenden als Abscheidephase τ_D bezeichnet.

7.2 Thermische Einflüsse während der Flugphase

Im Rahmen der Analyse der Flugphase τ_F soll geklärt werden, welche Einflüsse die Pulverpartikel durch die Laserbestrahlung erfahren. Hierzu zeigt Abbildung 7.2 den vertikalen Schnitt durch die örtlichen Gegebenheiten in der Prozesszone bei Beschichtung mit einem bzgl. der Substratoberfläche identischen Pulverstrahl- und Laserstrahldurchmesser von jeweils d_{PS} = d_L = 4 mm. Im ersten Schritt sollen die Vorgänge vereinfacht, d.h. ohne Berücksichtung des kontinuierlichen Spuraufbaus, veranschaulicht werden. Die Laserstrahlung (grau) mit dem Divergenzhalbwinkel θ_f schneidet den Pulverkegel (Fokussierhalbwinkel α) rotationssymmetrisch im Schnittpunkt SP.

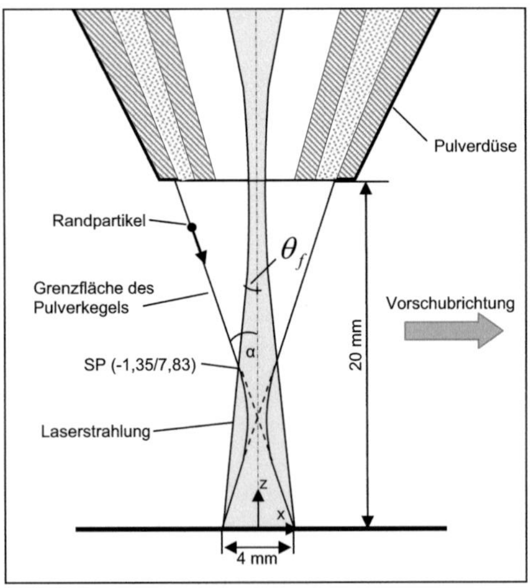

Abbildung 7.2: *Geometrische Detailbetrachtung der Prozesszone.*

Ab diesem Punkt befindet sich das dargestellte Randpartikel auf seiner Flugbahn bis zum Auftreffen auf das Werkstück im Wirkungsbereich der Laserstrahlung. Die Ermittlung der Partikelgeschwindigkeit am Austritt der Pulverdüse für α = 20 ° mit Hilfe einer Hochgeschwindigkeitskamera ergibt bei den eingestellten Förderparametern eine mittlere Partikelgeschwindigkeit $\bar{v}_{Pkoax}$ zwischen 0,7 und 1,5 m/s am Außenmantel des Pulverkegels. Ähnliche Partikelgeschwindigkeiten werden auch von GRÜNENWALD [70] festgestellt. Details zur Messung der Partikelgeschwindigkeit sowie eine Fehlerabschätzung befinden sich in Anhang A3.

Geht man im Falle des Randpartikels, unter Vernachlässigung von Stößen mit anderen Partikeln, von einer linearen Flugbahn und einer konstanten Partikelgeschwindigkeit aus, entspricht dies nach den vorliegenden geometrischen Bedingungen einer Wechselwirkungsdauer mit der Laserstrahlung $\bar{t}_{koax}$ zwischen 6 und 13 ms.

Welchen Einfluss die Wechselwirkung mit der Laserstrahlung auf die Pulverpartikel ausübt, soll durch den in Abbildung 7.3 schematisch dargestellten Versuchsaufbau geklärt werden. Ziel des Versuchsaufbaus ist die Separierung thermisch beeinflusster Partikel nach deren Wechselwirkung mit der Laserstrahlung. Aufgrund der geringen Partikeldurchmesser werden deren jeweilige Hochtemperaturgefügezustände infolge der raschen Abkühlung weitgehend eingefroren und können so einer Untersuchung zugänglich gemacht werden.

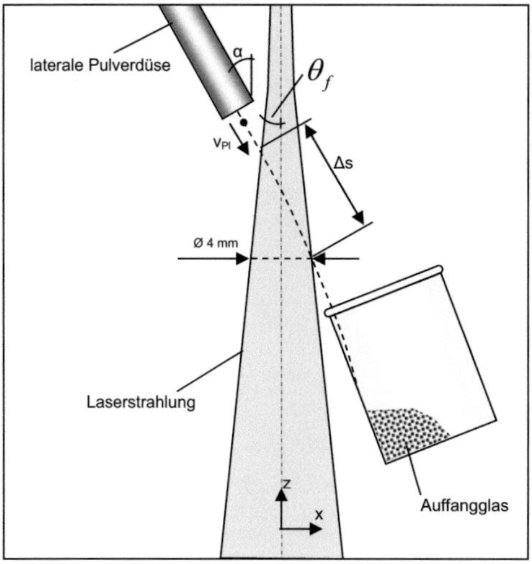

Abbildung 7.3: *Versuchsaufbau zur Untersuchung des thermischen Einflusses der Laserstrahlung in der Flugphase* τ_F.

Für den Versuch wird eine laterale Pulverdüse mit einem Austrittsdurchmesser von d_{LD} = 2 mm radial auf die Strahlachse der Laserstrahlung justiert. Der geringe Durchmesser der rohrförmigen Lateraldüse sorgt für einen sehr feinen Pulverstrahl. Durch den geringen Querschnitt werden zudem die Wechselwirkungen zwischen den Pulverpartikeln verringert. In z-Richtung erfolgt die Ausrichtung der Pulverdüse so, dass der feine Pulverstrahl bei einem Laserstrahldurchmesser d_L von 4 mm aus der Laserstrahlung austritt. Unter Berücksichtigung der Kaustik der Laserstrahlung für eine Brennweite von f_{fok} = 200 mm und der Annahme einer linearen Flugbahn der Partikel innerhalb der Wechselwirkungszone, ergibt sich der Eintrittspunkt der Partikel in die Wechselwirkungszone bei einem Laserstrahldurchmesser von 3 mm. Innerhalb der Wechselwirkungszone wird die Bewegung der Pulverpartikel als gleichförmig angenommen. Die erforderliche Anpassung der Partikelgeschwindigkeit, um die Bedingungen der Koaxialdüse optimal nachzubilden, wird über entsprechende Drosselventile und Verlängerungen der Förderstrecke realisiert, wodurch sich analoge Partikelgeschwindigkeiten $\bar{v}_{Plat}$ zwischen 0,9 und 1,5 m/s ergeben. Damit liegen die Wechselwirkungszeiten zwischen $\bar{t}_{\min lat}$ = 6 ms und $\bar{t}_{\max lat}$ = 8 ms und bilden eine Schnittmenge mit den Verhältnissen bei der koaxialen Pulverdüse. Der Versuch findet unter Zufuhr von Schutzgas in Form des Trägergases statt. Eine zweite Versuchsreihe zur Untersuchung der prozessbedingten Entkohlung wird unter einer Argon-Schutzgasatmosphäre durchgeführt. Auf diese wird in Kapitel 8.4.3 eingegangen.

Die thermische Beeinflussung der Pulverpartikel beim beschriebenen Versuchsaufbau wird zunächst mit Hilfe einer FEM-Simulation untersucht. Der Simulationsrechnung wird ein ideal kugelförmiges Partikel mit einem Durchmesser von d_P = 40 µm zugrunde gelegt, was der gerundeten mittleren Korngröße der agglomeriert-gesinterten Pulverpartikel entspricht.

Als Grundlage für die Berechnung muss im ersten Schritt der Intensitätsverlauf der Laserstrahlung auf dem dreidimensionalen Weg des Partikels definiert werden. Dieser ergibt sich nach Gleichung 7.1 für einen Gaußschen Strahl zu:

$$I(r^*,z) = I_{\max}(z)\cdot\exp\left[-2\frac{r^{*2}}{w^2(z)}\right]$$

$$\text{mit } I_{\max}(z) = I_0\cdot\frac{{w_0}^2}{w^2(z)} \text{ und } r^* = \sqrt{x^2+y^2}$$

Gleichung 7.1 [28]

Dabei bezeichnet r^* die radiale Koordinate und z die Koordinate der Ausbreitungsrichtung. I_0 ist die maximale Intensität am Ort des Strahlradius w_0. Zur Verifizierung des angenommen gaußschen Strahlprofils wird dem nach Gleichung 7.1 berechneten Intensitätsverlauf eine am realen Strahl bei einem Strahldurchmesser d_L = 4 mm gemessene Intensitätsverteilung überlagert. Die Messung erfolgt mit einem PRIMES „FocusMonitor“ [53].

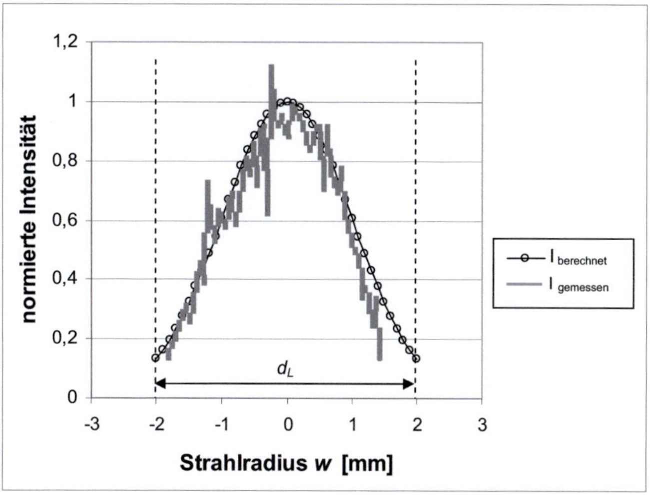

Abbildung 7.4: *Gegenüberstellung der berechneten und gemessenen normierten Intensitätsverteilungen für d_L = 4 mm im radialen Querschnitt.*

Daraus ergibt sich für den betrachten Strahldurchmesserbereich zwischen d_L = 3 mm und d_L = 4 mm der in Abbildung 7.5 dargestellte Intensitätsverlauf.

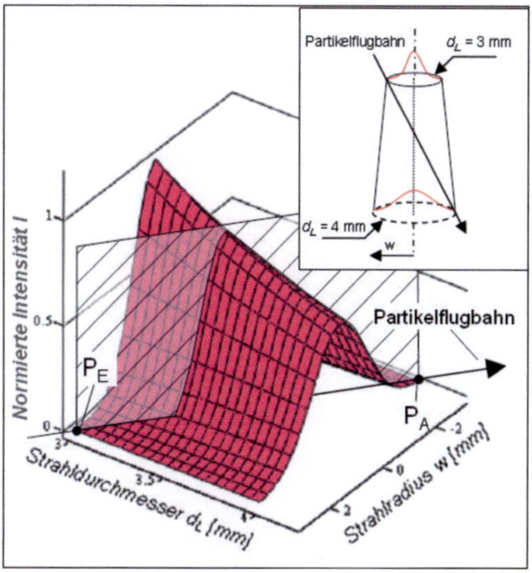

Abbildung 7.5: *Normierter Intensitätsverlauf über den Strahlradius w in Abhängigkeit des Strahldurchmessers d_L mit $I_0 = I_{max}(d_L = 3mm)$.*

Die detaillierte Berechnung findet sich im Anhang A4. Die Partikel bewegen sich gleichförmig entlang der linearen Flugbahn quer durch diesen Intensitätsverlauf (Pfeil in Abb. 7.5). Den während der Wechselwirkungszeit einwirkenden normierten Intensitätsverlauf gibt Abbildung 7.6 in Abhängigkeit der Position des Partikels im Strahlradius *w* bzw. unter Berücksichtigung der geometrischen Flugbahn für ein Partikel mit der Geschwindigkeit $\overline{v}_{Plat}$ = 1,0 m/s in Abhängigkeit der Wechselwirkungszeit t_w wieder. Bei dieser Partikelgeschwindigkeit ergibt sich eine Wechselwirkungszeit innerhalb der Flugphase von t_w = 7 ms.

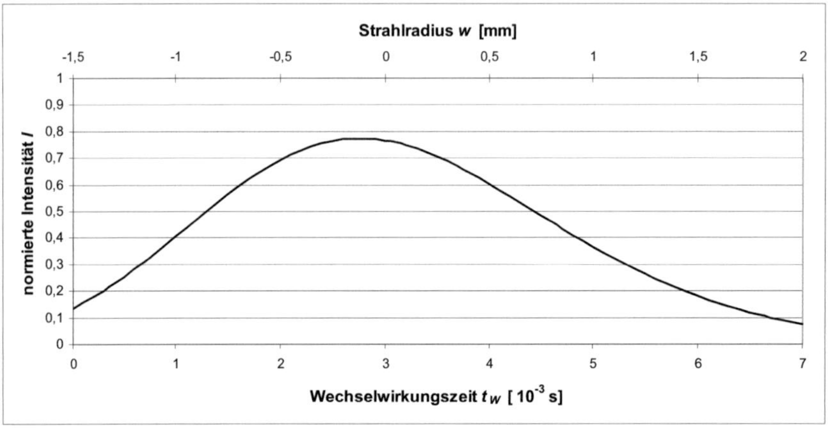

Abbildung 7.6: *Normierter Intensitätsverlauf in Abhängigkeit des Strahlradius w bzw. der Wechselwirkungszeit t_w für ein Partikel, das sich mit einer Geschwindigkeit von v_P = 1,0 m/s radial, die Mittelachse der Laserstrahlung schneidend, bewegt.*

Der Bezug der normierten Intensität *I* zur Laserleistung P_L ist durch folgende Beziehung gegeben:

$$P_L = \int_{-\infty}^{+\infty}\int_{-\infty}^{+\infty} I(x,y)\,dx\,dy = \frac{\pi}{8} d_L^{\,2} \cdot I_0$$ **Gleichung 7.2 [72]**

Auf Basis des Intensitätsverlaufs aus Abbildung 7.6 erfolgt die FEM-Rechnung der Partikelaufheizung unter Vernachlässigung der latenten Wärme mit der FEM-Software „ANSYS". Im Rahmen der linearen Berechnung wird die Laserstrahlung als Wärmestromdichte auf das Pulverpartikel aufgebracht. Hierzu wird die der Strahlung zugewandte Partikeloberfläche vereinfachend in drei Segmente aufgeteilt. Aus dem Intensitätsverlauf wird für diese Segmente jeweils ein segmentspezifischer zeitlicher Intensitätsverlauf berechnet. Bei der Berechnung wird die winkelabhängige Absorption, als Mittelwert über das jeweilige Segment, die Konvektion und Wärmestrahlung berücksichtigt. Die detaillierte Modellbeschreibung findet sich in Anhang A5.

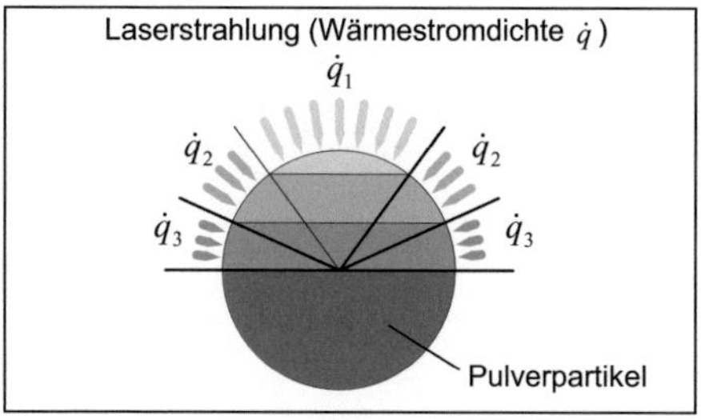

Abbildung 7.7: *Simulation der Laserbestrahlung auf der Oberfläche eines Pulverpartikels.*

Die berechneten Verläufe der Maximaltemperatur für ein Partikel mit d_p = 40 µm bei unterschiedlichen Laserleistungen P_L sind in Abbildung 7.8 dargestellt.

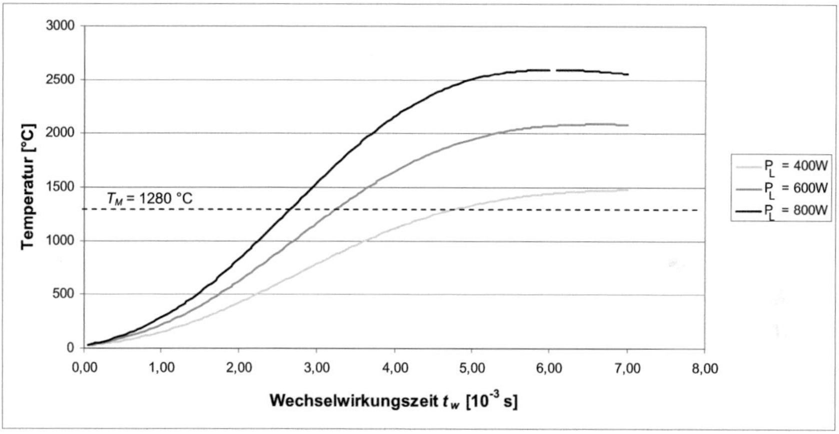

Abbildung 7.8: *Maximale Partikeltemperaturen für d_P = 40 µm und v_P = 1,0 m/s in Abhängigkeit der Wechselwirkungszeit t_w für unterschiedliche Strahlleistungen P_L.*

Aus den Kurvenverläufen können die jeweiligen mittleren Heizraten $\overline{\beta}_H$ berechnet werden, die im Bereich von $4 \cdot 10^5$ bis $5 \cdot 10^5$ K/s liegen. Die weiterführende Simulation der Partikelabkühlung durch Konvektion bestätigt die zu Beginn getroffene Annahme einer raschen Abkühlung. Demnach liegen die Abkühlraten $\overline{\beta}_C$ von der jeweiligen Spitzentemperatur bis zur eutektischen Temperatur zwischen $1{,}2 \cdot 10^4$ und $3 \cdot 10^4$ K/s.

Das reale Flugverhalten der Pulverpartikel ist durch eine Vielzahl von Wechselwirkungen mit anderen Partikeln geprägt, wodurch sich zwar auf der einen Seite die Einwirkzeit der Laserstrahlung in der Flugphase erhöht, also die Partikel tendenziell noch höher aufgeheizt werden. Auf der anderen Seite verfolgen nicht alle Partikel die optimale Flugbahn oder werden von anderen Partikeln abgeschirmt, so dass diese dann eine geringere Beeinflussung erfahren.

Die Vernachlässigung der latenten Wärme führt bei der Simulation außerdem zu einer Temperaturüberhöhung, weshalb die berechneten Temperaturen den Bereich der realen Maximaltemperaturen widerspiegeln sollten.

Die Partikeltemperatur weist zudem eine starke Abhängigkeit vom Partikeldurchmesser auf. Abbildung 7.9 zeigt das Aufheizverhalten der Partikel für unterschiedliche Partikeldurchmesser bei der verwendeten Berechnungsmethode.

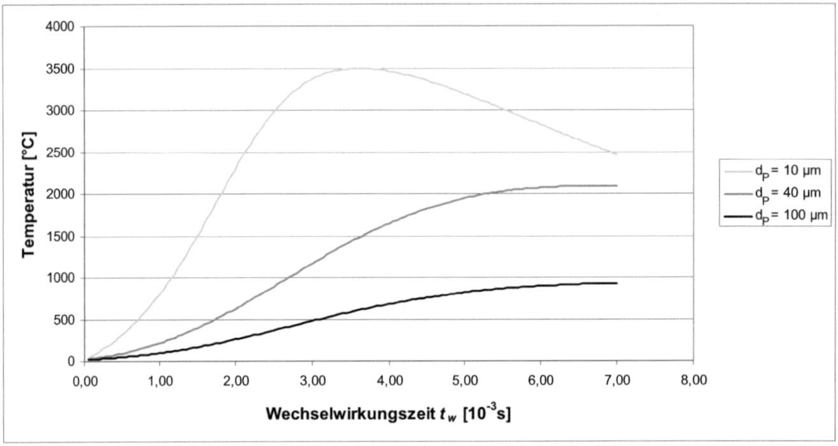

Abbildung 7.9: *Partikeltemperaturen für P_L = 600 W und v_P = 1,0 m/s in Abhängigkeit der Wechselwirkungszeit t_w für unterschiedliche Partikeldurchmesser d_P.*

Bei kleinen Partikeln wird der temperaturabhängige Einfluss der Wärmestrahlung in Verbindung mit der abnehmenden Laserstrahlintensität nach der halben Dauer der Flugphase deutlich. Eine Abschätzung des Einflusses von Konvektion und Wärmestrahlung auf die Partikeltemperatur wird in Anhang A6 getroffen.

7.3 Thermische Einflüsse während der Abscheide- und Abkühlphase

Ab dem Zeitpunkt des Auftreffens des Partikels auf den Grundwerkstoff, bzw. auf die bereits abgeschiedene Teilschicht ist dieses, abhängig vom Grad seiner Aufschmelzung, integraler Bestandteil des Schichtgefüges. Das Partikel wird durch den fortschreitenden Spuraufbau nachfolgender Partikel bedeckt und ist infolgedessen der Laserstrahlung nicht mehr direkt zugänglich, erhält jedoch weitere Energiezufuhr durch Wärmeleitung, die mit zunehmender Spurhöhe abnimmt. Gleichzeitig wird auch Wärme durch das umgebende Material abgeführt. Ob die zugeführte indirekte Energie zur Aufrechterhaltung des schmelzflüssigen Zustands des Schichtwerkstoffs ausreicht, ist eine der zentralen Fragen, um die Vorgänge in der Abscheidephase zu verstehen.

Die Abscheidephase ist einer von der Abkühlphase isolierten Gefügeanalyse nicht zugänglich, weshalb die Vorgänge anhand einer FEM-Simulation beleuchtet werden. Hierzu ist zunächst eine geometrische und chronologische Betrachtung der Verhältnisse erforderlich.

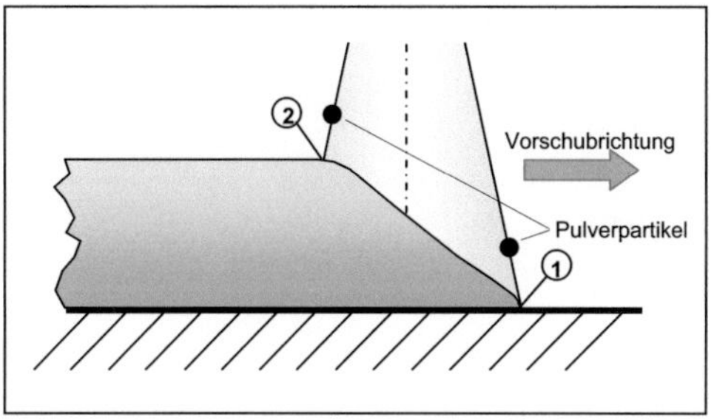

Abbildung 7.10: *Orte der Abscheidung von Partikeln während der Spurerzeugung.*

Der generative Prozess beginnt mit dem Auftreffen von Pulverpartikeln auf dem Werkstück im Punkt 1 (Abbildung 7.10) und endet mit dem Aufschweißen von Partikeln an Punkt 2. Dort befindet sich das Pulverpartikel infolge der kontinuierlichen Vorschubbewegung direkt nach dem Auftreffzeitpunkt nicht mehr im Einflussbereich der Laserstrahlung und geht in die Abkühlphase über. Im Gegensatz dazu erhöht sich die Dauer der Energiezufuhr für Partikel bzw. das Gefüge an Punkt 1 um die Zeitspanne, welche die Wechselwirkungszone des Laserstrahls benötigt, um sich über diesen Punkt hinweg zu bewegen. Bei einer Vorschubgeschwindigkeit des Prozesskopfs von v = 150 mm/min entspricht dies unter den oben genannten Randbedingungen einer Zeit von τ_D = 1,6 s.
Aufgrund der Kaustik der Laserstrahlung reduziert sich τ_D für Spurhöhen von h_{Spur} < 1 mm um weniger als 2,5 %, was in den folgenden Betrachtungen vernachlässigt wird. Die geometrischen Verhältnisse bei der Überfahrt des Laserstrahls für ein Randpartikel, welches direkten Kontakt zum Substrat besitzt und gemäß Abbildung 7.10 in Punkt 1 auftrifft, zeigt Abbildung 7.11.

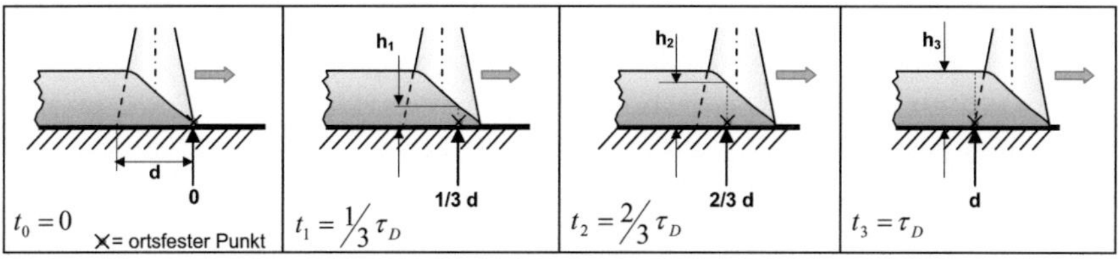

Abbildung 7.11: *Ortsfeste Betrachtung eines Partikels bei fortschreitendem Spuraufbau.*

Welchen thermischen Einfluss die weitere Energiezu- und -abfuhr durch Wärmeleitung auf die Temperatur des inzwischen in den Gefügeverbund integrierten Partikels besitzt, soll mit Hilfe einer weiteren thermodynamischen FEM-Simulation analysiert werden.

7.4 FEM-Simulation einer Einzelspur

Abbildung 7.12 zeigt den Aufbau der FEM-Simulation. Die Modellbildung legt anstelle des realen kontinuierlichen Volumenaufbaus ein zeitdiskretes Dreistufenmodell zugrunde.

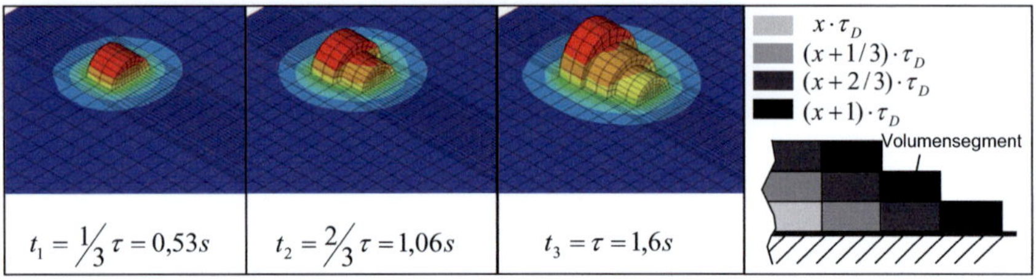

Abbildung 7.12: *Dreistufenmodell des Volumenaufbaus im Rahmen der FEM-Simulation.*

Das Zeitintervall zwischen den einzelnen Stufen beträgt jeweils *1/3*τ_D. In jedem weiteren Zeitintervall werden treppenförmig jeweils drei weitere Volumensegmente (entsprechend Abbildung 7.12 ganz re.) simultan erzeugt. In der vorliegenden Simulation sollen die Volumensegmente, welche die auftreffenden Partikel simulieren, die jeweiligen Partikeltemperaturen zum Ende der Flugphase aus der oben durchgeführten Partikelanalyse erhalten. Der Substratwerkstoff ist mit den realen Versuchen identisch.

Zur realitätsnahen Dimensionierung der einzelnen Volumensegmente des Dreistufenmodells muss der resultierende Spurquerschnitt ebenfalls segmentiert werden. Durch die kreisflächenförmige Laser- und Pulverstrahlform entsteht ein kontinuierlicher Spuraufbau mit reproduzierbarer Geometrie. Unter der Annahme einer homogenen Pulvernebeldichte innerhalb des Pulverstrahls kann die Pulveraufschüttung, die sich aus den geometrischen Verhältnissen des Pulverstrahls bei der Überfahrt über einen ortsfesten Punkt ergibt, berechnet werden. Die detaillierte Modellbeschreibung findet sich in Anhang A7.

Das gewählte Dreistufenmodell führt zu sprunghaften Änderungen der Temperaturverläufe. Diese Unschärfe ist auf die zeitdiskrete Erzeugung der Volumensegmente zurückzuführen und tritt im realen Prozess durch den kontinuierlichen Auftrag in dieser Form nicht auf.

Analog zur Simulation an den Pulverpartikeln wird die Laserstrahlung als Wärmestromdichte aufgebracht. Bestrahlt werden immer die drei zuletzt sich an der Oberfläche befindlichen, erzeugten Volumensegmente (entspricht τ_D). Als weitere Randbedingungen werden Konvektion und Wärmestrahlung mit temperaturunabhängigen Koeffizienten in der Simulation berücksichtigt. Die latente Schmelzwärme ist in dieser Betrachtung nicht integriert.

Der Transmissionsgrad des Pulvernebels für die Laserstrahlung bestimmt die Strahlungsenergie, welche zu einer weiteren thermischen Beeinflussung der bereits abgeschiedenen Beschichtung führen kann. Den Transmissionsgrad in Abhängigkeit der Förderrate und des

Partikeldurchmessers bei einem Pulverstrahldurchmesser d_{PS} von 4 mm und einer Partikelgeschwindigkeit v_p von 1,5 m/s nach GASSER [71] zeigt Abbildung 7.13.

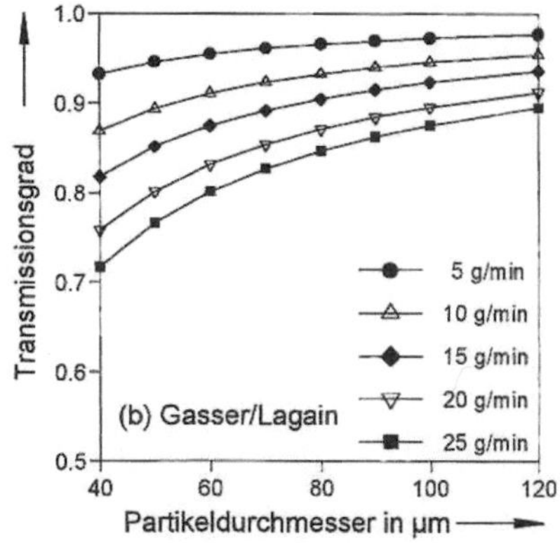

Abbildung 7.13: *Transmissionsgrad des Pulverstrahls nach GASSER [71].*

Demnach liegt der Transmissionsgrad des Pulverstrahls im betrachteten Parameterfeld (5 g/min / -45+15 µm) bei ca. 92 %. Für die Simulation wird zunächst ein Absorptionsgrad des Pulverwerkstoffs von 30 % eingesetzt.

Zur Verifizierung der Analysenergebnisse ist in Abbildung 7.14 die Oberflächentemperatur aus der thermischen FEM-Analyse einer pyrometrisch gemessenen Oberflächentemperatur beim identischen Parameterensemble gegenübergestellt. Es handelt sich dabei um die Temperaturkurve für einen ortsfesten Punkt nach einer Beschichtungsdauer von neun Sekunden.

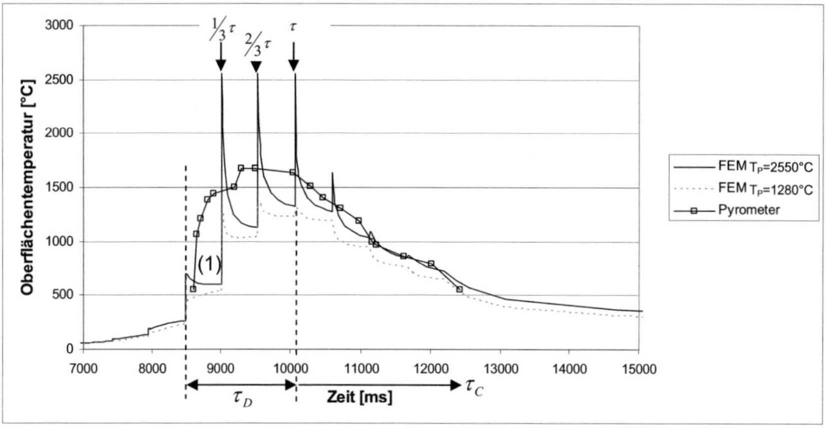

Abbildung 7.14: *Gegenüberstellung der Oberflächentemperatur der thermischen Analyse zu einer pyrometrischen Messung bei einer Laserleistung von P_L = 800 W.*

Nach dieser Zeit hat sich im Rahmen der Analyse bei den vorliegenden Randbedingungen das Vorlaufwärmefeld vollständig ausgebildet, so dass sich ein quasistationärer Temperaturzustand innerhalb der Beschichtung einstellt.

Unter Vernachlässigung der modellbedingten Temperaturspitzen zeigt sich eine gute Übereinstimmung der Analyse bei einer Partikeltemperatur T_P von ca. 2500 °C (entspricht der Partikeltemperatur bei P_L = 800 W) mit dem realen Verhalten. Beim detaillierten Vergleich der beiden Kurvenverläufe zeigt sich zudem, dass die Temperatursprünge innerhalb der Simulation proportional zu den Temperaturgradienten im pyrometrisch gemessenen Temperaturverlauf sind. So führt im Bereich 1 der Temperaturkurve ein großer Temperatursprung in der Simulation zu einem steilen Temperaturgradienten im pyrometrisch gemessenen Temperaturverhalten. Demnach entsprechen auch die im Rahmen der FEM-Analyse ermittelten Partikeltemperaturen in guter Näherung den realen Verhältnissen. Dies zeigt auch der Vergleich mit dem resultierenden Temperaturverlauf bei einer Partikeltemperatur T_P von 1280 °C (Abbildung 7.14), die im Bereich der Schmelztemperatur des WC-Co-Eutektikums angesiedelt ist. Dieser liegt deutlich unterhalb des pyrometrisch ermittelten Verlaufs. Hiermit bestätigt sich auch der zugrunde gelegte Absorptionsgrad.

Abbildung 7.14 verdeutlicht, auch durch Vergleich mit Abbildung 7.8, dass die maximale Prozesstemperatur in der Flugphase erreicht wird. Trotz der Energiezufuhr führen Konvektion und Wärmeleitung im Rahmen der Abscheidephase zu einer abnehmenden Temperatur. Dabei existieren interne und externe Wärmeleitungsmechanismen. Für die externe Wärmeableitung ist im Wesentlichen die relative Masse bzw. Abmessung des Substrats verantwortlich.

Als interne Wärmesenke wirkt die Beschichtung als solche insbesondere dann, wenn sie eine starke Unterkühlung erfährt. Wird dabei die Liquidustemperatur unterschritten, führt die latente Wärme der Auftragsspur wieder Energie zu [107]. Effekte dieser Art sind in der Simulation nicht mit ausreichender Genauigkeit abzubilden.

8 Hartstoffauflösung lasergenerierter Hartmetalle

Neben den rein metallkundlichen Aspekten führen auch Einflüsse aus der Prozesstechnik zu Veränderungen der Hartstoffkonzentration. Der prozessbedingte Hartstoffverlust tritt in erster Linie bei Pulvermischungen auf, bei welchen kein Agglomerationsprozess für eine Verbindung der Bestandteile sorgt. Somit beschränken sich die Mechanismen der Hartstoffauflösung für den vorliegenden agglomeriert-gesinterten Pulverwerkstoff weitgehend auf die metallkundlichen Vorgänge.

Welche prinzipiellen Mechanismen eine Auflösung bzw. einen Verlust verursachen können, stellt Abbildung 8.1 dar.

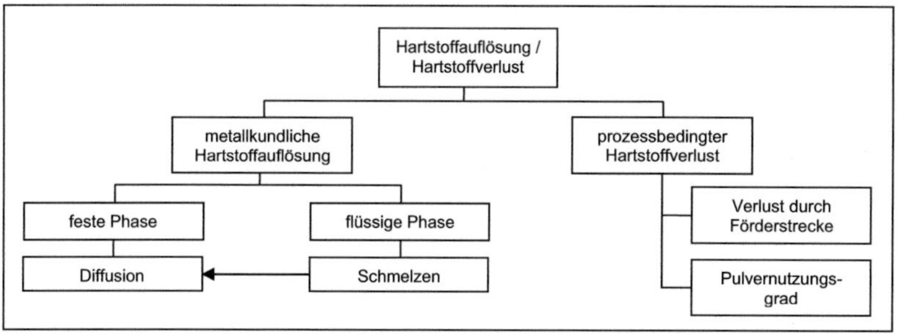

Abbildung 8.1: *Mechanismen der Hartstoffauflösung bzw. des Hartstoffverlusts.*

8.1 Metallkundliche Hartstoffauflösung

Im vorliegenden Werkstoffsystem WC-Co ist die Entstehung einer flüssigen Phase in jedem Fall mit der Auflösung von Hartstoffpartikeln verbunden. Wie bereits im Rahmen der Gefügecharakterisierung aufgezeigt wurde, verschwindet beim Laserauftragschweißen abhängig von den Prozessparametern ein mehr oder weniger großer Anteil der Hartstoffe dauerhaft. Unter der Annahme eines verlustfreien Prozesses können die aufgelösten Hartstoffe in folgenden zwei Modifikationen im Gefüge vorliegen:

1. Die Carbidbildner (W,C) bleiben in der Bindephase gelöst.
2. Die Carbidbildner scheiden sich ggf. zusammen mit der Bindephase in Form anderer Phasen aus.

Bei der Ursachenforschung müssen aus metallkundlicher Sicht zwei Temperaturbereiche getrennt voneinander betrachtet werden. Diese werden durch die Liquiduslinie des Dreistoffsystems W-C-Co definiert. Oberhalb der Liquiduslinie dominieren Auflösungsvorgänge durch Schmelzen, unterhalb dieser Linie spielt Diffusion die entscheidende Rolle.

Der Übergang zwischen festem und schmelzflüssigem Aggregatzustand ist fließend, weshalb speziell in diesem Übergangsbereich Diffusionsvorgänge und Änderungen der Gefügezusammensetzung durch Schmelzen nicht klar voneinander zu unterscheiden sind.
Um zu differenzieren, welcher der beiden Mechanismen dominiert, führen BEYER und WISSENBACH [28] das Verhältnis von Wärmeeindringtiefe δ_{WD} zur Diffusionslänge δ_D ein.

$$\frac{\delta_{WD}}{\delta_D} = \sqrt{\frac{\kappa}{D}}$$ **Gleichung 8.1**

mit:

$$\delta_D = \sqrt{4Dt}$$ **Gleichung 8.2**

Ist das Verhältnis $\delta_{WD}/\delta_D >> 1$, dominiert das Auflösen der Partikel durch Schmelzen [28].
Bei der Berechnung gilt zu beachten, dass Diffusionskoeffizient D und Temperaturleitfähigkeit κ temperaturabhängige Größen sind. Die latente Schmelzwärme wird in dieser Gleichung nicht berücksichtigt, kann nach GASSER [71] jedoch über eine Mittelwertbildung für die Temperaturleitfähigkeit angenähert werden. Da die Auflösungskinetik der Hartstoffe jedoch von der reiner Partikel abweicht, ist Gleichung 8.1 für das vorliegende Werkstoffsystem nur eingeschränkt gültig.

8.2 Analyse der Hartstoffauflösung in der Einzelspur

8.2.1 Einfluss der Flugphase auf die Hartstoffauflösung

Nach verschiedenen Autoren [18, 63, 64] ergeben sich für den Temperaturbereich zwischen 400-2000 °C Werte für den Diffusionskoeffzienten von Wolfram in Cobalt im Bereich zwischen 10^{-10} m²/s und 10^{-16} m²/s. Die Berechnung nach Gleichung 8.2 führt innerhalb der Flugphase zu Diffusionslängen im Bereich von $1{,}6\cdot10^{-9}$ m und $1{,}6\cdot10^{-6}$ m. Somit liegt der Wirkungsbereich diffusionsbedingter Auflösungen nur im unmittelbaren Nahfeld der Hartstoffpartikel.
Die Bildreihe in Abbildung 8.2 zeigt die Veränderungen der Partikelstruktur durch Laserbestrahlung für unterschiedliche Laserleistungen P_L nach der Flugphase.

Abbildung 8.2: *Pulverpartikel im Ausgangszustand (li.), nach Durchtritt durch die Laserstrahlung mit P_L = 400 W (2. vl.), P_L = 600 W (3. vl.) und P_L = 800 W (re.).*

Während im unbeeinflussten Zustand die Hartstoffe erhaben aus dem Partikelverbund herausragen, finden sich auf den mit P_L = 400 W bestrahlten Partikeln ausgeprägte Ansammlungen von Cobalt-Matrix an der Partikeloberfläche, was auf ein Anschmelzen der

Matrix hindeutet. Bei einer Laserleistung P_L von 600 W sind an allen analysierten Partikeln bereits flüssige Phasen aufgetreten, die partiell mit Formänderungen der Pulverpartikel verbunden sind. Bei Erhöhung der Laserleistung auf 800 W schmelzen 100 % der untersuchten Partikel bei gleichzeitiger Formänderung großflächig auf. Die Partikel platzen dabei teilweise regelrecht auf. Die thermisch bedingten Gefügeveränderungen innerhalb der Pulverpartikel zeigt Abbildung 8.3 im metallographischen Schliff.

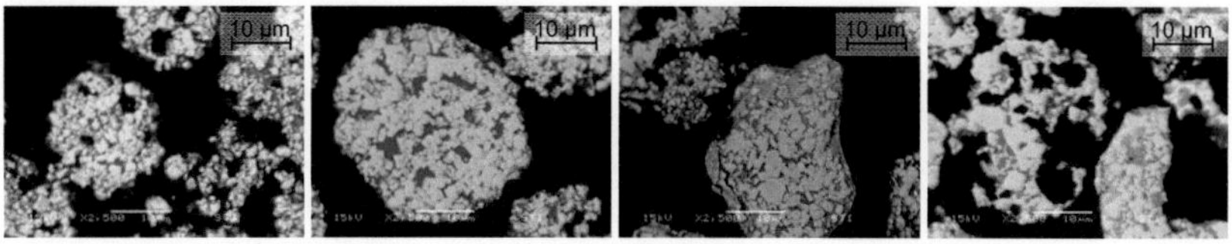

Abbildung 8.3: *Pulverpartikel im Schliff im Ausgangszustand (li.), nach Laserbestrahlung mit P_L = 400 W (2. vl.), P_L = 600 W (3. vl.) und P_L = 800 W (re.).*

Abbildung 8.4 zeigt die mittels EDX gemessenen gelösten Wolframanteile in der β-Phase in Abhängigkeit der Laserleistung, wobei P_L = 0 W den Ausgangszustand des Pulverwerkstoffs vor der Laserbestrahlung wiedergibt. Daraus kann nach dem Berechnungsmodell aus Anhang A1 der reale mittlere Hartstoffgehalt abgeschätzt werden. Dieser wird in Abbildung 8.4 oberhalb der jeweiligen Messpunkte angegeben.

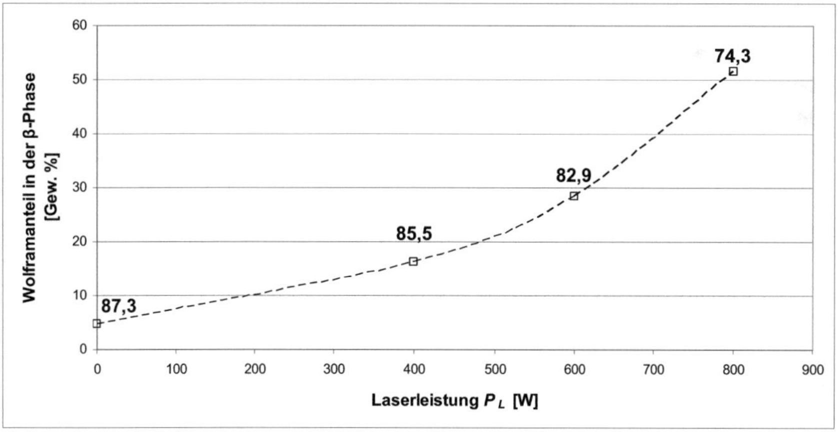

Abbildung 8.4: *Wolframanteil in der β-Phase und resultierender mittlerer Hartstoffanteil in den Pulverpartikeln nach der Flugphase in Abhängigkeit der Laserleistung P_L.*

Bei P_L = 400 W überschreiten die Pulverpartikel entsprechend der thermischen Analyse bereits die eutektische Temperatur. Die detektierten oberflächlichen Veränderungen der Partikelstruktur bei dieser Laserleistung lassen sich mit Kenntnis der Zusammensetzung anhand des quasibinären WC-Co-Zustandsdiagramms nachvollziehen. Die Zusammensetzung der β-Phase im Ausgangszustand vor der Laserbestrahlung ist in Abbildung 8.5 (1) gekennzeichnet. Die Schmelztemperatur T_M der β-Phase dieser Zusammensetzung liegt bei ca. 1450 °C. Wie die geringe Zunahme des Wolframanteils verdeutlicht, können durch die schlagartige Aufheizung Lösungsvorgänge nur im Ansatz und höchstwahrscheinlich fast ausschließlich oberhalb der eutektischen Temperatur stattfinden. Demnach sind die diffusionsbedingten Auflösungsvorgänge sehr gering, wodurch die Phasengrenze einen nahezu senkrechten Verlauf mit einem Knick bei der eutektischen Temperatur aufweisen sollte (siehe qualitativ in Abbildung 8.5 (re.)). Die mikroskopischen Strukturveränderungen sind somit auf das nahezu isolierte Aufschmelzen der β-Phase, infolge einer kurzzeitigen hohen Temperaturspitze über die eutektische Temperatur hinaus, zurückzuführen. Die Beeinflussung der Carbidstruktur ist dabei aufgrund des geringen Lösungszustands gering.

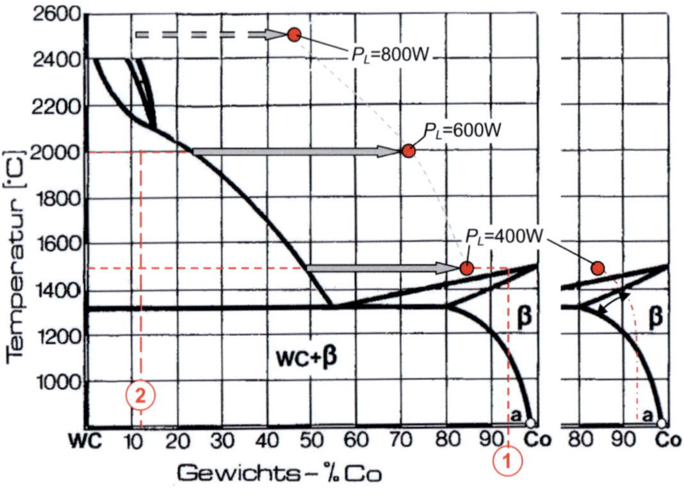

Abbildung 8.5: *Quasibinäres WC-Co-Zustandsdiagramm mit eingetragener Zusammensetzung der β-Phasen unter Berücksichtigung des stöchiometrischen Kohlenstoffgehalts bei unterschiedlichen Laserleistungen (li.) und qualitative Verschiebung der β-Phasengrenze infolge der hohen Aufheizgeschwindigkeit (re.).*

Bei einer Laserleistung P_L = 600 W erreichen die Partikel Temperaturen bis zu 2000 °C. Der Vergleich mit dem quasibinären Zustandsschaubild bei dieser Temperatur (Abbildung 8.5 (2)) zeigt, dass die Schmelze im Gleichgewichtszustand bereits einen mittleren gelösten Wolframcarbidanteil $m_{\beta WC}$ von 77 Gew.% bzw. unter Vernachlässigung des Kohlenstoffs einen Wolframanteil von bereits 72,3 Gew.% enthalten müsste. Innerhalb der Pulverpartikel beträgt der mittlere Wolframanteil jedoch lediglich 28,4 Gew.%. Die Differenz von mehr als 50 % verdeutlicht den ausgeprägten Ungleichgewichtszustand infolge der hohen Prozessdynamik. Bei P_L = 800 W ist der mittlere Wolframanteil mit ca. 52 Gew.% bereits über der eutektischen Zusammensetzung, so dass entsprechend dem genutzten Berechnungsmodell nur noch 74 Gew.% an ungelösten Hartstoffen vorhanden sind (siehe Abbildung 8.4).

8.2.2 Einfluss der Abscheidephase auf die Hartstoffauflösung

Um die Bewertung der Auflösungsvorgänge im Rahmen der Abscheidephase zu ermöglichen, reicht die Kenntnis der Oberflächentemperatur aus Kapitel 7.3 alleine nicht aus. Für detaillierte Aussagen über Gefügereaktionen innerhalb der Einzelspur ist es von Vorteil, wenn der Temperaturverlauf auch innerhalb der abgeschiedenen Spur bekannt ist.
Hier steht vor allem die Frage im Mittelpunkt, wie lange sich die Partikel- bzw. die Schmelzbadtemperatur oberhalb der Liquiduslinie des Eutektikums befindet.

Hierzu wird aus dem simulierten Temperaturverlauf die Abscheidephase isoliert. Die detaillierten Vorgänge sollen am Beispiel der höchsten untersuchten Laserleistung von P_L = 800 W anhand von Abbildung 8.6 erläutert werden. Die drei Punkte P_u, P_m, P_o repräsentieren jeweils die Oberflächentemperatur der drei Stufen des Simulationsmodells und entsprechen in etwa jeweils 1/3 der Spurhöhe.

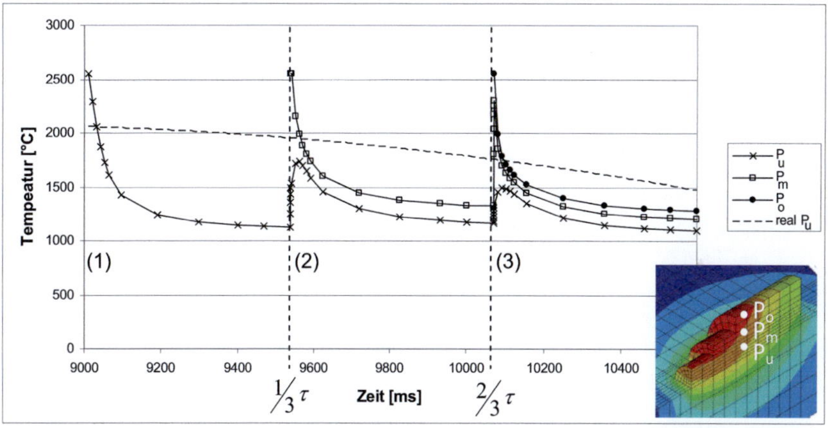

Abbildung 8.6: *Simulierte Temperaturverläufe für die Punkte P_u, P_m, P_o unter Berücksichtigung der eingestrahlten Laserenergie bei einer Partikeltemperatur von T_P = 2500 °C (P_L = 800 W).*

An der vordersten Auftragsfront treffen schmelzflüssige Partikel auf die kühlere Bauteiloberfläche, was zu einer raschen Abkühlung der Partikel und dem Übergang in die feste Phase führt (1). Der negative Temperaturgradient wird von der durch den Pulvernebel transmittierten, simultan auftreffenden Strahlungsenergie beeinflusst. Nach „Auftreffen" des nachfolgenden, ebenfalls mit Partikeltemperatur beaufschlagten Volumenelements (2), tritt eine Temperaturerhöhung ein. Durch die verringerte Wärmeableitung infolge der höheren Untergrundtemperatur (= Oberflächentemperatur des Volumenelements (1)) fallen in dieser Stufe die nachfolgenden Abkühlungseffekte geringer aus. Dieser Trend setzt sich mit zunehmender Spurhöhe (3) fort. Durch das zunehmende Materialvolumen erhöht sich auch die Wärmeleitung in die benachbarten Bereiche, wodurch das Temperaturniveau bei (3) entgegen der Erwartung nicht weiter steigt. Im Rahmen der Simulation erfahren darunter liegende Bereiche bei jeder Stufe eine erneute Erwärmung, die umso geringer ausfällt, je weiter sich der entsprechende Bereich von der Wärmequelle entfernt. Die Punkte P_m und P_o erhalten aufgrund ihrer Nähe zur Wärmequelle und der geringeren Wärmeabfuhr zwar tendenziell höhere Temperaturen, jedoch über einen kürzeren Zeitraum als der Punkt P_u. Infolge des kontinuierlichen generativen Prozesses ist zu erwarten, dass das reale Temperaturverhalten einen gegenüber der Simulation geglätteten Verlauf aufweist und für den Punkt P_u qualitativ dem, nach der Methode der kleinsten Quadrate ermittelten, gestrichelt eingezeichneten Verlauf entsprechen sollte.

Es bleibt in Summe festzuhalten, dass beim untersuchten Parameterensemble die durch den Pulvernebel transmittierte Laserstrahlung innerhalb der Abscheidephase lediglich eine Verzögerung der Abkühlung bewirkt. Selbst bei der höchsten untersuchten Laserleistung von P_L = 800 W reicht die Energie für eine Aufheizung der Partikel bzw. des Gefügeverbunds über die nach der Flugphase herrschenden Partikeltemperaturen hinaus nicht aus. Mit zunehmender Spurhöhe nimmt die Erstarrungsgeschwindigkeit infolge des erhöhten Temperaturniveaus geringfügig ab.
Am Ende der Abscheidephase weist die abgeschiedene Spur bei P_L = 800 W Temperaturen im Bereich von 1000 °C bis 1300 °C mit einer nahezu identischen Temperaturdifferenz von jeweils ca. 100 °C zwischen den Punkten auf.
Bei geringeren Laserleistungen stellen sich die Temperaturverläufe qualitativ ähnlich zu Abbildung 8.6 dar. Durch die geringere Laserleistung erfolgt jedoch eine stärkere Abkühlung, so dass die Oberflächentemperatur des Punktes P_o bei P_L = 600 W zum Zeitpunkt τ am Ende der Abscheidephase bereits unter 1000 °C liegt.
Ab einer durchschnittlichen Partikeltemperatur T_P > 2200 °C (P_L > 700 W) verbleibt die Temperatur an der aktiven Oberfläche über die gesamte Abscheidephase hinweg oberhalb der Schmelztemperatur des WC-Co-Eutektikums.

Für die Dauer der Abscheidephase ergeben sich nach Gleichung 8.2 Diffusionslängen im Bereich von $2{,}5 \cdot 10^{-5}$ m bis $2{,}5 \cdot 10^{-8}$ m, womit der Einfluss der Diffusion auf die Hartstoffauflösung gegenüber der Flugphase zwar zunimmt, aber unter der Voraussetzung ausreichend hoher Partikeltemperaturen infolge einer entsprechend hohen Laserleistung gegenüber dem Schmelzen nicht dominant wird.

8.2.3 Einfluss der Abkühlphase auf die Hartstoffphase

Abbildung 8.7 gibt einen Ausschnitt der ersten vier Sekunden der Abkühlphase τ_C aus der thermischen FEM-Simulation bei einer Laserleistung von P_L = 800 W wieder.

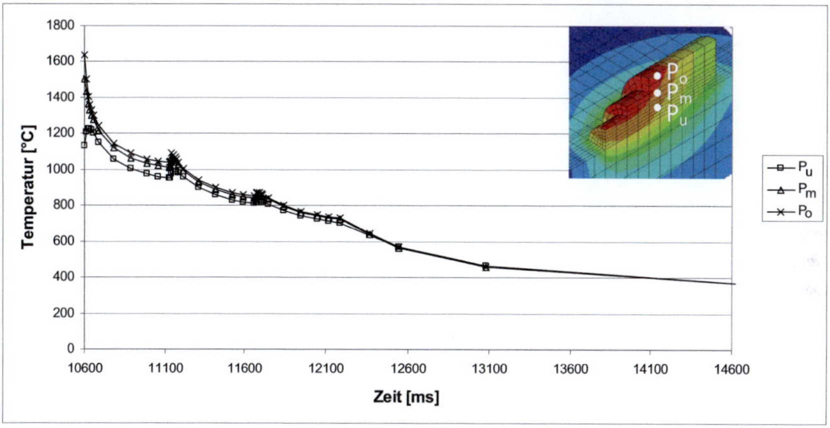

Abbildung 8.7: *Temperaturverlauf für P_u, P_m, und P_o in der Abkühlphase τ_C bei P_L = 800 W.*

Demnach erfolgt eine rapide Abkühlung der Auftragspur infolge von Wärmeleitung und Konvektion, nachdem der projizierte Laserstrahlfleck den betrachteten ortsfesten Bereich verlässt. Dabei nimmt der negative Temperaturgradient von oben (P_o) nach unten (P_u) ab, so dass die oberste Schicht der Auftragspur die höchste Unterkühlung erfährt. Die periodischen Temperaturspitzen im Kurvenverlauf ergeben sich auch hier durch das Aktivieren der benachbarten Volumenelemente im Rahmen der FEM-Analyse.

Innerhalb der Abkühlphase ergeben sich bei der vorliegenden Laserleistung für den Punkt P_m und P_o mittlere Abkühlraten $\overline{\beta}_C$ von der maximalen bis zur eutektischen Temperatur zwischen $4 \cdot 10^3$ und $4{,}4 \cdot 10^3$ K/s. Punkt P_u ist bereits zu Beginn der Abkühlphase erstarrt. Für die Angabe der weiteren Abkühlung nach der Kristallisation eignet sich die aus der konventionellen Schweißtechnik bekannte Abkühlzeit $t_{8/5}$, welche die Zeitspanne zur Abkühlung von T = 800°C auf T = 500 °C angibt. Diese bewegt sich für den untersuchten Parameterbereich zwischen $2 \cdot 10^2$ und $4{,}2 \cdot 10^2$ K/s [24].

8.2.4 Mechanismen der Hartstoffauflösung in der Einzelspur

Die Schmelztemperatur des Wolframcarbids liegt bei ca. 2800 °C. Diese Temperatur wird bei den vorliegenden Randbedingungen in Partikeln mit dem mittleren Durchmesser von d_p = 40 µm erst ab P_L = 1000 W erreicht, so dass im untersuchten Parameterbereich ein direktes Aufschmelzen der Hartstoffpartikel nicht in messbarem Ausmaß auftreten sollte. Der Nachweis hierfür kann anhand der speziellen Eigenschaften des Wolframmonocarbids geführt werden.

Prinzipiell existieren drei Modifikationen des Wolframcarbids. Die Standardmodifikation ist das hexagonale α-WC, das zumindest bei moderaten Temperaturen streng stöchiometrisch vorliegt. Die beiden anderen Modifikationen weisen einen weiteren stöchiometrischen Bereich auf. Dies ist zum einen das ebenfalls hexagonale W_2C und die metastabile kubische Hochtemperaturphase, das β-WC_z (z = 0,6-1), welche nur oberhalb der Umwandlungstemperatur stabil ist [116, 117]. Für die Umwandlungstemperatur sind in der Literatur unterschiedliche Angaben zu finden. So geben ERMRICH et al. [116] eine Temperatur von 2500 °C an, von SCHEDLER [7] wird sie mit 2600 °C angegeben.

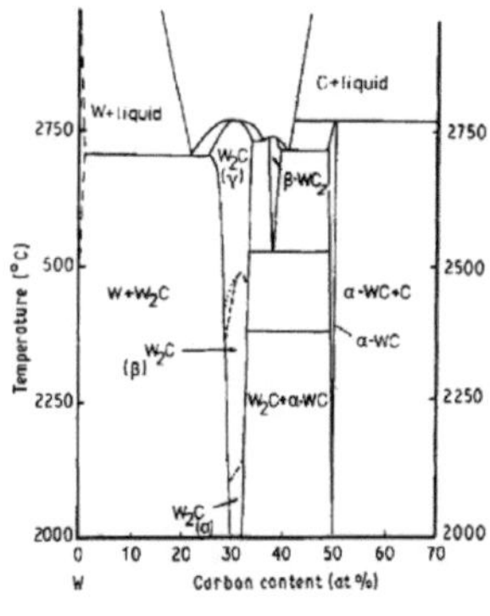

Abbildung 8.8: *W-C-Phasendiagramm nach Rudy und Hoffmann entnommen aus [116].*

Bei Überschreitung der Umwandlungstemperatur wird die kubische Hochtemperaturphase bei hohen Abkühlraten eingefroren [118]. Bei geringeren Abkühlraten zerfällt das β-WC_z vollständig in W_2C und WC.

Diese spezielle Eigenschaft des W-C-Systems ermöglicht anhand einer Gefügeuntersuchung eine Eingrenzung der maximalen Prozesstemperatur. So muss beim Auftreten von β-WC_z oder W_2C mindestens eine Temperatur von 2500 °C erreicht werden, da ab dieser Temperatur der WC-Kristall Kohlenstoff ausscheidet.

Die Bildung von W_2C kann jedoch auch über einen weiteren Mechanismus erfolgen, der typischerweise bei den thermischen Beschichtungsverfahren auftritt. Dies bestätigen zahlreiche Untersuchungen (Hochgeschwindigkeits-)flammgespritzter Schichten, bei welchen W_2C-Phasen im Bereich der Hartstoffgrenzfläche auftreten [119, 120, 121]. KEAR [121] geht davon aus, dass sich das Wolframcarbid in der Cobalt-Bindephase auflöst und es in Einheit mit dem Verlust von Kohlenstoff zur Ausscheidung von W_2C kommt. Diese Ausscheidungen entstehen dort vorrangig als Saum um die unaufgelösten WC-Partikel.

Die Untersuchung der lasergenerierten Volumenkörper mit dem Röntgendiffraktometer belegt, dass selbst bei der höchsten untersuchten Laserleistung von P_L = 800 W kein messbarer Anteil von W_2C oder β-WC_z auftritt, was einerseits darauf hindeutet, dass die Prozesstemperaturen unterhalb von 2500°C liegen und andererseits der Kohlenstoffverlust im Vergleich zu den Spritzverfahren geringer ausfallen sollte. Auch elektronenmikroskopisch sind keine Anteile von W_2C feststellbar. Abbildung 8.9 zeigt die Ergebnisse der Diffraktometeranalyse. Die theoretischen Positionen des W_2C-Peaks sind ebenfalls eingezeichnet.

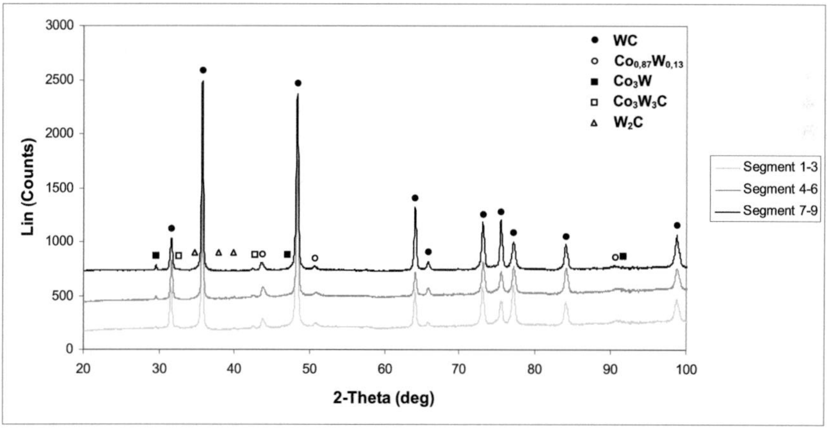

Abbildung 8.9: *Röntgendiffraktometeranalyse (Linescan) der drei vertikalen Spursegmente des Volumenkörpers für P_L = 800 W mit einem Flächendetektor.*

Somit ist zu schlussfolgern, dass die Prozesstemperaturen im untersuchten Parameterbereich unterhalb von 2500 °C bzw. 2600 °C liegen und die Reduktion des Hartstoffanteils ausschließlich auf deren Auflösung in der β-Phase zurückzuführen ist. Das Diffraktogramm zeigt gleichzeitig, dass geringste Anteile von Co_3W und Co_3W_3C (η-Phase) enthalten sein können. Die Peaks der identifizierten Verbindung $Co_{0,87}W_{0,13}$ weisen eine asymmetrische Form auf, was auf einen Konzentrationsgradienten in der Bindephase hindeutet.

Ob der genaue Auflösungsmechanismus der Wolframmonocarbide analog zu den Fe_3C-Carbiden im Stahl, wie von GEGNER [127] beschrieben, mit der Kohlenstoffdiffusion beginnt oder die Auflösung stetig von außen nach innen erfolgt, ist nicht exakt bekannt. In beiden Fällen ergibt sich jedoch ein erhöhter Zeitbedarf für die Auflösung von Hartstoffen. SKOLNICK fand in speziellen Versuchen zur Auflösungskinetik von Wolframcarbid in Kobalt Grenzflächenreaktionen als zeitlich limitierenden Faktor. Er vermutet einen Auflösungsmechanismus, bei dem eine Zwischenverbindung an der fest-flüssig Grenzfläche entsteht [109]. Somit wird der Grad der Hartstoffauflösung wesentlich durch den Faktor Zeit mitbestimmt. Dabei begünstigen löslichkeitssteigernde Effekte, wie sie im Rahmen der

Ostwald-Reifungstheorie beschrieben werden, die Auflösung der Hartstoffpartikel. Hierauf wird im Kapitel 9 noch näher eingegangen. Damit Hartstoffe in der β-Phase aufgelöst werden können, müssen im Wesentlichen folgende drei Voraussetzungen geschaffen sein:

1. Es muss mindestens die eutektische Temperatur vorhanden sein.
2. Das entsprechende Hartstoffpartikel muss durch die β-Phase benetzt sein.
3. Es muss ausreichend β-Phase am Ort der Auflösung vorhanden sein.

Das Überschreiten der eutektischen Temperatur im Rahmen des Laserauftragsprozesses belegen die bisherigen Untersuchungen eindeutig, womit die erste Voraussetzung bereits erfüllt ist. Die Oberflächenspannung metallischer Schmelzen weist eine ausgeprägte Temperaturabhängigkeit auf. Da das Benetzungsverhalten wesentlich durch die Oberflächenspannung geprägt ist, ist auch dieses stark temperaturabhängig. In Versuchen zur Laseroberflächenbehandlung von Sinterhartmetallen mit Pulslasern wird von MÜLLER et al. [118] festgestellt, dass eine vollständige Benetzung der Hartstoffe durch die Bindephase mit Hilfe hochenergetischer Pulse bereits nach weniger als drei Millisekunden zu erreichen ist. Dabei treten jedoch Temperaturen > 2500°C auf. Die Analyse der Partikeloberflächen mit dem Rückstrahldetektor in Abbildung 8.10 zeigt den Benetzungsgrad nach der Flugphase.

Abbildung 8.10: *BSE-REM-Aufnahme des Benetzungszustands der Partikeloberflächen im Ausgangszustand (li.) und nach der Flugphase bei P_L = 600 W (mi.) und bei P_L = 800 W (re.).*

Während die an der Partikeloberfläche befindlichen Wolframcarbide im Ausgangszustand eine scharfkantige Struktur mit einheitlicher Grauwertintensität aufweisen, sind die Hartstoffe an der Partikeloberfläche bereits bei P_L = 600 W vollständig benetzt, was sich einerseits im Grauwertverlauf, andererseits auch in der verdeckten Partikelstruktur äußert. Somit ist bei diesen Laserleistungen zumindest an der Partikeloberfläche bereits nach sieben Millisekunden von einer vollständigen Benetzung der Hartstoffe auszugehen.

Die dritte Voraussetzung beinhaltet eine doppelte Forderung an die β-Phase. Zum einen muss für eine vollständige Auflösung eines Hartstoffpartikels eine ausreichende Menge β-Phase vorhanden sein, um die Gesamtmenge des anfallenden Wolframs aufnehmen zu können, zum anderen kann nur dort aufgelöst werden, wo sich auch β-Phase befindet. Ist der Bindemetallanteil vollständig in einer eutektischen Schmelze gelöst, so ist für eine weitere Auflösung von Hartstoffen eine höhere Temperatur erforderlich.

8.2.5 Partikelauflösung im Schmelzbad

Für den Zeitraum, in dem eine Schmelze existiert, werden in die Schmelze fallende Partikel infolge von Wärmeleitung aufgeheizt. Mit Hilfe einer speziellen Form der Wärmeleitungsgleichung kann nach GASSER [71] das Aufheizverhalten von Partikeln abgeschätzt werden.

$$T = \frac{r_p T_w}{r} \sum_{n=0}^{\infty} \left(erfc \frac{(2n+1)r_p - r}{2(\kappa t)^{\frac{1}{2}}} - erfc \frac{(2n+1)r_p + r}{2(\kappa t)^{\frac{1}{2}}} \right)$$ **Gleichung 8.3 [71]**

Aus Gleichung 8.3 kann die Dauer bis zum Erreichen der Schmelztemperatur T_M der reinen β-Phase (1495 °C) bzw. der eutektischen Temperatur T_E (1280°C) der einzelnen Gefügebestandteile im Partikelzentrum ermittelt werden. Für die detaillierte Berechnung wird auf GASSER [71] verwiesen.

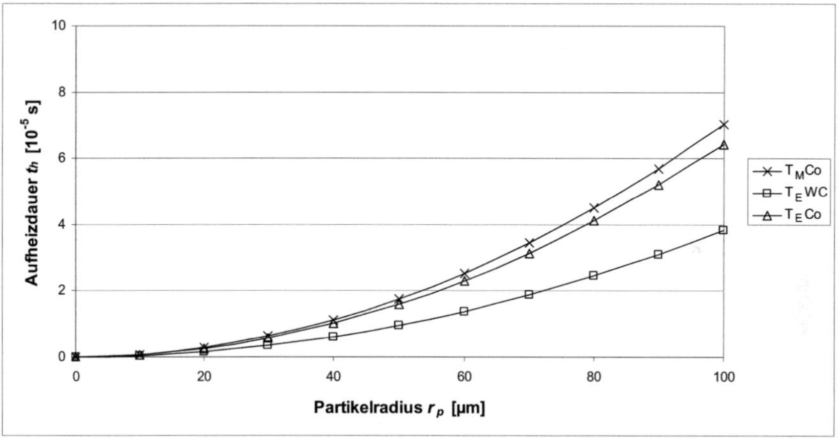

Abbildung 8.11: *Aufheizdauer t_h der β- und WC-Phase auf Schmelztemperatur der β-Phase T_M bzw. auf die eutektische Temperatur T_E in Abhängigkeit des Partikelradius r_p für eine Schmelzbadtemperatur von 2500°C (= Partikeltemperatur bei P_L = 800 W).*

Die Ergebnisse der Berechnung zeigen, dass die Pulverpartikel unter der Voraussetzung einer homogenen Schmelzbadtemperatur die entsprechenden Temperaturen innerhalb einer sehr kurzen Zeitspanne erreichen. Die Zeitdifferenz zwischen dem Erreichen der eutektischen Temperatur und der Schmelztemperatur der β-Phase ist dabei im relevanten Partikelgrößenbereich nur marginal.

Durch den oben beschriebenen höheren Zeitbedarf für die Hartstoffauflösung besteht daher die Möglichkeit, dass zunächst die wolframfreie bzw. im Grenzbereich der Hartstoffe sehr wolframarme β-Phase in den schmelzflüssigen Zustand überführt wird. Dieses Phänomen wird bereits in Kapitel 8.2.1 bei geringen Laserleistungen beobachtet.

Die Aufheiz- und damit auch die Auflösungsdauer entsprechender Partikel hängen dabei wesentlich von der Schmelzbadtemperatur ab. Diese Abhängigkeit gibt Abbildung 8.12 für reine Cobaltpartikel (T_M = 1495 °C) wieder.

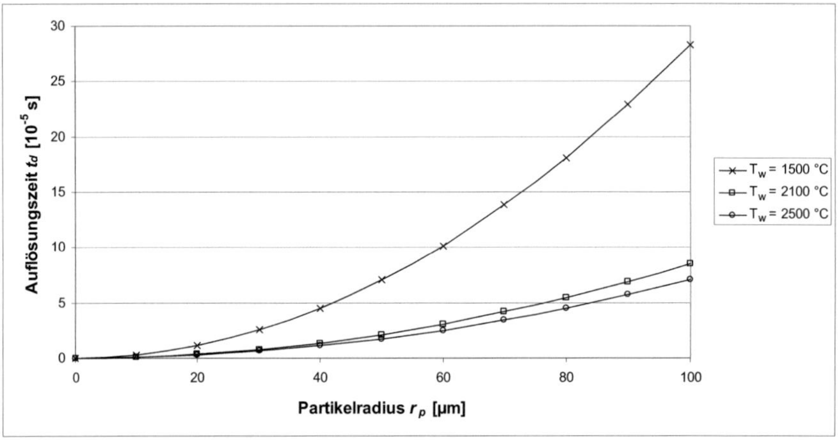

Abbildung 8.12: *Auflösungszeit t_d von Cobaltpartikeln in der Schmelze in Abhängigkeit des Partikelradius r_p für unterschiedliche Schmelzbadtemperaturen T_w.*

Bei der Berechnung ist zu beachten, dass abhängig von der Zusammensetzung der Partikel die thermischen Kennwerte Schwankungen unterliegen, da Wolfram in etwa die doppelte Temperaturleitfähigkeit gegenüber Cobalt aufweist.

8.2.6 Abschätzung der Existenzdauer der flüssigen Phase

Eine Abschätzung der für die Hartstoffauflösung zur Verfügung stehenden Zeit soll im Folgenden mit Hilfe der FEM-Analyse aus Kapitel 7 getroffen werden.

Mit Kenntnis der Temperaturverläufe kann die jeweilige Existenzdauer der flüssigen Phase abgeschätzt werden, die gleichzeitig den relevanten Zeitbereich zur Hartstoffauflösung definiert. Bei Laserleistungen P_L < 400 W ist sie auf die Flugphase und die Dauer der anschließenden Abkühlung auf T < 1280 °C innerhalb der Abscheidephase nach dem Auftreffen des Partikels (ca. 30 ms) beschränkt.

Ab P_L > 750 W reicht der schmelzflüssige Zustand über die Abscheidephase hinweg bis in die Abkühlphase hinein. Neben der Leistungsabhängigkeit sind die Existenzdauern der Schmelzen auch von der vertikalen Position innerhalb des Spurquerschnitts abhängig und verhalten sich entsprechend Abbildung 8.13. Demnach bleibt der Schichtwerkstoff bei Betrachtung einer Einzelspur in Substratnähe (P_u) am längsten oberhalb der Schmelztemperatur des Eutektikums, erstarrt jedoch chronologisch betrachtet trotzdem vor P_m und P_o.

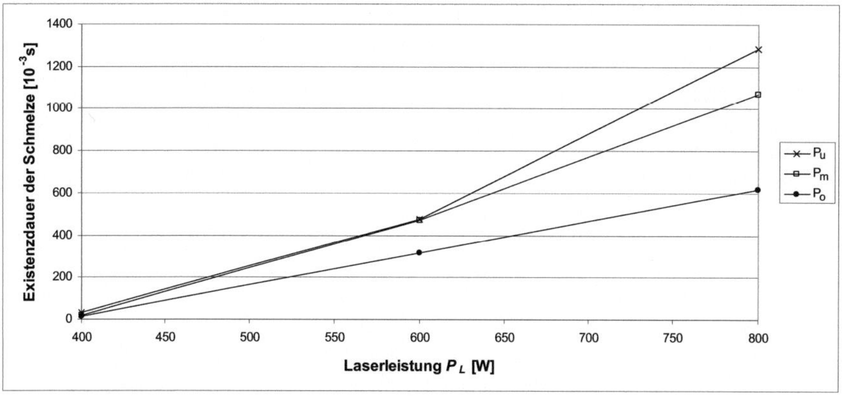

Abbildung 8.13: *Existenzdauer der Schmelze τ_M in Abhängigkeit der Laserleistung P_L.*

Somit stehen für die Auflösung der Hartstoffpartikel in der Einzelspur abhängig von der Laserleistung zwischen $15 \cdot 10^{-3}$ s und 1,3 s zur Verfügung.

8.3 Hartstoffauflösung und Gefügemodifikationen im Volumenkörper

Mikroskopisch betrachtet besteht das Gefüge der lasergenerierten Volumenkörper neben dem regulären Hartmetallgefüge mit bekannter α-(Carbid)- und β-(Binde)-Phase aus weiteren Gefügemodifikationen. Es können prinzipiell folgende drei Gefügeklassen definiert werden:

I. hartstoffarme Zonen.
II. Zonen mit eutektischen Ausscheidungen.
III. reguläres Hartmetallgefüge.

Alle drei Klassen treten in beliebiger Mischung und Ausprägung in den Volumenkörpern auf.

8.3.1 Hartstoffarme Zonen und Zonen mit eutektischen Ausscheidungen

8.3.1.1 Intermetallische Phasen und Carbidphasen

Abhängig von der Laserleistung entstehen bei der Kristallisation und Abkühlung für Hartmetalle untypische Carbidphasen bzw. intermetallische Phasen. Es sind grundsätzlich zellulare und eutektische Erstarrungssysteme festzustellen. Hierzu zeigt die Bildreihe aus Abbildung 8.14 Gefügeausschnitte der Volumenkörper bei unterschiedlichen Laserleistungen.

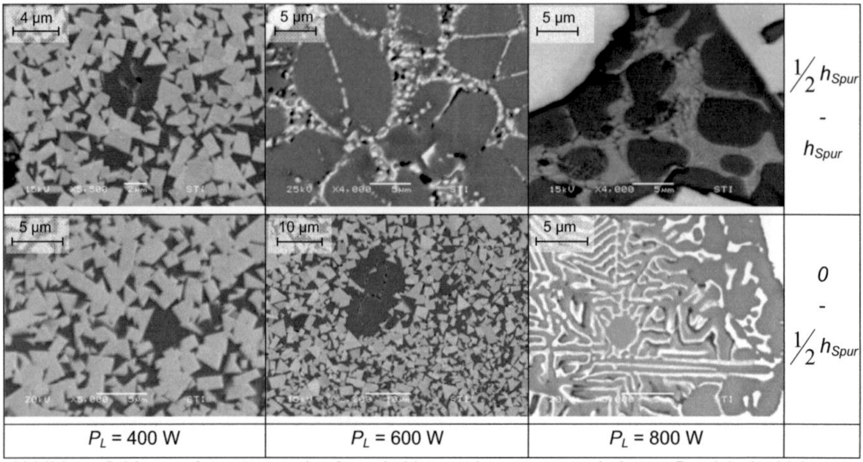

Abbildung 8.14: *Ausprägung der Ausscheidungen im unteren und oberen Bereich der Volumenkörper bei angepassten Vergrößerungen mit P_L = 400 W (li.), P_L = 600 W (mi.) und P_L = 800 W (re.).*

Das resultierende Gefüge bei P_L = 400 W zeigt die Struktur eines regulären Hartmetallgefüges und weist nur ganz vereinzelt zellulare Erstarrungsstrukturen innerhalb von hartstoffarmen Bereichen auf.

Diese nehmen mit zunehmender Leistung zu und treten zunächst als Korngrenzenausscheidungen ausschließlich innerhalb der hartstoffarmen Zonen auf, bis bei P_L = 800 W auch in der β-Phase des regulären Hartmetallgefüges eutektische und zellulare Ausscheidungen entstehen. Neben der Abhängigkeit von der Laserleistung ergibt sich auch eine Abhängigkeit von der Spurhöhe.

Im untersten Segment (2) treten die größten Gefügevariationen auf, weshalb dort im Folgenden die relevantesten Gefüge, die bei P_L = 800 W auftreten, charakterisiert werden. Spezielle Gefügestrukturen bilden sich hier vorwiegend in den hartstoffarmen Zonen. Abbildung 8.15 zeigt eine solche Zone mit den darin vorzufindenden Gefügemodifikationen.

Abbildung 8.15: *Mischgefüge einer hartstoffarmen Zone im Spursegment 2 bei P_L = 800 W im geätzten Zustand (Ätzung nach Murakami).*

Auf den Entstehungsmechanismus der hartstoffarmen Zonen wird in Kapitel 10.3 eingegangen. Im Inneren der Zone aus Abbildung 8.15 ist die Erstarrungsstruktur zum einen eutektisch (1), zum anderen zellular (2) geprägt. Beide Erstarrungsstrukturen deuten auf eine hohe Erstarrungsgeschwindigkeit hin [44]. Die Erstarrung erfolgt in diesem Beispiel von unten nach oben. Infolge der hohen Erstarrungsgeschwindigkeit reicht die niedrige Diffusionsgeschwindigkeit des Wolframs in der Schmelze nicht aus, um einen weitreichenden Gleichgewichtszustand in der Schmelze herzustellen. Aufgrund der hohen Wolframkonzentration in der Schmelze entsteht an der Kristallisationsfront ein Konzentrationsgradient. Bei fortschreitender Kristallisation konzentriert sich die übersättigte Schmelze im Bereich der Korngrenzen und scheidet sich dort bei weiterer Abkühlung in Form von Mischcarbidphasen oder als Eutektikum aus. Hierdurch entsteht eine zellulare Struktur, die insbesondere im unteren Bildbereich von Abbildung 8.15 deutlich zu erkennen ist. Innerhalb der zellularen Strukturen weist die übersättigte β-Phase einen Wolframanteil zwischen 21 Gew.% und 30 Gew.% auf. Unter Berücksichtigung des damit verbundenen Kohlenstoffgehalts in der theoretischen Zusammensetzung des Wolframcarbids liegt dieser um bis zu 10 Gew.% oberhalb der theoretischen Löslichkeitsgrenze des Wolframcarbids in Cobalt im festen Zustand. Die Verschiebung der Löslichkeitsgrenze ist auf den bereits erwähnten abkühlungsbedingten Ungleichgewichtszustand zurückzuführen. Da der Temperaturbereich zwischen Kristallisation und 400 °C (bis dorthin finden relevante Diffusionsvorgänge statt) innerhalb weniger Sekunden durchlaufen wird, können Diffusionsvorgänge keinen sekundären Konzentrationsausgleich schaffen, wodurch der hohe Wolframanteil in der Matrix gelöst bleibt.

Bei den punktuellen, schwarz erscheinenden Hohlräumen, die vorwiegend an den Korngrenzen auftreten, handelt es sich um Gefügeanteile (3), die bereits durch eine kurzzeitige (2s) Murakami-Ätzung vollkommen herausgelöst wurden. Um welche Phasen es sich handelt

und welche wolframreichen Phasen, außer der η-Phase, durch Murakami noch angegriffen werden, wird in Kapitel 8.3.2 gesondert untersucht.
Den fließenden Übergang zwischen der eutektischen (1) und zellularen (2) Gefügestruktur kennzeichnet der Bereich 4. Das Eutektikum beginnt bzw. endet an den Korngrenzen der zellularen Struktur. Das Eutektikum erstarrt in diesem Fall feinlamellar mit einem Lamellenabstand zwischen 0,3 µm und 0,5 µm, was die hohe Erstarrungsgeschwindigkeit unterstreicht. Der Bereich (5) stellt den Zwischenzustand zwischen der eutektischen und zellularen Erstarrung dar. Dort sind Fragmente von beiden Mechanismen in überlagerter Form erkennbar.

Die folgende Bilderreihe verdeutlicht die unterschiedlichen Ausprägungen des zellularen Wachstums, sowie den Übergang von der zellularen zur überwiegend eutektischen Erstarrung. Dabei sind die eutektischen Strukturen vorwiegend bei hohen Laserleistungen und im Spurzentrum zu finden.

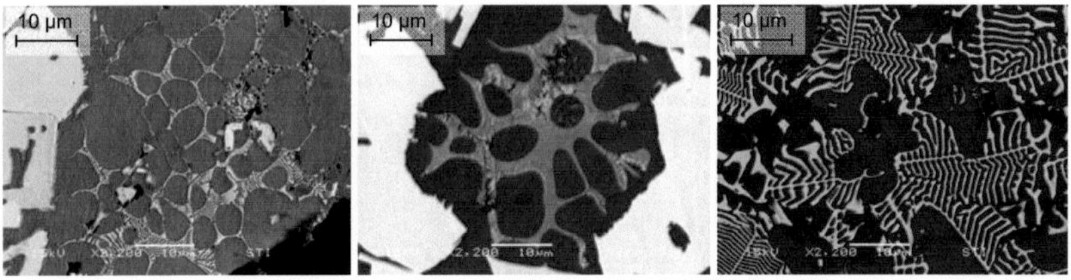

Abbildung 8.16: *Übergang der zellularen in die eutektische Erstarrung bei aufsteigender Laserleistung (P_L = 400 W (li.), 600 W (mi.), 800 W (re.)).*

Abbildung 8.16 links kennzeichnet den Zustand geringer Wolframübersättigung der Schmelze. Diese ist in der mittleren Abbildung deutlich größer, so dass an den Korngrenzen eine zusammenhängende, feinlamellare eutektische Struktur entsteht. Im fließenden Übergang erhöht sich der Flächenanteil des Eutektikums zunächst an den Korngrenzen, bis der Lösungszustand des Wolframs so hoch ist, dass die eutektische Zusammensetzung großflächig erreicht wird (Abbildung 8.16 von li. nach re.).

Analyse der Korngrenzen

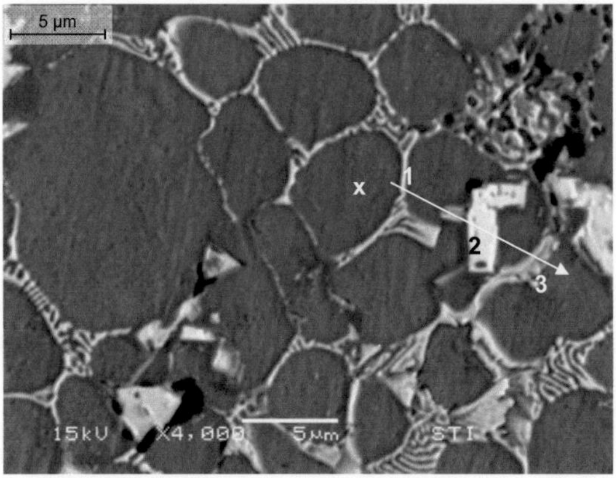

Abbildung 8.17: *BSE-REM-Aufnahme einer zellularen Struktur bei P_L = 800 W.*

Abbildung 8.18 zeigt das Ergebnis eines EDX-Linescans über die in Abbildung 8.17 eingezeichnete Linie.

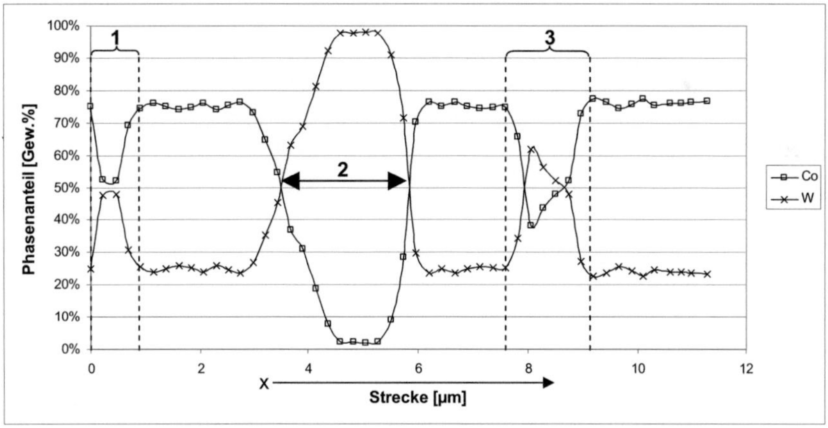

Abbildung 8.18: *EDX-Linescan über die Korngrenzenausscheidungen unter Berücksichtigung des stöchiometrischen Kohlenstoffgehalts (nicht eingezeichnet).*

Die schmale Korngrenze im Bereich 1 weist eine Zusammensetzung von 53 Gew.% Co zu 47 Gew.% W (entspricht 77,86 At.% Co und 22,14 At.% W) auf. Das Atomverhältnis Co:W von ca. 3:1 deutet auf die kohlenstofffreie intermetallische Verbindung Co_3W hin, die von KIEFFER [20] als δ-Phase bezeichnet wird und vor allem bei unterstöchiometrischen Kohlenstoffgehalten auftritt. Die Röntgendiffraktometeranalyse aus Abbildung 8.9 deutet bereits auf

die Existenzmöglichkeit dieser Phase in geringsten Konzentrationen hin. Sie bildet sich entsprechend dem binären Co-W-Phasendiagramm bei ca. 1100 °C [87]. Auch CHIANG und CHEN [52] sowie MAZUMDER et al. [30] stellen beim Laserauftragschweißen von hartstoffverstärkten Cobaltbasislegierungen Co_3W-Phasen fest. Von derartigen Ausscheidungen wird auch beim kurzzeitigen Hochtemperatursintern berichtet. DE MOL VAN OTTERLOO u. DE HOSSON [27] gehen davon aus, dass diese Phase durch Gitterfehlanpassungen entsteht. Von HOTT DE FÙCIO BORGES et al. [85] wird ein sekundärer Entstehungsmechanismus angenommen, der durch einen Kohlenstoffverlust von in der Matrix gelösten Wolframcarbiden hervorgerufen wird. Der Kohlenstoffverlust, den der Laserprozess verursacht, wird im Rahmen von Kapitel 8.4.3 untersucht. Die genaue Betrachtung des Ausscheidungstyps aus Abbildung 8.17 deutet jedoch aufgrund der eutektischen Struktur darauf hin, dass ein wesentlicher Teil der Ausscheidungen primär erfolgt. In Abbildung 8.15 sind jedoch zahlreiche Ausscheidungen zu erkennen, die durchaus auch sekundär erfolgt sein können. Ein auffälliges Merkmal der Gefüge in den hartstoffarmen Zonen ist, dass dort keinerlei WC-Carbidausscheidungen auftreten, was ebenfalls auf eine Unterkohlung hindeutet.
Der Bereich 2 kennzeichnet ein Wolframcarbid, welches vermutlich unaufgelöst ist. Die dickere Korngrenze im Bereich 3 weist einen Konzentrationsgradienten auf, verhält sich aber bezüglich der Atomverhältnisse im Mittel ungefähr analog zu Bereich 1.

Analyse des Eutektikums

Abbildung 8.19 zeigt ein repräsentatives Eutektikum im Schnitt.

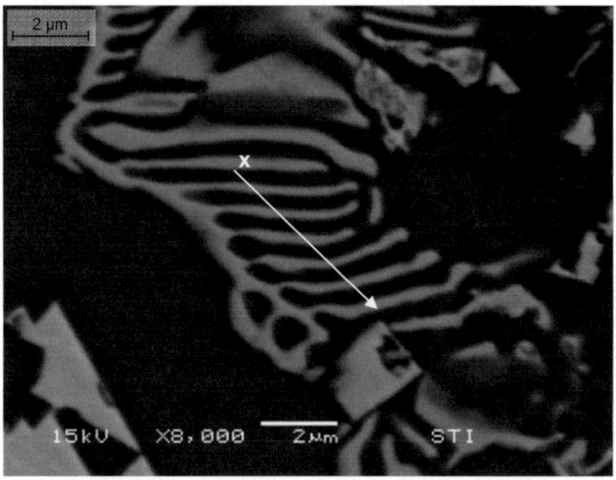

Abbildung 8.19: *BSE-REM-Aufnahme des Eutektikums bei P_L = 800 W.*

Der zugehörige EDX-Linescan über den eingezeichneten Pfeil ist in Abbildung 8.20 zur Einordnung in das quasibinäre Phasendiagramm unter Berücksichtigung des stöchiometrischen Kohlenstoffgehalts dargestellt. Die wolframreichen (hellen) Lamellen des Eutektikums sind im Linescan in Form von Wolfram-Peaks zu identifizieren.

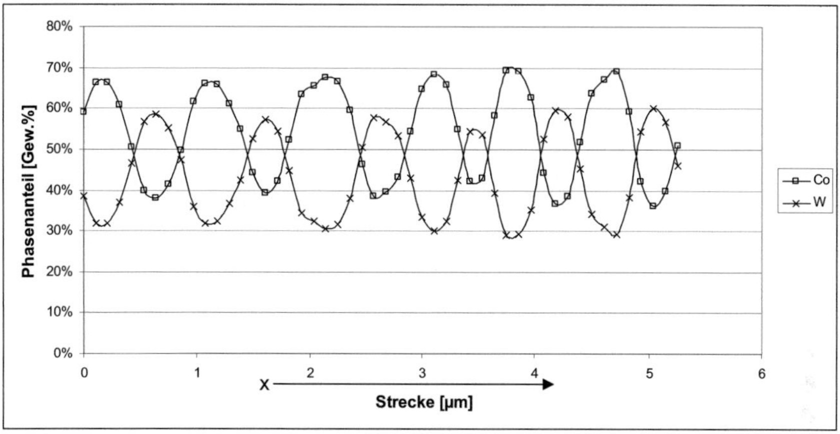

Abbildung 8.20: *EDX-Linescan über das Eutektikum entlang des Pfeils „x“ unter Berücksichtigung des stöchiometrischen Kohlenstoffgehalts (nicht eingezeichnet).*

Die elementspezifische Mittelwertbildung über die Messpunkte des Linescans liefert die mittlere Zusammensetzung des vorliegenden Eutektikums mit 54 Gew.% Co zu 46 Gew.% W und C und liegt damit sehr nahe an der theoretischen Zusammensetzung des WC-Co-Eutektikums. Dabei liegt die gemittelte Zusammensetzung der Lamellen bei 43,2 Gew.% Co zu 56,8 Gew.% W. Die dazwischen liegende β-Phase besteht hingegen aus 64,5 Gew.% Co zu 35,5 Gew.% W.

Nach KIEFFER [20] sind im WC-Co-System drei Varianten eutektischer Strukturen bekannt, eine fischgrätenartige, eine gesprenkelte und eine nadelförmige Struktur. Die gesprenkelte Struktur ist typisch für das metastabile ternäre Eutektikum (β + η + Graphit). Das Eutektikum WC + η wird hingegen mit nadelförmiger Struktur beschrieben und kann beim Laserprozess in dieser Form nicht festgestellt werden. Das vorliegende Eutektikum weist eine fischgrätenartige Struktur auf, die von KIEFFER [20] und RAUTALA [84] als β + η Eutektikum identifiziert wird.
Die Analyse der Zusammensetzung der Lamellen des Eutektikums sollte im Falle einer η-Phase einen symmetrischen Anteil Wolfram und Cobalt (Co_3W_3C bzw. Co_6W_6C) enthalten. Die EDX-Analyse hingegen liefert ein atomares Übergewicht des Cobalts zum Wolfram im Verhältnis von ca. 3:1. Dies deutet analog zu den Erscheinungen an den Korngrenzen auf die δ-Phase (Co_3W) hin.

Die Abhängigkeit der Bildung eines Eutektikums von der Laserleistung verdeutlicht Abbildung 8.21 für eine extreme Laserleistung von P_L = 1200 W, die außerhalb des untersuchten Parameterbereichs liegt und deswegen nicht weiter interpretiert wird.

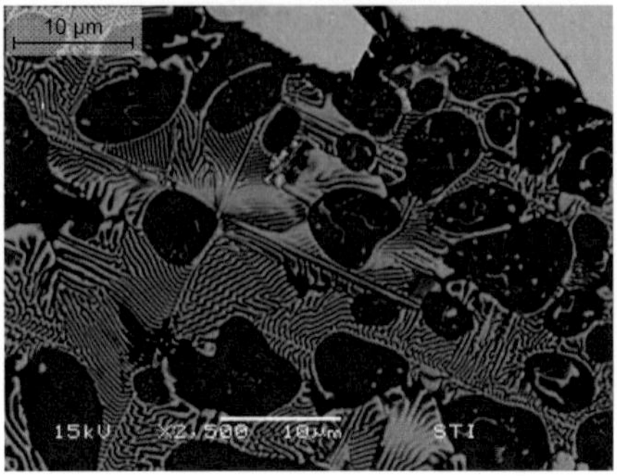

Abbildung 8.21: *Eutektische Gefügestruktur bei P_L = 1200 W.*

Weitere Gefügemodifikationen

Abbildung 8.22 zeigt eine weitere Gefügemodifikation aus dem unteren Spursegment. Dieses Gefüge tritt vor allem im Zentrum der Volumenkörper auf.

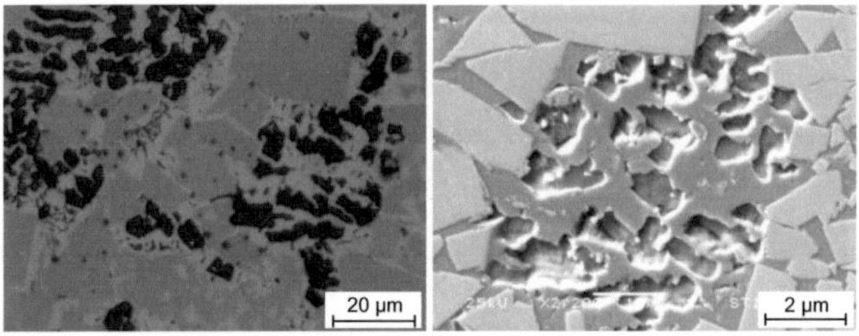

Abbildung 8.22: *Mischgefüge im unteren Spursegment unter dem Lichtmikroskop (li., 1000-fach) und im REM (re., 2200-fach) nach einer Ätzung nach Murakami.*

Der Gefügebereich wird durch eine Murakami-Ätzung angegriffen. In der Sekundärelektronen-REM-Aufnahme (re.) zeigt sich, dass die angegriffenen Bereiche komplett herausgelöst werden. Die vorherige EDX-Analyse am Ort des Ätzreliefs ergibt unter Vernachlässigung des Kohlenstoffs eine mittlere Zusammensetzung von 75,4 Gew.% Wolfram zu 24,6 Gew.% Cobalt (entspricht 49,6 At.% W und 50,4 At.% Co). Durch die vorliegende Symmetrie zwischen Cobalt und Wolfram handelt es sich hierbei höchstwahrscheinlich um die klassische η-Phase, worauf auch die körnige Struktur hindeutet. Auch die Ergebnisse der Röntgendiffraktometeranalyse aus Abbildung 8.9 deuten auf die Existenz von Co_3W_3C in geringsten Konzentrationen hin.

8.3.1.2 β-Phase der hartstoffarmen Zonen

Im untersuchten Bereich der Laserleistung zwischen 400 W und 800 W ergeben sich für die einzelnen Spursegmente die in Abbildung 8.23 dargestellten mittleren Wolframanteile in der β-Phase.

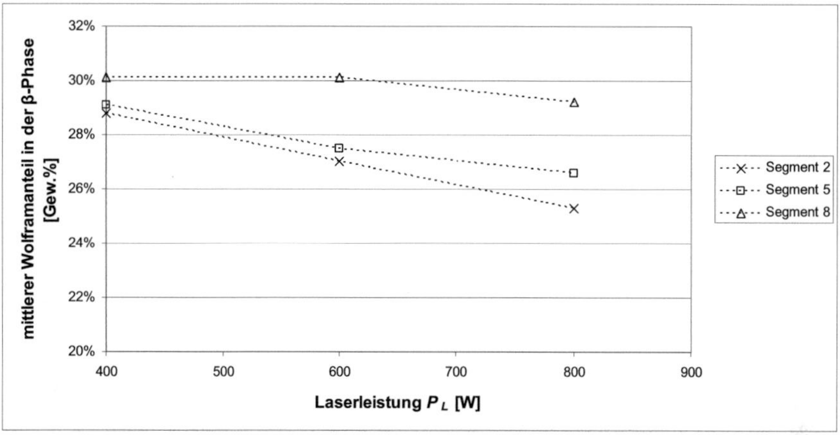

Abbildung 8.23: *Mittlerer Wolframanteil in der β-Phase in den 3 Segmenten der hartstoffarmen Zonen bei unterschiedlichen Laserleistungen P_L.*

Der in der β-Phase gelöste Wolframanteil steigt demnach unabhängig von der Laserleistung mit zunehmender Auftragshöhe an. Die Ursache liegt in den unterschiedlichen Abkühlgeschwindigkeiten in Kombination mit den unterschiedlichen Zeitspannen der direkten und indirekten thermischen Beeinflussung. Bei kleineren Laserleistungen erfolgt die Abkühlung mit höherer Geschwindigkeit. Zudem ist in den oberen Segmenten die Gesamtzeit der Wärmebeeinflussung geringer, weshalb in beiden Fällen mehr Wolfram in Lösung gehalten wird. Dies entspricht auch den Erkenntnissen von GOTTSTEIN [95], nach welchen in Systemen mit begrenzter Mischbarkeit die Löslichkeitsgrenzen mit zunehmender Abkühlrate zu höheren Konzentrationen hin verschoben werden (übersättigte Mischkristalle).
Innerhalb eines Segments nimmt die Wolframkonzentration in der β-Phase mit zunehmender Laserleistung ab, was durch die zunehmenden Ausscheidungen dritter Phasen verursacht wird, da diese erhöhte Wolframanteile binden.

Der Vergleich der gelösten Wolframgehalte in der fertigen Beschichtungsspur mit den Anteilen in den laserbestrahlten Pulverpartikeln aus Abbildung 8.4 spiegelt die oben beschriebenen Ausscheidungsvorgänge wieder. So zeigt sich bei P_L = 800 W im Pulverpartikel ein durchschnittlich gelöster Wolframanteil von ca. 52 Gew.%, womit die theoretische eutektische Zusammensetzung bei stöchiometrischem Kohlenstoffgehalt bereits überschritten ist. In der fertigen Auftragspur liegt der Wolframanteil zwischen 25 Gew.% und 29 Gew.%.
Bei geringeren Laserleistungen nimmt dieser Effekt ab und kehrt sich bei der geringsten untersuchten Laserleistung P_L = 400 W schließlich um. Dort erhöht sich der Wolframanteil von 16 Gew.% in den Pulverpartikeln nach der Flugphase auf ca. 30 Gew.% im Volumenkörper.

8.3.2 Differenzierung der Mischphasen durch sequentielle Ätzung

In der Literatur wird das Auftreten der η-Phase mit körniger Struktur und nesterförmigem Auftreten (siehe Abbildung 2.3) beschrieben, wodurch sich theoretisch ein optisches Unterscheidungsmerkmal zu den eutektischen Strukturen ergibt. Der Ätznachweis nach Murakami greift im vorliegenden Fall jedoch auch Gefügebereiche an, die optisch nicht der typischen Beschreibung der η-Phase entsprechen. Nach PETZOW [86] eignet sich Murakami für alle wolframreichen Verbindungen. Abbildung 8.24 gibt zwei repräsentative Gefügebereiche wieder, die sequentiell in drei Stufen mehrfach geätzt werden, um den Grad des Ätzangriffs festzustellen.

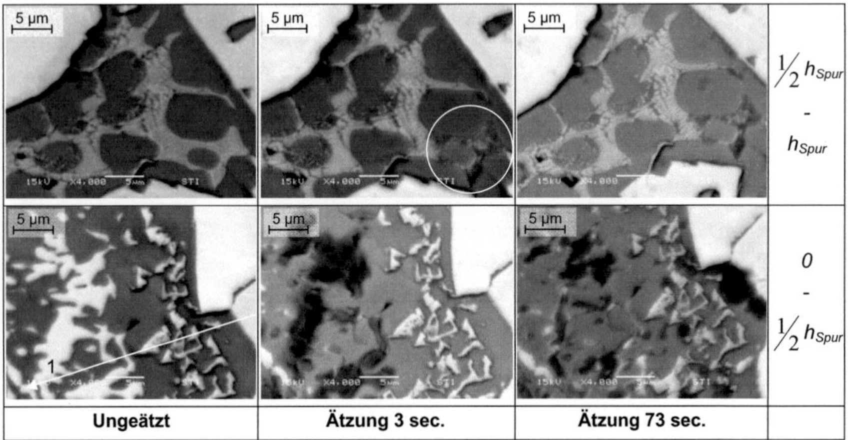

Abbildung 8.24: *Auswirkungen unterschiedlicher Ätzdauern nach Murakami im oberen und unteren Gefügebereich.*

In der oberen Bildreihe zeigt sich bereits nach einer drei-sekündigen Ätzung ein partieller Angriff des Eutektikums (Kreis). Dabei sind bestimmte Bereiche des Eutektikums auch nach längerer Einwirkdauer ätzstabil. Die unterschiedliche Ätzstabilität der homogen erscheinenden Gefüge mit nicht messbaren Unterschieden in der Zusammensetzung, weist auf abweichende Gitterstrukturen in Bezug auf die Gitterfehlordnung oder kristallographische Orientierung hin.

Die Analyse der ätzstabilen Bereiche vor und nach der Ätzung ergeben ein Atomverhältnis von Cobalt zu Wolfram von ca. 3 zu 1, was wiederum auf die kohlenstofffreie Cobalt-Wolfram Verbindung Co_3W hindeutet.

Die untere Bildreihe aus Abbildung 8.24 zeigt unter dem Rückstrahldetektor wolframreiche (helle) Ausscheidungen in einer hartstoffarmen Zone im Segment 2, die der typischen optischen Beschreibung der η-Phase entsprechen. Auch hier ergeben sich bereits nach drei Sekunden großflächig heraus gelöste Gefügebereiche, die sich im ungeätzten Zustand deutlich von den ätzstabilen Bestandteilen unterscheiden. Den Vergleich der EDX-Analysen entlang des in Abbildung 8.24 links dargestellten Pfeils vor und nach der Ätzung zeigt Abbildung 8.25.

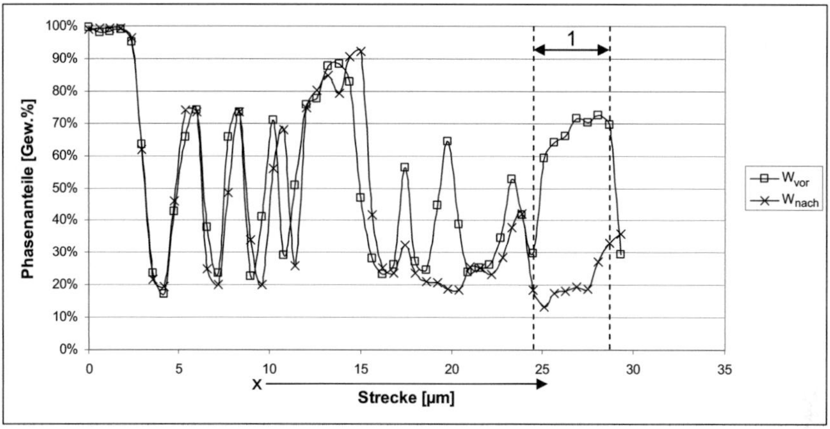

Abbildung 8.25: *Vergleich der EDX-Analysen des Elements Wolfram vor und nach einer Ätzung von drei Sekunden.*

In der Analyse wird lediglich der Wolfram- und Cobaltgehalt ermittelt, wobei der Cobaltgehalt nicht dargestellt wird. Die heraus gelösten Gefügebestandteile befinden sich im markierten Bereich (1). Durch die Ätzung wird ein wolframreicher Gefügebestandteil angegriffen, dessen Anteil vor der Ätzung bei ca. 70 Gew.% liegt. Die Umrechnung in die atomare Zusammensetzung ergibt unter Vernachlässigung des Kohlenstoffgehalts ein Atomverhältnis zwischen Cobalt und Wolfram von 1 : 1. Damit handelt es sich höchstwahrscheinlich um die klassische η-Phase. Es zeigt sich also, dass nicht alle ätzbaren Gefügebestandteile im vorliegenden Fall der klassischen η-Phase zugeordnet werden können.

8.3.3 Analyse des regulären lasergenerierten Hartmetallgefüges

Den optischen Vergleich des lasergenerierten und des sintertechnisch hergestellten regulären Hartmetallgefüges zeigt Abbildung 8.26.

Abbildung 8.26: *Vergleich eines durch Laserauftragschweißen (P_L = 600 W) hergestellten Hartmetallgefüges (li.) mit dem Sinterhartmetall (re.).*

Im regulären Hartmetallgefüge der lasergenerierten Volumenkörper zeigt sich bezüglich des Wolframanteils in der β-Phase analog zu den Verhältnissen in den hartstoffarmen Zonen eine geringe Abhängigkeit von der vertikalen Position innerhalb des Volumenkörpers. Es verbleibt hier jedoch ein geringfügig höherer Wolframanteil in gelöster Form, als in den hartstoffarmen Zonen. Die Ursache ist in den fehlenden eutektischen und intermetallischen Ausscheidungen zu suchen. Bei höheren Leistungen wirken sich auch hier die unterschiedlichen Erstarrungsgeschwindigkeiten, Temperaturniveaus, sowie die Dauer der direkten und indirekten thermischen Beeinflussung auf die Wolframkonzentration aus, so dass bei P_L = 800 W im unteren und mittleren Segment (2, 5) der Wolframanteil infolge der länger andauernden Wärmeeinwirkung auf ca. 25 Gew.% absinkt, während im oberen Spursegment (8) der Wolframanteil nach der Abkühlung immer noch über 30 Gew.% beträgt.

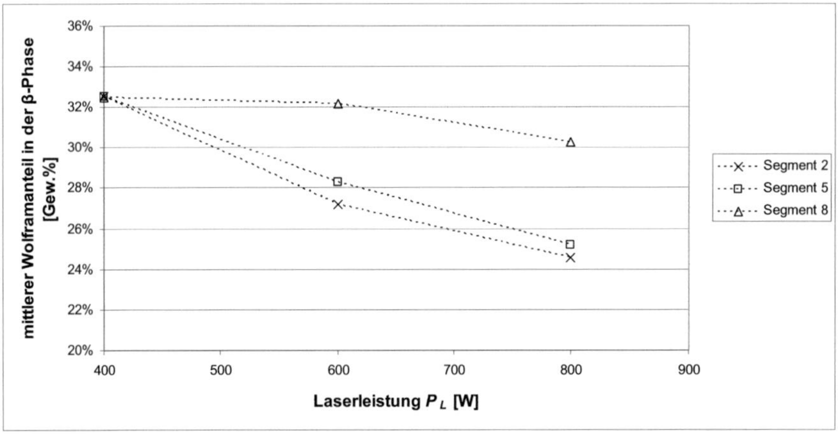

Abbildung 8.27: *Mittlerer Wolframanteil in der β-Phase des regulären Hartmetallgefüges in den 3 Segmenten bei unterschiedlichen Laserleistungen P_L.*

8.4 Parameter der Gefügebildung

Die Bildung von eutektischen Gefügestrukturen und η-Phase findet nach KIEFFER [20] vorwiegend bei rascher Abkühlung der Schmelze und/oder unterstöchiometrischen Kohlenstoffgehalten statt. Beide Fälle sind beim Laserauftragschweißen möglich.

8.4.1 Einfluss der Abkühlgeschwindigkeit auf die Gefügestruktur

Die Abscheide- und Abkühlphase sind unmittelbar miteinander verbunden, weshalb eine isolierte metallographische Untersuchung einer einzelnen Phase nicht ohne weiteres möglich ist. Beim Laserauftragschweißen lassen sich die Abkühlbedingungen nur begrenzt einstellen, so dass eine Untersuchung des Einflusses verschiedener Abkühlraten mit erheblichem Aufwand verbunden ist. Des Weiteren ist zu erwarten, dass die diffusionsbedingten Effekte derart geringe Auswirkungen besitzen, dass sie im nachweislich ortsabhängigen Gefüge der Auftragsspur untergehen. Ein Ansatz, dennoch zumindest qualitative Aussagen über die Vorgänge im Rahmen der Abkühlphase anhand von Gefügeanalysen zu treffen, ergibt sich durch die sintertechnische Verarbeitung des WC-Co-Spritzpulvers.

Für den Modellversuch werden zunächst definierte Mengen des Beschichtungswerkstoffs zu münzenförmigen Grünlingen mit einem Durchmesser von 10 mm und einer Dicke von 4 mm gepresst. Das Einschmelzen der Grünlinge in Quarzglasstäbe in einer Schutzgasatmosphäre sorgt für eine oxidationsfreie thermische Behandlung. Ein Titanblech als Sauerstofffänger soll den allfällig vorhandenen Restsauerstoff in der Schutzgasatmosphäre binden und so einen oxidationsfreien Sinterprozess garantieren.

In einem Hochtemperaturofen erfolgt die Aufheizung der Proben mit 10 K/min auf eine Sintertemperatur von 1400 °C (siehe Tabelle 2.3). Im Kompromiss zwischen der Erzeugung eines Gleichgewichtszustands (vollständige Durchwärmung der Probe) bei einer analog zum Laserprozess möglichst kurzen Erwärmung wird eine Haltezeit von 20 min gewählt. Aufgrund der kurzen Haltedauer und der geringen Eignung der agglomerierten Pulverstruktur für die sintertechnische Verarbeitung weisen die Proben noch Restporosität auf. Bei der gewählten Sintertemperatur sollten sich nach dem quasibinären Zustandschaubild ca. 14 Gew.% des Hartstoffanteils von 88 Gew.% in Lösung befinden.

Zur Quantifizierung der Abkühlraten wird die Abkühlzeit $t_{8/5}$ herangezogen, die nach Kapitel 8.2.3 bei den lasergenerierten Schichten zwischen $2 \cdot 10^2$ und $4{,}2 \cdot 10^2$ K/s angesiedelt ist. Im Rahmen der Sinterversuche wird diese Abkühlrate durch einen tiefgekühlten Stahlblock (T ca. -10 °C) definierter Abmessungen simuliert. Mit einer Wärmebildkamera werden reproduzierbare Abkühlzeiten im Bereich von $t_{8/5} = 4 \cdot 10^2$ bis $4{,}5 \cdot 10^2$ K/s dokumentiert [88].

Abbildung 8.28 gibt einen repräsentativen EDX-Linescan über die β-Phase der Referenzprobe wieder.

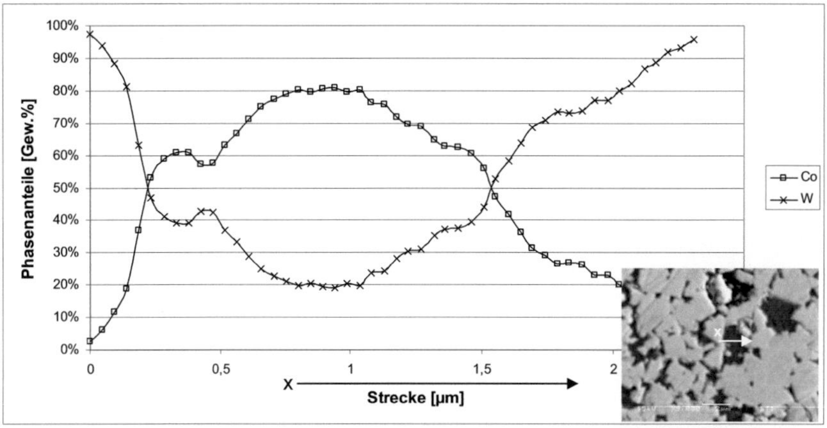

Abbildung 8.28: *Phasenanteile der Elemente W und Co in der β-Phase der Sinterprobe.*

Nach der Abkühlung des Sinterkörpers unter den genannten Bedingungen verbleiben in der β-Phase im Mittel 21 Gew.% Wolfram gelöst, was unter Berücksichtigung des stöchiometrischen Kohlenstoffgehalts in etwa der maximalen Löslichkeit des Wolframcarbids in Cobalt in der festen Phase unmittelbar im Bereich der eutektischen Temperatur entspricht. Der mittlere Hartstoffgehalt stellt sich demnach auf ca. 85 Gew.% ein.

Die angepasste Abkühlung führt also analog zum Laserprozess zu einer partiellen Ausscheidung des gelösten WC aus der flüssigen Phase bis in den Bereich der theoretischen Löslichkeitsgrenze, die aufgrund der hohen Abkühlraten vorwiegend primär gebildet werden. Anhand der für einen Sinterprozess extrem hohen Wolframkonzentration in der festen Phase ist zu erkennen, dass sekundäre Ausscheidungsmechanismen, wie bereits vermutet, auch hier eine untergeordnete Rolle spielen. Das gegenüber den lasergenerierten Schichten erniedrigte Wolframniveau ist mit hoher Wahrscheinlichkeit auf den lang andauernden Aufheizprozess zurückzuführen, durch den sich ein homogener Lösungszustand in der β-Phase einstellen kann. Weiterhin ist die Temperaturüberhöhung beim Laserprozess infolge von Temperaturspitzen deutlich ausgeprägter.

Eutektische Ausscheidungen oder intermetallische Phasen, wie sie im Rahmen des Laserprozesses auftreten, lassen sich bei den Sinterproben selbst bei höchsten Vergrößerungen nicht nachweisen.

Auch das Abschrecken weiterer Proben mit maximal möglicher Geschwindigkeit in einer eiskalten Salzlösung ($t_{8/5} \approx 10^3$ K/s) ergibt einen gelösten Wolframanteil von im Mittel ca. 21 Gew.%, so dass der Einfluss der Abkühlphase auf die Hartstoffauflösung infolge sekundärer Umwandlungen bei den herrschenden hohen Abkühlraten eine untergeordnete Rolle spielt.

Die Tatsache, dass im Rahmen des verlustfreien Modellversuchs mit anschließender Abschreckung bei allen Proben weder η-Phasen noch Eutektika festzustellen sind, lässt den Schluss zu, dass deren Entstehung auch beim Laserprozess nicht primär auf die Abkühlrate zurückzuführen ist. Allerdings entspricht der Lösungszustand des Wolframcarbids im Rahmen der Sinterversuche in der Aufheizphase, im Gegensatz zu der lasertechnischen Verarbeitung, den Verhältnissen des quasibinären WC-Co-Phasendiagramms, so dass sich mit diesem Versuch Abhängigkeiten von den Lösungszuständen nicht darstellen lassen.

8.4.2 Gefügeveränderungen durch Wärmebehandlung bei 1050 °C

Entsprechend des Ergebnisses aus dem Modellversuch aus dem vorangegangenen Kapitel kristallisiert sich der Kohlenstoffgehalt als dominierender Faktor für die Bildung dritter Phasen heraus. Kohlenstoff kann dem Prozess entweder durch Gasreaktionen verloren gehen oder in der β-Phase gelöst vorliegen. In letzterem Fall befindet sich das Gefüge in einem metastabilen Zustand.

Um diesen metastabilen Zustand der übersättigten β-Phase der lasergenerierten Volumenkörper in ein stabiles Gefüge zu überführen, wird die Probe bei einer Temperatur von 1050 °C für vier Stunden geglüht. Die Aufheizung und Abkühlung erfolgt mit einer geregelten Heizrate von 10 K/min. Der Versuch findet analog zum Modellversuch aus dem vorhergehenden Kapitel unter Sauerstoffausschluss in einem Glaskolben statt.

Abbildung 8.29 zeigt einen identischen Gefügebereich aus dem untersten Segment (2) vor und nach der Glühbehandlung für einen hartstoffarmen Bereich.

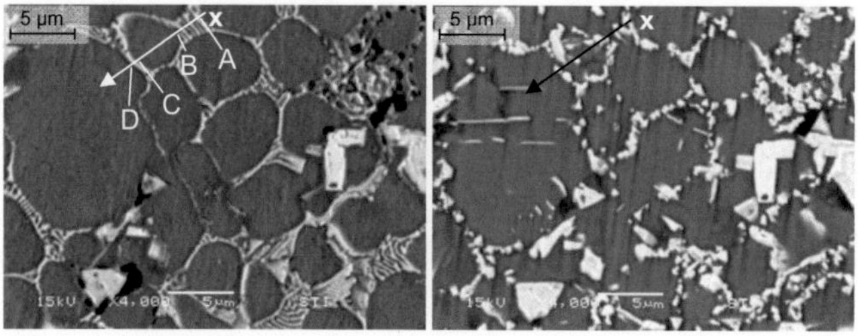

Abbildung 8.29: *Gefüge im lasergenerierten Volumenkörper vor (li.) und nach (re.) einer Wärmebehandlung bei 1050 °C über 4 h.*

Die thermische Aktivierung führt zu Ausscheidungen, die vorrangig an den Korngrenzen auftreten. Innerhalb der Zellen scheiden sich feinste nadelige, zeilige sowie punktuelle Gefügephasen aus. Das feinlamellare Eutektikum wird dabei vollständig in grobkörnige Bestandteile umgewandelt.
Eine Interpretation der ausgeschiedenen Phasen vor (Abbildung 8.30) und nach (Abbildung 8.31) der Wärmebehandlung erfolgt anhand der jeweiligen EDX-Analysen.

Der Vergleich der beiden Elementverteilungen zeigt deutliche Gefügeveränderungen infolge der Glühbehandlung. Mit der Umwandlung der Phasen geht eine Verbreiterung der Korngrenzen einher. Im Bereich AB ist die Diffusion des Wolframs in die Korngrenzenausscheidung anhand der hellen Erscheinung zu erkennen. Während in dieser Zone vor der Glühung ein Verhältnis von ca. 47 Gew.% Co zu 53 Gew.% W (Atomverhältnis Co zu W ca. 3:1) vorliegt, verschiebt sich die Konzentration des Wolframs durch die Glühung auf Werte im Bereich von 80 Gew.% W (Atomverhältnis Co zu W ca. 1:1).

Entsprechend den Atomverhältnissen handelt es sich bei der Korngrenzenausscheidung vor der Glühung mit hoher Wahrscheinlichkeit um die metastabile intermetallische Verbindung Co_3W (δ-Phase), die sich durch die Glühung zu einer η-Phase (Co_3W_3C oder Co_6W_6C) umwandelt, worauf das symmetrische Atomverhältnis Co zu W hindeutet. Somit scheint tatsächlich Kohlenstoff in gelöster Form im metastabilen Gefüge vorhanden zu sein.

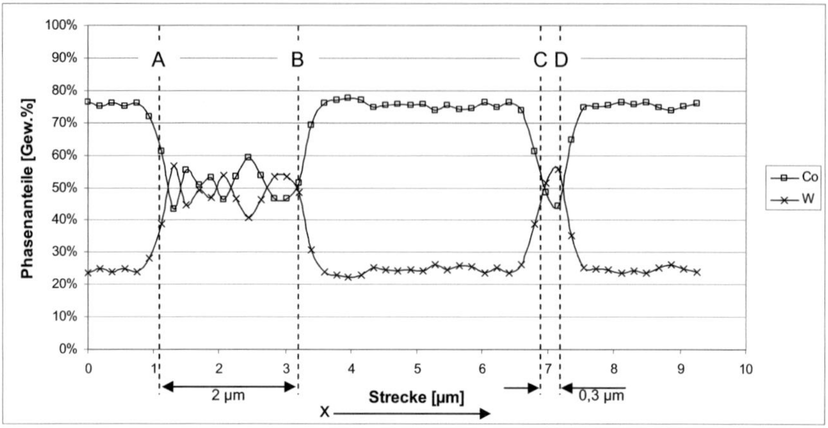

Abbildung 8.30: *EDX-Linescan über die zellulare Struktur entlang des Pfeils „x" vor der Glühbehandlung.*

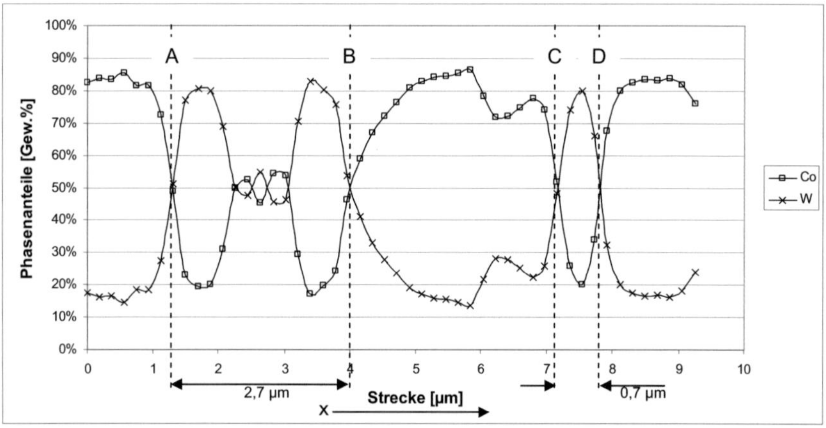

Abbildung 8.31: *EDX-Linescan über die zellulare Struktur entlang des Pfeils „x" nach 4 h Glühbehandlung bei 1050 °C.*

Die Bildung der η-Phase beim Laserauftragschweißen läuft demnach zumindest partiell über die metastabile δ-Phase ab und nicht wie beim Sinterprozess durch Direktausscheidung. Die Ursache ist vermutlich in den unterdrückten Diffusionsvorgängen infolge der hohen Abkühlraten zu suchen. Der limitierende Faktor ist hier nicht das kleine Kohlenstoffatom, sondern vielmehr das große und diffusionsträge Wolfram. Da die η-Phase einen im Vergleich zur δ-Phase deutlich höheren Wolframgehalt aufweist, sind zur Bildung der η-Phase längere Diffusionszeiten erforderlich, die im Rahmen der schnellen Abkühlung beim Laserprozess nicht zur Verfügung stehen.

Von ähnlichen Vorgängen berichten SCHWETZKE und KREYE [94] auch beim Flammspritzen, wo sich eine amorphe Phase durch Glühung zu Co_3W_3C und Co_6W_6C umwandelt. In der β-Phase nimmt der Wolframanteil durch die Glühbehandlung um bis zu 5 Gew.% ab. Dabei ist eine deutliche Abhängigkeit von der Spurhöhe festzustellen.

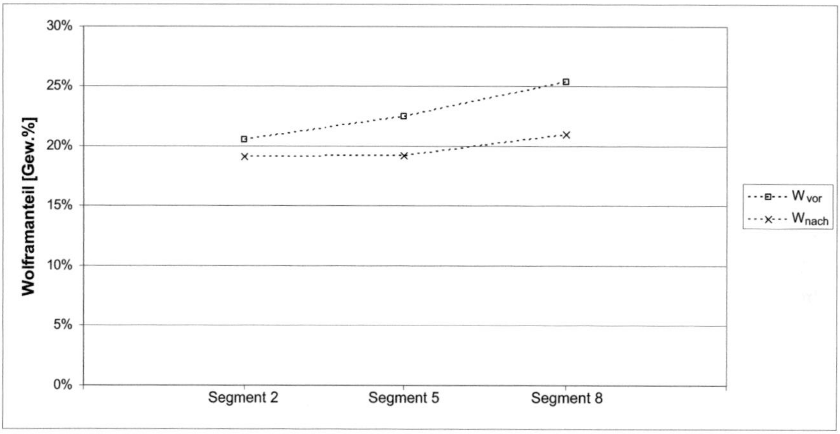

Abbildung 8.32: *Wolframanteil über die vertikalen Segmente (2, 5, 8) vor und nach der Glühung.*

Der in der β-Phase gelöste Wolframgehalt nähert sich durch die Glühung einem über die Spurhöhe homogenen Zustand und liegt nach der Glühung knapp unter 20 Gew.%, was in etwa der theoretischen Löslichkeit des Wolframcarbids in der festen Cobaltphase entspricht. Lediglich im oberen Spursegment ist eine erhöhte Wolframkonzentration festzustellen, die mit hoher Wahrscheinlichkeit durch den sehr hohen Wolframgehalt vor der Wärmebehandlung bedingt ist und bei einer längeren Glühdauer ebenfalls in den Bereich der maximalen Löslichkeit abfallen sollte.

8.4.3 Prozessbedingte Entkohlung des Pulverwerkstoffs

Dass ein eventuell unterstöchiometrischer Kohlenstoffhaushalt nicht bereits im Ausgangszustand des Pulverwerkstoffs begründet ist, zeigen die Ergebnisse im Rahmen der Charakterisierung des Pulverwerkstoffs, wo der Kohlenstoffgehalt mit 5,5 Gew.% ermittelt wird.

Ein mit dem Hartstoffverlust einhergehender so genannter Kohlenstoffabbrand und die dadurch bedingte Bildung spröder Phasen tritt auch bei anderen thermischen Beschichtungsverfahren auf, insbesondere bei den Thermischen Spritzverfahren, wo die Erhitzung bzw. Aufschmelzung des Pulverwerkstoffs in einer oxidierenden Atomsphäre erfolgt [93]. Der in der Schmelze gelöste Kohlenstoff verbindet sich an der Partikel- bzw. Schichtoberfläche durch Oxidationsreaktionen mit Sauerstoff zu z.B. $2C + O_2 \rightarrow 2CO$ und verflüchtigt sich als Kohlenstoffmonooxid oder -dioxid.

Der Kohlenstoffverlust bewegt sich dort für ähnliche Pulverwerkstoffe abhängig von den Prozessparametern zwischen 24 % und 67 % [94].

In welchem Ausmaß ein Kohlenstoffverlust innerhalb der Flugphase der laserbestrahlten Partikel auftritt, soll im Folgenden unter Verwendung eines Kohlenstoff-Analysators LECO CS244 ermittelt werden. Bei diesem Verfahren werden 0,5 g des entsprechenden Pulverwerkstoffs in einem Sauerstoffstrom verbrannt und die Infrarotabsorption des entstehenden Kohlenstoffdioxids gemessen. Die Messgenauigkeit gibt der Anlagenhersteller mit ±0,1 % des Messwertes an [98].

Für die Untersuchungen werden laserbestrahlte Pulverpartikel aus dem Versuch aus Kapitel 7.2 verwendet. Die Versuche werden neben der Verwendung der Standard-Schutzgaszufuhr der Pulverdüse auch mit einer verbesserten Schutzgasatmosphäre durchgeführt. Hierzu wird der gesamte Versuchsaufbau in einem dichten Glasgehäuse aufgebaut. Dieses wird vor Versuchsbeginn mehrmals evakuiert und mit Schutzgas gespült. Während des Versuchs wird die Atmosphäre durch permanente Schutzgaszufuhr aufrechterhalten. Den Kohlenstoffgehalt in Abhängigkeit der Laserleistung zeigt Abbildung 8.33.

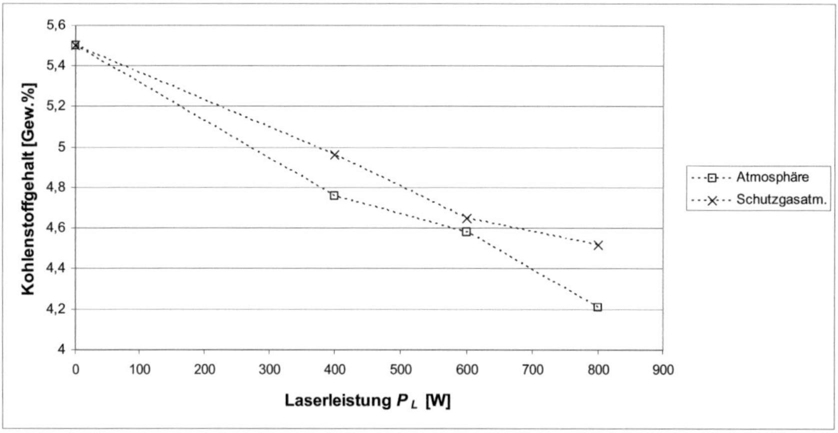

Abbildung 8.33: *Kohlenstoffgehalt im Pulverwerkstoff nach der Flugphase in Abhängigkeit der Laserleistung P_L und der Atmosphäre.*

Demnach verflüchtigt sich auch beim Laserauftragschweißen mit zunehmender Laserleistung ein zunehmender Anteil des Kohlenstoffs durch den oben beschriebenen Mechanismus. Bei P_L = 800 W hat sich unter Verwendung der Standard-Schutzgaszufuhr der Kohlenstoffgehalt bereits um ca. 22 % auf 4,3 Gew.% reduziert, was für das Hartmetallgefüge bereits eine gravierende Unterstöchiometrie darstellt. Damit liegt der Kohlenstoffabbrand beim Laserauftragschweißen geringfügig unterhalb des Verlusts bei den thermischen Spritzverfahren, was auf eine erhebliche Sauerstoffkonzentration hindeutet.

Durch den Kohlenstoffverlust wird der enge Toleranzbereich der WC-Ausscheidung verlassen und in das Gefügegebiet der η-Phase verschoben. Dies zeigt Abbildung 8.34, worin der Punkt P_1 die Ausgangszusammensetzung bei stöchiometrischem Kohlenstoffgehalt repräsentiert.

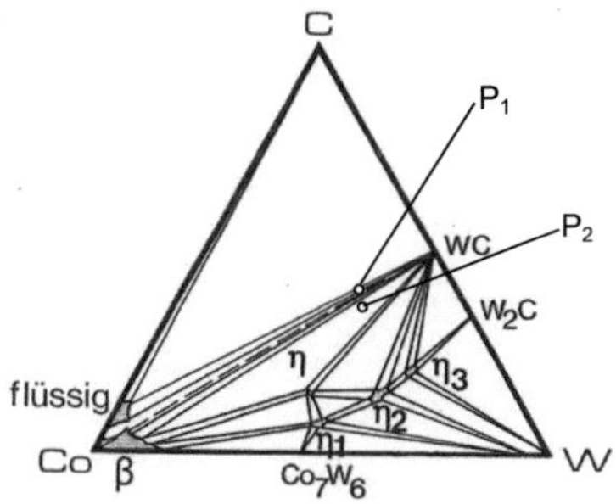

Abbildung 8.34: *Gefügeverschiebung in das η-Phasengebiet infolge des Kohlenstoffverlusts im isothermen Schnitt bei 1400°C nach Pollock und Stadelmaier [7].*

Der Punkt P_2 stellt die Zusammensetzung beim unterstöchiometrischen Kohlenstoffgehalt von 4,3 Gew.% im isothermen Schnitt bei 1400°C für den Gleichgewichtszustand dar.
Auch bei der verbesserten Schutzgasatmosphäre liegt der Kohlenstoffverlust mit rund 18 % zum Ausgangsgehalt recht hoch, so dass Sauerstoff höchstwahrscheinlich nicht ausschließlich durch die Atmosphäre an den Prozess gelangt. Hierauf wird in Kapitel 10 näher eingegangen.

8.5 Zusammenfassung und Diskussion der Untersuchungsergebnisse zur Hartstoffauflösung

Die vorangegangenen Untersuchungen verdeutlichen die Vielschichtigkeit der Hartstoffauflösung beim Laserauftragschweißen.
Innerhalb der Flugphase finden infolge der Laserbestrahlung erstmals wesentliche Auflösungsvorgänge statt. Dabei hängt der Auflösungsgrad sehr stark von der Laserleistung ab, so dass der Hartstoffanteil in den Pulverpartikeln im untersuchten Parameterbereich auf bis zu 74 Gew.% absinkt.
In der Abscheidephase und Abkühlphase erfolgen im Zuge der Kristallisation Ausscheidungsvorgänge. Dass neben den Ausscheidungen weitere Auflösungsvorgänge stattfinden müssen, zeigt sich vor allem bei kleinen Laserleistungen (P_L = 400 W), wo sich innerhalb der Abscheide- und Abkühlphase weiterhin Hartstoffe auflösen.
Die Auswirkungen der thermischen Beeinflussung auf den Hartstoffanteil im Gesamtgefüge lassen sich bei bekannter Ausgangszusammensetzung mit Hilfe der Zusammensetzung der β-Phase abschätzen. Einen Überblick der über die Spurhöhe (P_u, P_m, P_o) gemittelten Werte der prozessbedingten Veränderungen des Hartstoffgehalts zeigt Abbildung 8.35.

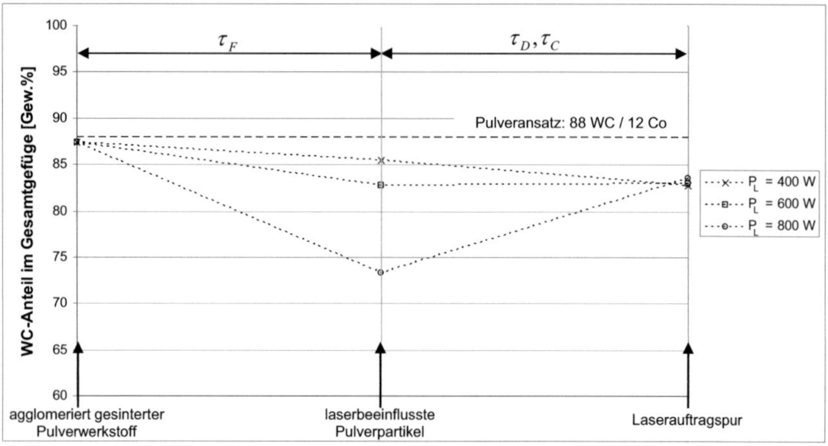

Abbildung 8.35: *Berechnete Veränderung des Hartstoffanteils im Gesamtgefüge durch Auflösungs- und Ausscheidungsvorgänge über die Phasen des Auftragprozesses bei unterschiedlichen Laserleistungen P_L.*

Demnach liegt der berechnete Hartstoffgehalt der fertigen Laserauftragspur zunächst unabhängig von der Leistung im Mittel immer im Bereich von 83 Gew.%. Da das Berechnungsmodell nur den in der β-Phase gelösten Wolframanteil berücksichtigt, ist dieses aufgrund der mit der Laserleistung zunehmenden wolframreichen Ausscheidungen bei hohen Leistungen nur noch eingeschränkt gültig, da Ausscheidungen in der Berechnung nicht erfasst werden. Hieraus erklärt sich der Unterschied des in Kapitel 6.2.2 anhand einer rechnergestützten Bildanalyse über den gesamten Querschnitt ermittelten mittleren Hartstoffgehalts von ca. 74 Gew.% zum berechneten mittleren Hartstoffgehalt von 83 Gew.%. Der mittlere Hartstoffgehalt entsprechend der Bildanalyse, folgt aus der Mittelwertbildung detaillierter Analysen über die Zusammensetzung der β-Phase in den beiden wesentlichen Gefügebereichen (hartstoffarme Zonen und reguläres Hartmetallgefüge) aus Abbildung 8.23 und Abbildung 8.27.

Der nicht gelöste Hartstoffanteil in den Pulverpartikeln nach der Flugphase aus Abbildung 8.4 liegt ebenfalls bei ca. 74 Gew.%. Die Verteilung der Hartstoffgehalte in den einzelnen Segmenten deutet jedoch darauf hin, dass der mittlere Hartstoffgehalt im Volumenkörper nicht direkt mit dem Hartstoffgehalt des laserbeeinflussten Pulvers zusammenhängt. So ergeben sich im Rahmen der rechnergestützten optischen Gefügecharakterisierung aus Abbildung 6.9 die maximalen Hartstoffgehalte der einzelnen Segmente insbesondere im obersten Drittel des Volumenkörpers zu ca. 79 Gew.%. Der Vergleich mit dem Hartstoffgehalt im laserbeeinflussten Pulver zeigt, dass sich maximal 5 Gew.% der gelösten Hartstoffe wieder als solche ausscheiden. Insbesondere in den unteren Segmenten liegen die Hartstoffgehalte unterhalb von 74 Gew.%, was einerseits durch zusätzliche Lösungsvorgänge im Rahmen der Abscheidephase und andererseits durch den größeren Anteil an dritten Phasen verursacht wird, welche erhebliche Wolframanteile binden.

Die Ergebnisse der Analysen lassen eine qualitative Interpretation der Auflösungsvorgänge innerhalb der einzelnen thermischen Phasen des Auftragsprozesses sowie eine Abschätzung des jeweiligen Gradienten zu.

Aufgrund der rapiden Aufheizung der Partikel in der Flugphase verläuft der Auflösungsgradient im festen Aggregatzustand trotz der steigenden Löslichkeit des Wolframcarbids im Cobalt relativ flach. Das Erreichen der Schmelztemperatur des Eutektikums äußert sich in einem Knick der Gradientenkurve. Die rasche Temperaturzunahme führt in Kombination mit der starken Überhitzung der Schmelze bis auf über 2000 °C (für P_L > 600 W) zu einer exponentiellen Zunahme der Hartstoffauflösung und damit zu einer ebenso exponentiellen Abnahme des Hartstoffanteils im Gesamtgefüge.

Da die Schmelze bei hohen Laserleistungen noch über die Abscheidephase hinweg existent ist, lösen sich innerhalb dieser Zeit weitere Hartstoffe auf. Der Gradient zeigt hier infolge der Abkühlung jedoch einen relativ flachen Verlauf. An der fest-flüssig Phasengrenze kommt es in einem Zeitraum von wenigen 10-100 ms zu Ausscheidungsvorgängen innerhalb derer das gelöste Wolfram in unterschiedliche Verbindungen überführt wird.

Die Bewertung der diffusionsbedingten Veränderungen des Hartstoffgehalts infolge der Abkühlung ergibt im Rahmen des Modellversuchs durch Sintern keinen messbaren Einfluss. Somit geht der Gradient in der Abkühlphase gegen Null.

Aus diesen Erkenntnissen kann mit Hilfe von Messwerten (in Abbildung 8.36:▪) als Stützpunkte der Verlauf des Gradienten der Hartstoffauflösung (in Abbildung 8.36: —) qualitativ dargestellt werden (siehe Abbildung 8.36). Zur Betonung der Temperaturabhängigkeit des Gradienten ist zusätzlich ein geglätteter Temperaturverlauf des Punktes P_u aus dem Segment 2 für P_L = 800 W eingetragen.

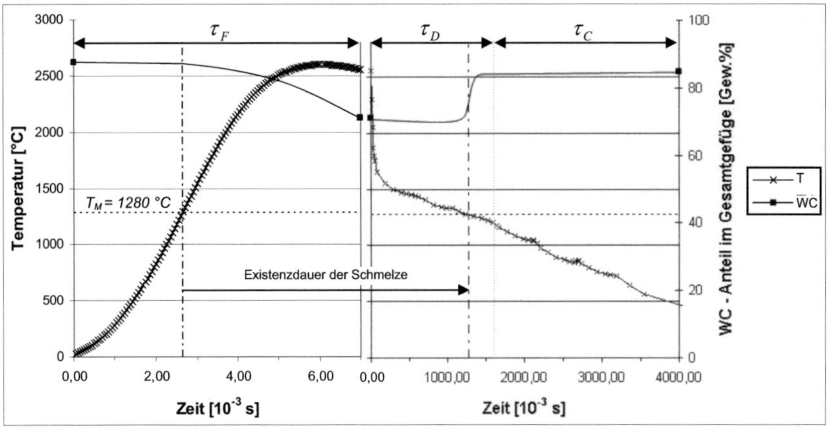

Abbildung 8.36: *Qualitativer Verlauf des Hartstoffanteils im Spursegment 2 über Flugphase τ_F, Abscheidephase τ_D und Abkühlphase τ_C in Abhängigkeit der Zeit und Temperatur T für eine Laserleistung P_L = 800 W.*

Dieses Verhalten gilt qualitativ sowohl für die hartstoffarmen Zonen, wie auch für das reguläre Hartmetallgefüge in den lasergenerierten Volumenkörpern. In beiden Bereichen liegt nach der Abkühlung unabhängig von der Laserleistung im zentralen oberen Segment (8) die höchste Wolframkonzentration vor, was in der im Vergleich zu den darunter liegenden Segmenten geringeren thermischen Wechselwirkungszeit und dem fehlenden Konzentrationsausgleich begründet ist. Im regulären Hartmetallgefüge variiert der Wolframgehalt zwischen 24 Gew. % und 33 Gew.%.

Vor allem in den hartstoffarmen Zonen liegen neben dem Wolframmonocarbid weitere Wolframverbindungen in Form von intermetallischen Phasen und Eutektika vor. Die Eutektika bilden sich in diesen Bereichen relativ großflächig und binden somit eine große Menge Wolfram, weshalb der Wolframgehalt dort nur zwischen 20 Gew.% und 30 Gew.% liegt. Im Gegensatz zu den regulären Hartmetallgefügen ist in den hartstoffarmen Zonen keine Tendenz zur Homogenisierung des Wolframgehalts feststellbar.

Grundsätzlich führt eine erhöhte Laserleistung auch zu einem erhöhten Anteil von Ausscheidungen, was durch die zunehmende Übersättigung der Schmelze verursacht wird. Dabei zeigt sich von unten nach oben eine tendenzielle Abnahme der ätzbaren η-Phase zugunsten ätzstabiler Ausscheidungen, die höchstwahrscheinlich vom Typ δ-Phase (Co_3W) sind. Dies ist vermutlich auf die längere thermische Einwirkdauer in den unteren Segmenten der Volumenkörper zurückzuführen, wodurch sich die δ-Phase partiell sekundär in die η-Phase umwandelt.

Dass die Bildung von intermetallischen Phasen und Eutektika nicht ausschließlich auf die hohen Abkühlraten zurückzuführen ist, zeigt einerseits der modellhafte Sinterversuch. Andererseits sind die Abkühlraten bei geringen Laserleistungen deutlich größer, so dass dort im Falle einer Abhängigkeit von der Abkühlrate eine verstärkte Bildung der intermetallischen Phasen auftreten sollte. Tatsächlich finden sich diese jedoch verstärkt bei höheren Laserleistungen. Einen größeren Einfluss als die Abkühlrate auf die Bildung derartiger Gefüge, ist daher dem prozessbedingten Kohlenstoffverlust zuzuschreiben, der beim Laserauftragschweißen mit hohen Laserleistungen in ähnlichen Größenordnungen auftritt wie beim Thermischen Spritzen. Somit stünde selbst bei langsamer Abkühlung nicht ausreichend Kohlenstoff zur Verfügung, um die gelösten Hartstoffe wieder vollständig aus der β-Phase auszuscheiden.

Die Eingrenzung der Spitzentemperaturen über die β-WC_z - und W_2C-Phase zeigt, dass der Verlust nicht durch Kohlenstoffabgabe der Hartstoffe infolge einer Umwandlung ausgelöst wird. Vielmehr wird der in der Schmelze aus aufgelösten Hartstoffen gelöste Kohlenstoff durch die Anwesenheit von Sauerstoff gebunden und verflüchtigt sich als CO-Gas.

9 Korngröße und Kornwachstum der Hartstoffphase

9.1 *Definitionen, Ursachen und Mechanismen des Wachstums von Hartstoffpartikeln*

Im Rahmen der folgenden Betrachtungen soll ausschließlich die Teilchenvergröberung der Hartstoffpartikel durch die lasertechnische Verarbeitung untersucht werden. Dabei sind beim vorliegenden Werkstoffsystem Co-W-C aufgrund der Löslichkeit von WC in Co grundsätzlich zwei Wachstumsmechanismen zu unterscheiden.

Im ersten Fall handelt es sich um das reale Wachstum einzelner Hartstoffpartikel, welches dadurch geprägt ist, dass unaufgelöste Partikel in der Schmelze als Keime fungieren. Bei der Kristallisation der Schmelze scheidet sich bevorzugt an diesen Keimen – für den vorliegenden Fall – Wolframcarbid unter Wachstum der Partikel ab.

Der zweite Fall tritt insbesondere bei den für Hartmetall üblichen hohen Hartstoffdichten auf, wenn sich Grenzflächen der Hartstoffpartikel berühren. Dort kann mit fortschreitender Einwirkdauer der Wärmeenergie die Vereinigung von Hartstoffpartikeln beobachtet werden, deren Ausprägungen von punktuellen Verbindungen bis hin zu einer vollständigen Verschmelzung reichen. Durch das partielle Zusammenwachsen der Hartstoffe entsteht das bereits bekannte Hartstoffskelett. Abhängig von den thermodynamischen Eigenschaften des Systems kann sich diese Vereinigung sowohl durch Diffusion, als auch durch Wachstum infolge von Ausscheidungen vollziehen. Dieser Prozess wird als Koaleszenz bzw. Koagulation bezeichnet. Definitionsgemäß tritt bei der Koaleszenz im Gegensatz zur Koagulation eine flüssige Phase auf [89]. In der Regel sind koagulierte Partikel durch Adhäsionskräfte verbunden. Durch Koaleszenz vereinigte Partikel bilden so genannte Aggregate, die flächig oder an den Kanten stoffschlüssig miteinander verbunden sind [105].

9.2 *Wachstum der Hartstoffpartikel in der Flugphase*

Aus den Versuchen zur thermischen Beeinflussung der Pulverpartikel in der Flugphase (Kapitel 7.2) können auch Informationen zum Kornwachstum der Hartstoffphase innerhalb der Flugphase extrahiert werden. Durch die Anwendung der modifizierten Linearanalyse an der Hartstoffphase im Schliff der Pulverpartikel ergibt sich im Mittel der in Abbildung 9.1 dargestellte Wachstumsverlauf.

Das Wachstum der Hartstoffpartikel steht demnach in Abhängigkeit zur Laserleistung, respektive der daraus resultierenden Partikeltemperatur. Die dennoch moderaten Wachstumsraten der Hartstoffpartikel in den agglomeriert-gesinterten Partikeln speziell für die höheren Laserleistungen sind durch den, verglichen mit dem regulären Verhalten bei entsprechenden Temperaturen, geringen Auflösungszustand der Hartstoffe bei geringen Laserleistungen und dem geringen Ausscheidungsgrad bei hohen Laserleistungen begründet. Durch die hohe Aufheiz- und Abkühlgeschwindigkeit ergeben sich zudem nur geringe Diffusionslängen.

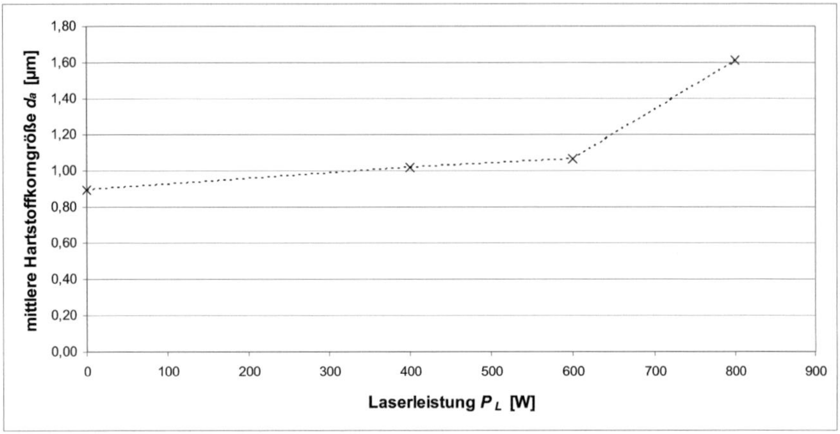

Abbildung 9.1: *Mittlere Korngröße d_a der Hartstoffphase in Pulverpartikeln nach der Laserbestrahlung in Abhängigkeit der Laserleistung P_L.*

9.2.1 Ostwald-Reifung

Die klassische Teilchenvergröberung von Hartstoffpartikeln wird in der Sintertechnik durch die so genannte Ostwald-Reifungstheorie beschrieben.

Das grundlegende Prinzip, das sich hinter dieser Theorie verbirgt, ist eine Erkenntnis, die auf den Chemiker W. Ostwald zurückgeht, nach der kleinere Teilchen in einer Lösung eine größere Löslichkeit aufweisen, als große. Die Ursache liegt in einem größenabhängigen chemischen Potenzial von Teilchen in einer Lösung, weshalb große Teilchen auf Kosten kleiner wachsen [99]. Die Triebkraft ist das Bestreben nach einer möglichst geringen inneren Energie des Systems. Eine Dispersion, als die eine Schmelze mit eingelagerten Hartstoffpartikeln verstanden werden kann, kann ihr Energieniveau senken, indem sie den Gehalt an Grenzflächen durch Umlagerungsvorgänge reduziert. Das dominierende Transportprinzip ist dabei die Volumendiffusion. Der Teilchenstrom bewegt sich hin zu den wachsenden bzw. weg von den sich auflösenden Hartstoffpartikeln [73]. Im Gegensatz zur Koaleszenz ist für diesen Wachstumsmechanismus kein gegenseitiger Kontakt der Hartstoffpartikel erforderlich [37].

Zur Erklärung der Ostwald-Reifung wurden im Laufe der Jahre eine Reihe spezifischer Theorien entwickelt. Die bekannteste ist die so genannte LSW-Theorie, die Anfang der sechziger Jahre von Lifshitz, Slyozov und Wagner entwickelt wurde und die Vergröberung von kugelförmigen Partikeln in einer homogenen Matrix beschreibt. Dabei wurden verschiedene Annahmen getroffen, die mit realen Systemen nur bedingt übereinstimmen. Diese werden von VOLKMANN [99] und STYRSA [113] ausführlich beschrieben.

Die am häufigsten verwendete Grundgleichung (Gleichung 9.1) zur Beschreibung der Ostwald-Reifung ist die so genannte Gibbs-Thomson- oder Ostwald-Freundlich-Gleichung [74, 111].

$$\ln\frac{c_r}{c}=\frac{1}{r_P}\cdot\frac{2\varphi\gamma}{RT}$$ **Gleichung 9.1 [74]**

mit dem Molvolumen des festen Stoffes φ:

$$\varphi=\frac{M}{\rho}$$ **Gleichung 9.2 [74]**

Die Interpretation von Gleichung 9.1 führt zur Erkenntnis, dass sich in Abhängigkeit der Molmasse M des festen Stoffes und der Grenzflächenspannung γ_{sl} zwischen Schmelze und Hartstoff für Partikel mit dem Radius r_P eine Löslichkeit c_r ergeben kann, welche die Sättigungskonzentration c übersteigt. Die Umformung von Gleichung 9.1 führt zu einer modifizierten Form der Gibbs-Thomson-Beziehung und ermöglicht die Berechnung eines kritischen Teilchenradius r_K [91].

$$r_K=\frac{2\gamma_{sl}\varphi}{RT\cdot\Pi}$$ **Gleichung 9.3 [74]**

mit der Übersättigung der Flüssigphase Π:

$$\Pi=\ln\frac{c_r}{c}$$ **Gleichung 9.4 [74]**

Es existieren demnach Teilchen mit einem kritischen Radius r_K, die energetisch instabil sind und bei denen es entweder zum Wachstum oder zur Auflösung der Teilchen kommen kann. Teilchen der Größe $r < r_K$ schrumpfen und lösen sich auf, Teilchen mit $r > r_K$ wachsen auf Kosten der Teilchen $r < r_K$ [73, 74, 65]. Im Folgenden soll eine Abschätzung des kritischen Teilchenradius für das vorliegende System WC-Co durchgeführt werden. Die Grenzflächenspannung ergibt sich nach KLOSE [92] zu:

$$\gamma_{sl}(T)=\frac{\alpha_m\cdot\Delta S_f}{(N_A\cdot V_{mol}{}^2)^{\frac{1}{3}}}\cdot T$$ **Gleichung 9.5 [92]**

Hierbei ist α_m eine kristallgitterabhängige Strukturkonstante, ΔS_f die Schmelzentropie, N_A die Avogadro-Konstante und V_{mol} das molare Volumen der Schmelze. Nach KLOSE [92] liegen die Grenzflächenspannungen der fest-flüssig Phasengrenzen bei metallischen Schmelzen im Bereich von 100 – 300 mN/m.

Eine Abschätzung des kritischen Teilchenradius r_K in Abhängigkeit der Übersättigung zeigt Abbildung 9.2 am Phasenübergang fest-flüssig (T_M = 1280 °C). Die festgestellten realen Übersättigungen der Schmelze sind im vorliegenden System zwischen 1 und 1,6 angesiedelt. Demnach nimmt der kritische Teilchenradius exponentiell mit der Übersättigung der Schmelze ab, so dass bei kleinen Übersättigungen auch sehr große Teilchen aufgelöst werden.

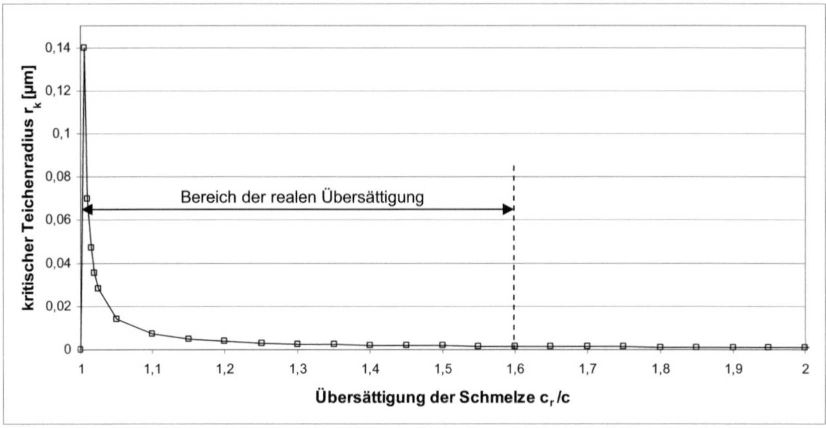

Abbildung 9.2: *Abgeschätzter kritischer Teilchenradius r_K in Abhängigkeit der Übersättigung der Schmelze für das vorliegende WC-Co-System bei 1280°C.*

Bei größeren Übersättigungen hingegen liegt der kritische Teilchenradius um ein bis zwei Größenordnungen unterhalb der vorliegenden mittleren Partikelgröße (im Bereich von 1 µm) der Hartstoffe.

Der Bildvergleich eines unbeeinflussten und eines kurzzeitig (7 ms) laserbestrahlten Pulverpartikels in Abbildung 9.3 zeigt, dass auch die Teilchenvergröberung beim Laserauftragschweißen zu einer Reduktion der Anzahl kleiner Hartstoffpartikel führt. Allerdings liegen die Radien bzw. Durchmesser der verschwundenen kleinen Hartstoffpartikel um Faktor 10^2-10^3 oberhalb des abgeschätzten kritischen Teilchenradius.

Abbildung 9.3: *Pulverpartikel im Schliff im Ausgangszustand (li.) und nach thermischer Beeinflussung mit P_L = 800 W mit ausgeprägter Koaleszenz (re.).*

Die Laserbestrahlung führt zudem zu einer Formänderung der Hartstoffpartikel. Aus der typischen drei- bzw. viereckigen Form entwickeln sich polyedrische Partikel mit abgerundeten Ecken und Kanten. Diese Formänderungen werden in geringerer Ausprägung auch beim klassischen Sinterprozess beobachtet.

Ebenfalls zu erkennen ist die bereits beschriebene Koaleszenz von Hartstoffpartikeln. Die klassische diffusionsgesteuerte Teilchenvergröberung überlagert sich somit mit der Koaleszenz, was eine isolierte Untersuchung der beiden Effekte erschwert. Eine Abschätzung, welcher der beiden Wachstumseffekte dominiert, kann über die Größenordnung des Wachstums getroffen werden, da die Koaleszenz im Gegensatz zur Ostwald-Reifung zu einem sprunghaften Kornwachstum führt.

9.2.2 Koaleszenz

Voraussetzung für die Koaleszenz ist das Zusammenrücken der Hartstoffpartikel auf geringe Abstände bzw. im Idealfall eine Berührung der Hartstoffgrenzflächen, was mit zunehmendem Hartstoffgehalt progressiv gegeben ist. Die Entwicklung der Polyederform führt simultan zu ebenen Grenzflächen, wodurch eine dichtere Packung der Hartstoffpartikel ermöglicht wird. Insbesondere bei fortgeschrittenem Wachstum (Abbildung 9.3 re.) ist zu erkennen, dass sich die Grenzflächen der Partikel zunehmend aneinander anpassen. Die Berechnung des Partikelwachstums erweist aufgrund unzureichender Realitätsnähe der Berechnungsmodelle sowie zahlreicher Abhängigkeiten als schwierig. Einen Ansatz stellen EGGERSDORFER und PRATSINIS in [29] vor.

In der Sintertechnik wird dieses Phänomen durch das Modell der Kontaktabflachung nach KINGERY beschrieben und sei anhand Abbildung 9.4 erläutert [73, 74].

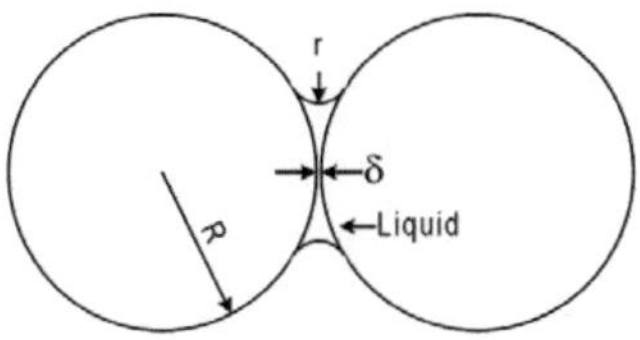

Abbildung 9.4: *Prinzip der Kontaktabflachung nach KINGERY [74].*

Das Modell basiert auf der Annahme, dass zwischen vollständig benetzten Partikeln stets ein Schmelzefilm der Dicke δ verbleibt. Gemäß KINGERY sind im schmelzflüssigen Zustand zwei Kraftkomponenten für den Zusammenhalt von Teilchen verantwortlich. Zum einen führt die Oberflächenspannung zu einer hydrostatischen Zugspannung in der Schmelze, die sich als Druckspannung auf alle benetzten Bereiche überträgt. Zum anderen entstehen Kräfte infolge der Kapillarwirkung des Schmelzefilms [74, 75]. Damit unterliegt die Schmelze zwischen den Hartstoffpartikeln einer gegenüber der Restschmelze erhöhten Druckspannung. Infolge dieser Druckspannung erhöht sich das chemische Potenzial und damit die Löslichkeit des Wolframcarbids in der Schmelze. Der Löslichkeitsunterschied Δc_i ergibt sich nach Gleichung 9.6 [77].

$$\Delta c_i = \frac{c_i \cdot \Delta\mu_i}{RT} \approx \frac{c_i \cdot V_i \cdot \Delta P_{cont}}{RT}$$ **Gleichung 9.6 [73]**

Dabei kennzeichnet c_i die Gleichgewichtskonzentration, V_i das Molvolumen und ΔP_{cont} die Druckdifferenz. Die erhöhte Löslichkeit führt zu einer verstärkten Auflösung konvexer Zonen der Wolframcarbidpartikel im Kontaktbereich. Die Folge ist eine Abflachung der Kontaktflächen bei simultaner Annäherung der Partikelzentren [73].

Abbildung 9.5 zeigt eine Carbid-Carbid Grenzfläche bei hoher Vergrößerung. Darin zu erkennen ist die Kontaktabflachung, wie sie beim Laserauftragschweißen mit hohen Laserleistungen auftritt.

In diesem Beispiel ist die Formanpassung bereits soweit fortgeschritten, dass sich zwischen Partikel 2 und 3 lokale Materialbrücken ausbilden. Zwischen den Materialbrücken verbleiben in Übereinstimmung mit dem Modell der Kontaktabflachung weiterhin dünne Schmelzeschichten, die erst bei der vollflächigen Vereinigung verdrängt werden. Die Grenzflächen zwischen Partikel 1 und 2 sind bereits nahezu vollständig miteinander verschmolzen [76].

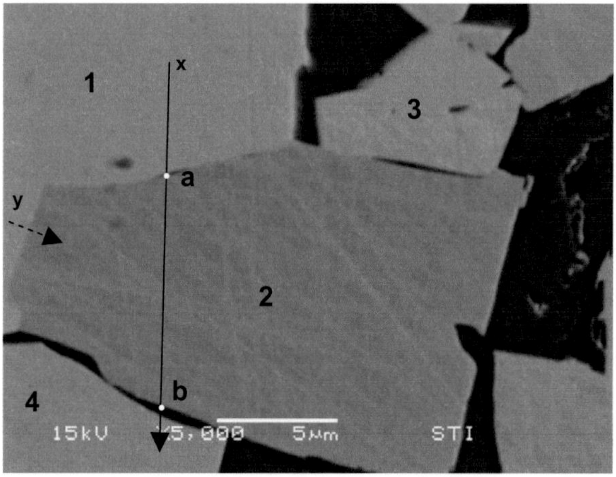

Abbildung 9.5: *Carbid-Carbid Grenzfläche bei $P_L = 800$ W.*

Ein EDX-Linescan entsprechend dem in Abbildung 9.5 eingezeichneten Pfeil (x) gibt Abbildung 9.6 unter Berücksichtigung des berechneten stöchiometrischen Kohlenstoffanteils wieder.

Punkte a und b entsprechen dem Ort der dünnen Kobaltfilme an den Grenzflächen des Hartstoffpartikels (2). Mit der Einschränkung der lateralen Auflösung der EDX-Analyse ergibt sich in Übereinstimmung mit den theoretischen erläuterten Modellen die Zusammensetzung im Bereich des sehr dünnen Schmelzefilms (a) mit einen Wolframanteil von ca. 88 Gew.%. Im Bereich des größeren Schmelzefilms (b) sind 70 Gew.% Wolfram enthalten.

Bei einem entsprechenden EDX-Linescan entlang des Pfeils y (Abbildung 9.5) ist die Grenzfläche zwischen Partikel 1 und Partikel 2 anhand der Gefügeanalyse nicht mehr zu identifizieren, was bedeutet, dass im Zuge des Stoffschlusses der Hartstoffpartikel der dünne Schmelzfilm vollständig aus der Grenzfläche verdrängt wird.

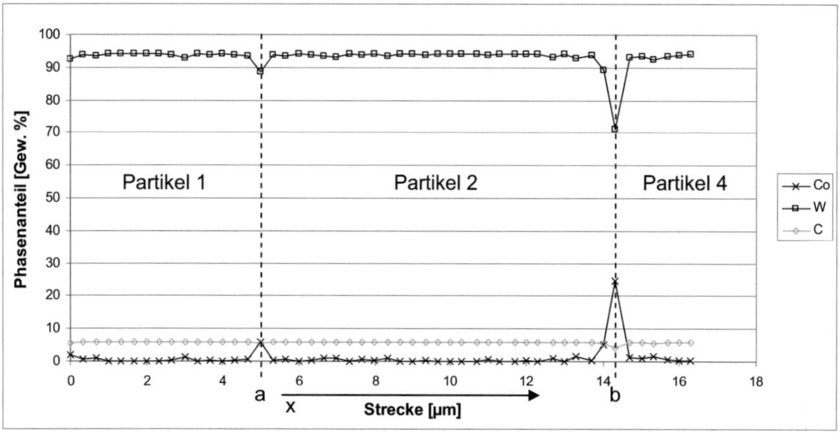

Abbildung 9.6: *EDX-Linescan über Carbid-Carbid Grenzflächen entlang des Pfeils „x“.*

Untersuchungsergebnisse von HINNÜBER und RÜDIGER [21] führen zu der Annahme, „dass die Korngrenzenenergien bestimmter Wolframcarbid-Wolframcarbid-Grenzflächen kleiner ist, als die Grenzflächenenergie zwischen fester und flüssiger Phase“ [21, S.4]. Somit ist das Zusammenwachsen von Hartstoffpartikeln auch ohne die Anwesenheit einer flüssigen Phase zwischen den Partikeln möglich.

In der Sintertechnik tritt Koaleszenz auch zwischen Hartstoffpartikeln auf, deren Grenzflächen durch einen Schmelzfilm voneinander getrennt sind. Vorraussetzung für die Koaleszenz ist in diesem Fall die Entstehung lokaler Materialbrücken zwischen benachbarten Hartstoffpartikeln im Zuge der Skelettbildung. Im Rahmen des Sinterprozesses wird das vollständige Verschmelzen von Hartstoffen unter der Voraussetzung eines gut eingestellten Sinterprozesses i.d.R. nur in geringem Maße festgestellt.
Die Anlagerung des sich aus der Schmelze ausscheidenden WC erfolgt an energetisch günstigen Orten. Für die Kinetik des Kristallwachstums existieren zwei ähnliche Modelle. Im Modell nach STRANSKI und KOSSEL wird von einer bevorzugten Anlagerung an Orten mit möglichst vielen vorhandenen Anlagerungsflächen ausgegangen. Sind derartige Plätze nicht vorhanden, bilden sich Flächenkeime aus. SEIBEL [106] nennt hingegen Schraubenversetzungen als bevorzugte Anlagerungsstelle, durch welche immer energetisch bevorzugte Stellen vorhanden sind [73, 106]. Bei beiden Modellen wachsen die Hartstoffpartikel bevorzugt epitaktisch, wodurch die überwiegend ebenen, geradlinigen Kanten entstehen. Das Wachstum derartiger Teilchenverbindungen wird von KAYSSER [76] jedoch als zeitintensiver Prozess beschrieben. Der prinzipielle Ansatz des epitaktischen Wachstums lässt sich trotzdem auch beim Laserauftragschweißen feststellen (Abbildung 9.7).

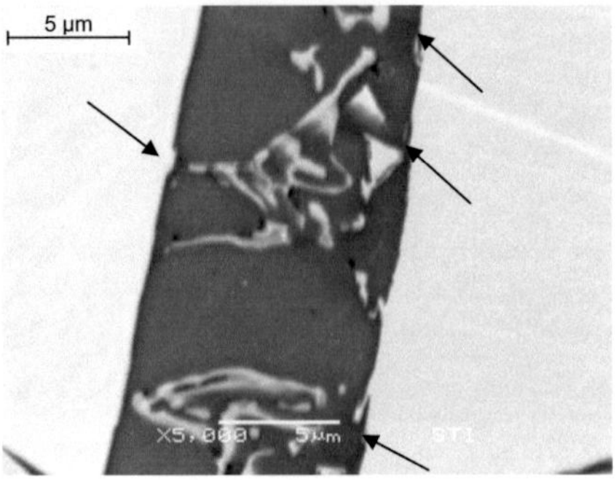

Abbildung 9.7: *Ansätze des epitaktischen Wachstums der Hartstoffe.*

Es lassen sich jedoch zwischen Hartstoffpartikeln mit größerem Abstand zueinander keine zusammenhängenden Materialbrücken identifizieren. Abhängig vom Abstand der Hartstoffe stellt sich ein charakteristischer Verlauf des Wolframanteils in der β-Phase ein, welchen Abbildung 9.8 für einen Hartstoffabstand von ca. 1 µm wiedergibt.

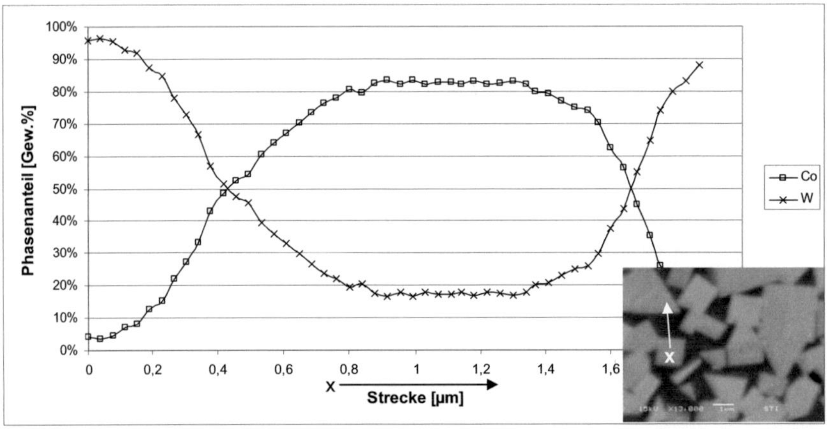

Abbildung 9.8: *Verlauf der Wolframkonzentration in der β-Phase zwischen zwei Hartstoffpartikeln mit einem Abstand von ca. 1 µm.*

Demnach steigt die Wolframkonzentration in der Nähe der Hartstoffe rasch an, so dass eine Keimbildung zwischen den Hartstoffen insbesondere bei sehr geringen Schmelzfilmdicken unwahrscheinlich wird. Aufgrund der unmittelbaren Nähe der übersättigten Schmelze zu den Hartstoffpartikeln entstehen daher Wolframcarbidausscheidungen bevorzugt an den bereits vorhandenen, nicht aufgelösten Hartstoffen. Auf diese Weise kann es im Zuge der Kristallisation und Abkühlung ebenfalls zur Ausbildung von Kontaktbrücken zwischen sehr nahe beieinander liegenden Hartstoffen kommen, die dann jedoch i.d.R. punktförmigen Charakter aufweisen.

Koaleszenz besitzt beim Laserauftragschweißen gegenüber dem Sinterprozess eine deutlich größere Ausprägung. Sie muss folglich durch hohe Temperaturspitzen in Kombination mit einer hohen Dynamik begünstigt werden. Die zeitliche Abhängigkeit spielt hierbei offensichtlich eine untergeordnete Rolle, da dieser Effekt in laserbestrahlten Pulverpartikeln bereits nach einer Wechselwirkungszeit von 7 ms auftritt, wovon lediglich ca. 3 ms in der flüssigen Phase stattfinden.

Den aus der Flugphase resultierenden Skelettbildungsgrad gibt Abbildung 9.9 in Abhängigkeit der Laserleistung P_L wieder.

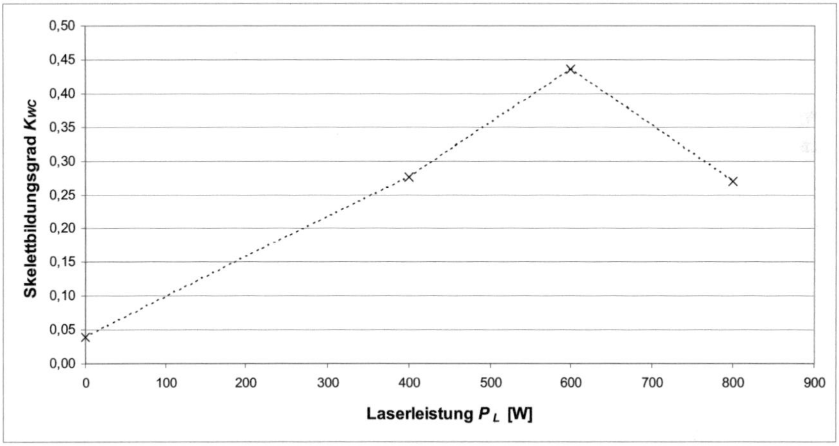

Abbildung 9.9: *Skelettbildungsgrad K_{WC} innerhalb der Pulverpartikel in Abhängigkeit der Laserleistung P_L.*

Überraschend erscheint das Absinken des Skelettbildungsgrads zwischen P_L = 600 W und P_L = 800 W. Die Einbeziehung von hoch vergrößerten Gefügeaufnahmen (Abbildung 9.10) bei den entsprechenden Laserleistungen ermöglicht eine Interpretation des Kurvenverlaufs.

Abbildung 9.10: *Schliffbilder laserbestrahlter Pulverpartikel mit P_L = 600 W (li.) und P_L = 800 W (re.).*

Während die Hartstoffpartikel bei P_L = 600 W (li.) noch weitgehend durch Grenzflächen (Kreis) voneinander getrennt sind, haben sich diese bei P_L = 800 W bereits vollständig miteinander vereinigt. Um auch schmale Grenzflächen und Schmelzfilme identifizieren zu können, muss die Ermittlung des Skelettbildungsgrads bei höheren Vergrößerungen (4000 - 5000-fach) durchgeführt werden. Aufgrund der geringeren Anzahl von Hartstoffen im Bildausschnitt führt der Einsatz der Linearanalyse durch ihre Richtungsabhängigkeit zu Unschärfen. Um eine flächenbezogene Aussage über das Zusammenwachsen der Partikel zu erhalten, wird der nicht genormte Koagulations- oder Koaleszenzgrad K_P eingeführt. Da der Bindungszustand der Hartstoffpartikel im Schliffbild nicht exakt bestimmt werden kann, ist eine Unterscheidung zwischen Koagulation und Koaleszenz nicht eindeutig möglich, weshalb durch K_P sowohl koagulierte als auch aggregierte Partikel erfasst werden. Der Koagulations- oder Koaleszenzgrad K_P wird bei hoher Vergrößerung (4000 - 5000-fach) ebenfalls mit Hilfe der Bildanalyse durch Auszählung ermittelt und berechnet sich nach Gleichung 9.7.

$$K_P = \frac{\sum P_K}{\sum P} \quad \textbf{Gleichung 9.7}$$

Hierbei sind $\sum P$ die Summe aller Partikel und $\sum P_K$ die Summe der koagulierten Partikel bzw. Anzahl der Aggregate im Bildausschnitt.

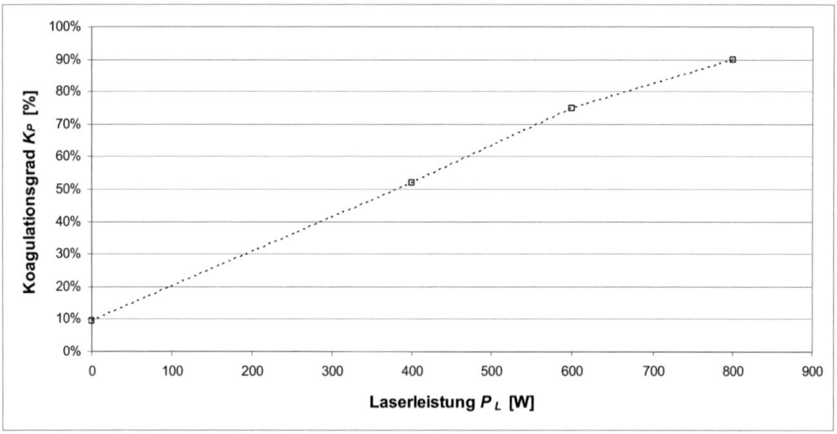

Abbildung 9.11: *Gemittelter Koagulations- bzw. Koaleszenzgrad K_P der Pulverpartikel in Abhängigkeit der Laserleistung P_L.*

Ein Partikel gilt als koaguliert, wenn sich unabhängig von der Richtung zwischen zwei benachbarten Partikeln eine Materialbrücke ausbildet. Demnach weisen ca. 10 % der Hartstoffpartikel bereits im Ausgangszustand einen überwiegend punktuellen Kontakt zu benachbarten Partikeln auf. Infolge der Laserbestrahlung der Pulverpartikel nimmt die Koagulation bzw. Koaleszenz schon bei kleinen Laserleistungen zu. Bei P_L = 800 W weisen bereits ca. 90 % der Hartstoffe eine Materialbrücke zu benachbarten Hartstoffen auf.

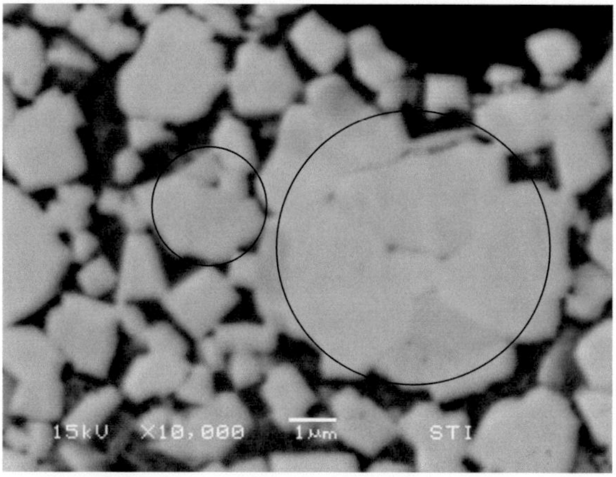

Abbildung 9.12: *Koagulation bzw. Koaleszenz bei einem mit P_L = 800 W laserbestrahlten Pulverpartikel.*

Dabei bleibt die Größe der nicht zusammengewachsenen Hartstoffe unter Vernachlässigung von Materialbrücken in der Größenordnung der Ausgangskorngröße von ca. 1 µm. Dies belegt auch die Korngrößenverteilung der Hartstoffe innerhalb der laserbestrahlten Pulverpartikel.

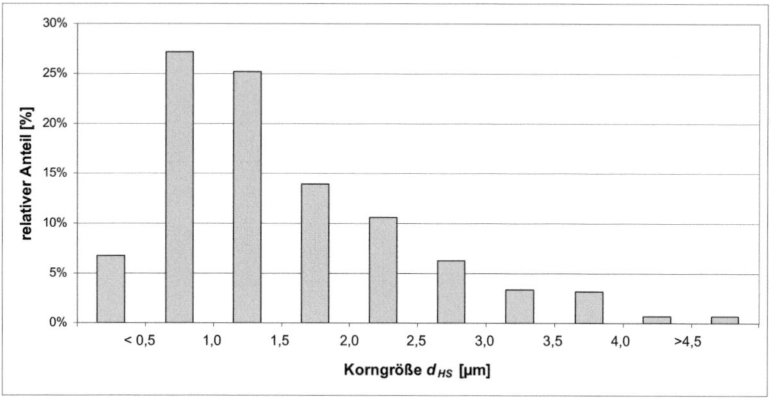

Abbildung 9.13: *Korngrößenverteilung der Hartstoffe in den laserbestrahlten Pulverpartikeln bei einer Laserleistung von P_L = 800 W.*

Nach der Laserbestrahlung mit P_L = 800 W befinden sich von ausgangs 88 % immer noch ca. 60 % der Hartstoffpartikel im Korngrößenbereich $0{,}1 \leq d_{HS} \leq 1{,}5$ µm.

Abbildung 9.12 zeigt weiterhin die verschiedenen Stadien der Koaleszenz. Im Aggregat, das durch den großen Kreis gekennzeichnet ist, sind die Korngrenzen der einzelnen Hartstoffpartikel noch zu erkennen.

Im Aggregat, welches durch den kleinen Kreis in Abbildung 9.12 hervorgehoben wird, sind die Grenzflächen hingegen nicht mehr eindeutig detektierbar. Die verwinkelte Form des Hartstoffpartikels deutet jedoch auch hier auf Koaleszenz hin.

Diese Erkenntnisse zeigen auf, dass das Wachstum der Hartstoffpartikel innerhalb der Flugphase primär durch Koaleszenz dominiert wird. Der Einfluss der Abscheidephase τ_D auf das Kornwachstum ist einer isolierten Analyse nicht zugänglich und kann nur in Kombination mit der Abkühlphase betrachtet werden, weshalb die weiteren Wachstumsprozesse in den Volumenkörpern analysiert werden.

9.3 *Wachstum der Hartstoffpartikel im Volumenkörper*

Abbildung 9.14 gibt die Entwicklung der resultierenden mittleren Hartstoffkorngrößen in den Volumenkörpern in Abhängigkeit der Laserleistung P_L nach der Kristallisation und Abkühlung im Vergleich zur Flugphase wieder.

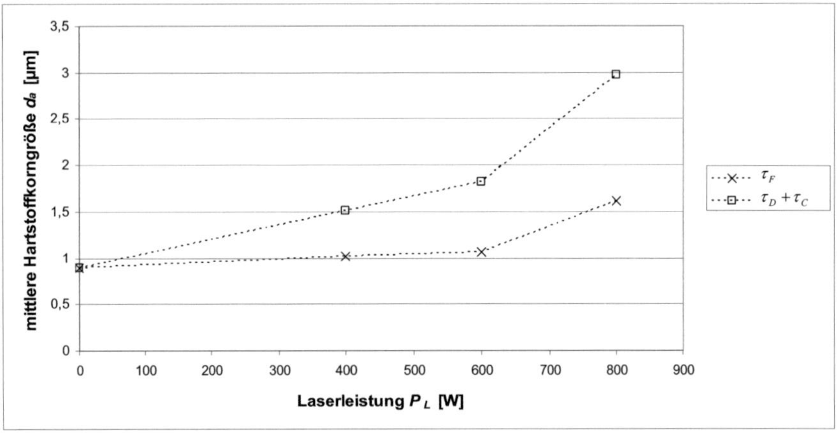

Abbildung 9.14: *Veränderung der durchschnittlichen Korngröße d_a in den Volumenkörpern nach den jeweiligen Prozessabschnitten in Abhängigkeit der Laserleistung P_L.*

Der Vergleich der WC-Korngrößen nach der Laserbestrahlung der Partikel im Rahmen der Flugphase τ_F mit den resultierenden Korngrößen nach der Abscheide- und Abkühlphase $\tau_D + \tau_C$ in Abbildung 9.14 zeigt, dass innerhalb der Abscheide- und Abkühlphase die Hartstoffpartikelgröße in den Volumenkörpern insbesondere bei höheren Laserleistungen exponentiell zunimmt.

Der thermischen Simulation zufolge werden die auf das Substrat bzw. die bereits abgeschiedene Teilschicht auftreffenden Partikel im Leistungsbereich um P_L = 400 W

unmittelbar in die feste Phase überführt. Aufgrund der hohen Abkühlrate wird sowohl der im Rahmen der Laserbestrahlung als auch durch die nachfolgende Abscheidephase gelöste Wolframanteil in der festen Phase weitgehend in Lösung gehalten. Durch die direkte Kristallisation und den nahezu unveränderten Lösungszustand der β-Phase im festen Zustand ist auch das Wachstum der Hartstoffpartikel nur marginal (von d_a = 1,0 µm auf ca. 1,5 µm).
Mit zunehmender Laserleistung nimmt das relative Kornwachstum zwischen der Flugphase und der Abscheide- und Abkühlphase in den Volumenkörpern zu, so dass sich die mittlere Korngröße bei P_L = 800 W gegenüber der Ausgangskorngröße um ca. 230 % und gegenüber der Flugphase um ca. 84 % auf ca. 3 µm erhöht. Innerhalb der Abkühl- und Abscheidephase reduziert sich bei dieser Laserleistung der Anteil der Hartstoffe d_{HS} < 1,5 µm von insgesamt ca. 95 % auf ca. 35 %. Über die einzelnen Prozessabschnitte ergibt sich somit eine Verschiebung der Korngrößenverteilung zu größeren Korngrößen hin. Dies verdeutlicht die Gegenüberstellung der jeweiligen Korngrößenverteilung in Abbildung 9.15 für P_L = 800 W.

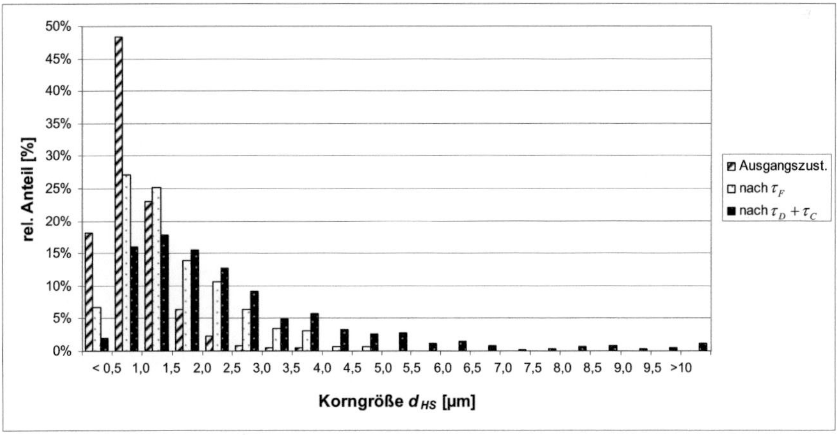

Abbildung 9.15: *Gegenüberstellung der Korngrößenverteilung der Hartstoffe im Ausgangszustand und nach den Prozessabschnitten im Volumenkörper bei einer Laserleistung von P_L = 800 W.*

Die Korngrößenverteilung der Hartstoffe nach der Flugphase zeigt ab ca. 1,5 µm die maximale relative Zunahme, so dass bezüglich der Flugphase infolge der Abscheide- und Abkühlphase knapp 30 % der Hartstoffe aus dem Korngrößenbereich < 1,5 µm auf >1,5 µm anwachsen.

Die klassische Theorie der Teilchenvergröberung nach der Ostwald-Reifung beschreibt eine asymptotische Verschiebung des Korngrößenspektrums zu größeren Korngrößen. Das Wachstum während des Flüssigphasensinterns kann nach KAYSSER [73] mit Gleichung 9.8 abgeschätzt werden.

$$r_m = (r_{m0}^n + k_n \cdot \Delta t)^{\frac{1}{n}}$$ **Gleichung 9.8 [73]**

Dabei beschreibt r_{m0} den mittleren Teilchenradius im Ausgangszustand. k_n wird als Wachstumskoeffizient bezeichnet, der den mittleren Teilchenzuwachs je Zeiteinheit beschreibt. Beim Flüssigphasensintern liegen typische Wachstumskoeffizienten im Bereich von k_n = 0,7·10^{-18} m³/s. Bei Hartmetallen beträgt n zwischen 2 und 3 [73]. Aus den resultierenden mittleren Korngrößen kann in Kombination mit den berechneten Existenzdauern der Schmelzen der reale Wachstumskoeffizient für den Laserprozess innerhalb der Prozessabschnitte in Abhängigkeit der Laserleistung berechnet werden (Abbildung 9.16).

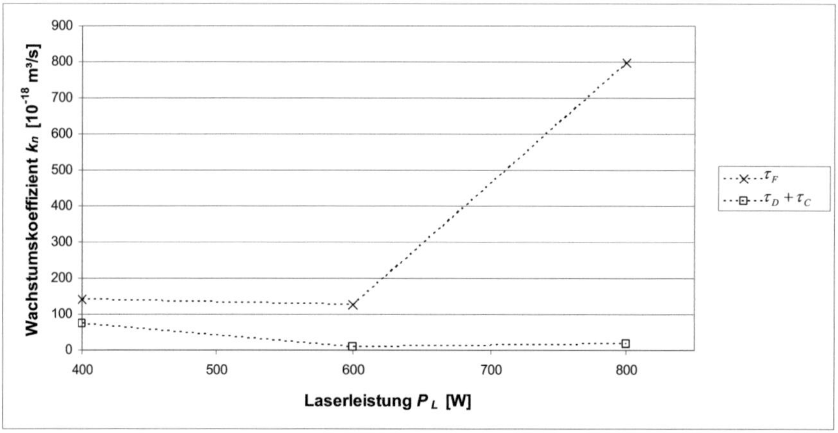

Abbildung 9.16: *Reale Wachstumskoeffizienten k_n innerhalb der Flug-, Abscheide- und Abkühlphase in Abhängigkeit der Laserleistung P_L.*

Demnach führt eine steigende Laserleistung innerhalb der Flugphase zu einem Anstieg des Wachstumskoeffizienten. Der Grund liegt in einer nur minimalen Zunahme der Wechselwirkungszeit bei einer gleichzeitig deutlich erhöhten resultierenden mittleren Partikelgröße. Die berechneten Wachstumskoeffizienten liegen um Faktor 10² bis 10³ oberhalb der Wachstumskoeffizienten, die beim Flüssigphasensintern auftreten.

In der Abscheide- und Abkühlphase besteht mit zunehmender Laserleistung eine Tendenz zur Abnahme der Wachstumskoeffizienten. Diese sind hier nur noch um Faktor 10 bis 10² größer als beim Flüssigphasensintern. Aufgrund der längeren Existenzdauern der Schmelzen im Rahmen der Abscheidephase sind die errechneten Wachstumskoeffizienten geringer als in der Flugphase. Die Anwendung von Gleichung 9.8 ist vorrangig für Prozesse mit einem relativ homogenen Temperaturprofil gültig, da sie das zeitabhängige Wachstum auf Basis einer konstanten Wachstumsrate beschreibt. Abbildung 9.16 bestätigt jedoch, dass die Wachstumskoeffizienten beim Laserauftragschweißen aufgrund des inhomogenen Temperaturprofils sehr stark variieren, was ein weiteres Indiz für die Dominanz eines stochastischen Wachstums ist.

Die primäre Ursache, warum sich die Wachstumsprozesse während des Laserprozesses mit den klassischen Wachstumsgesetzen der Ostwald-Reifungstheorie nicht abbilden lassen, ist in der überlagerten Koaleszenz zu suchen, die analog zu den Pulverpartikeln auch bei den Volumenkörpern auftritt.

Die Auswertung des Koagulations- bzw. Koaleszenzgrads in den Volumenkörpern nach der Abscheide- und Abkühlphase gibt Abbildung 9.17 wieder.

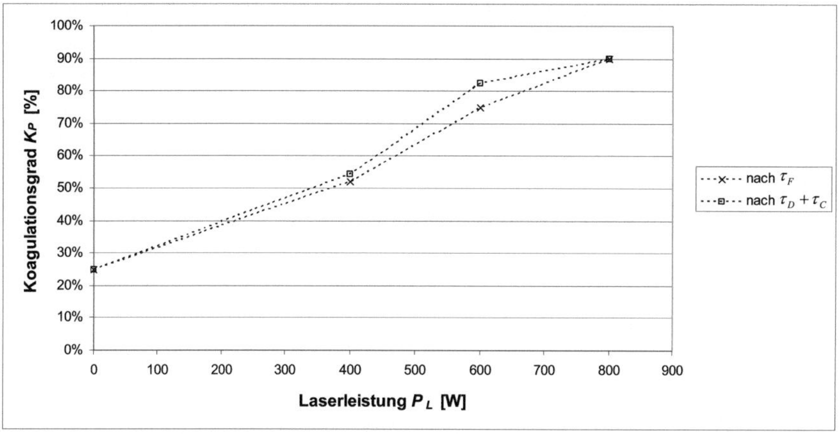

Abbildung 9.17: *Gegenüberstellung des Koagulations- bzw. Koaleszenzgrads K_P der Hartstoffpartikel nach der Flugphase sowie nach der Abscheide- und Abkühlphase in Abhängigkeit der Laserleistungen P_L.*

Die Veränderungen des Koagulations- bzw. Koaleszenzgrads, die durch die Abscheide- und Abkühlphase in den Volumenkörpern gegenüber der Flugphase hervorgerufen werden, sind grundsätzlich gering.

So ist bei P_L = 400 W infolge des direkten Übergangs in die feste Phase zu Beginn der Abscheidephase nur eine marginale Zunahme des Koagulationsgrads zu verzeichnen. Bei P_L = 600 W kommt es analog zu den laserbestrahlten Pulverpartikeln zu einem Anstieg koagulierter Partikel bzw. der Aggregate, so dass sich Bereiche nahe beieinander liegender Hartstoffe zu zusammenhängenden Hartstoffpartikeln ohne erkennbare innere Grenzflächen vereinigen. Diese Zunahme ist vermutlich auf die geringere Viskosität der Schmelze und damit verbundene Umordnungsvorgänge zurückzuführen.

Bei P_L = 800 W sind die nahe beieinander liegenden Hartstoffe größtenteils bereits zu größeren Partikeln zusammengewachsen. Diese wiederum vereinigen sich mit weiteren bereits koagulierten Hartstoffpartikeln, was mit einem starken Anstieg der mittleren Korngröße verbunden ist. Dies äußert sich in der Korngrößenverteilung aus Abbildung 9.15 in einer deutlichen Zunahme der Anzahl von Partikeln mit d_{HS} > 4 µm. Der Kennwert K_P stagniert jedoch, da die Verbindung von Partikeln stetig zu einer Reduktion der Anzahl von Hartstoffpartikeln führt.

Da die Kennwerte K_{WC} und K_P lediglich Materialbrücken zwischen Hartstoffpartikeln erfassen, müssen diese stets in Verbindung mit der Korngröße beurteilt werden. Hierzu werden in Abbildung 9.18 die Gefüge nach der Abscheide- und Abkühlphase für P_L = 400 W und P_L = 800 W gegenübergestellt.

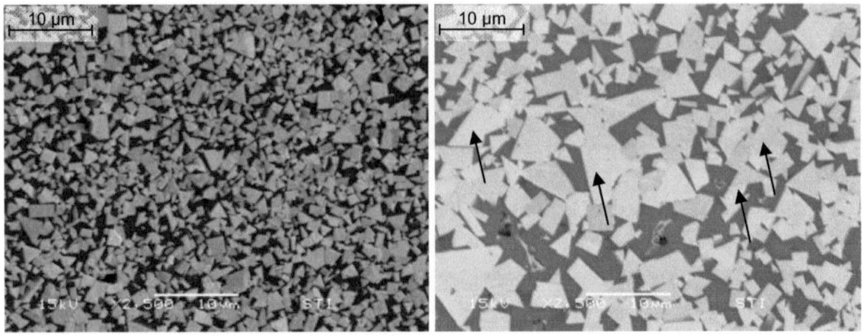

Abbildung 9.18: *Vergleich der Hartstoffkorngrößen in Verbindung mit dem Koagulations- bzw. Koaleszenzgrad K_P bei P_L = 400 W (li.) und P_L = 800 W (re.).*

Die linke Seite zeigt das Gefüge bei P_L = 400 W, welches durch eine nach wie vor relativ geringe Korngröße der Hartstoffpartikel geprägt ist und einen Koagulations- bzw. Koaleszenzgrad von ca. 50 % aufweist. Demgegenüber ist auf der rechten Seite das stark vernetzte Gefüge, mit großflächig verschachtelten Hartstoffpartikeln (Pfeile) ohne erkennbare Grenzflächen und mit einem Koagulations- bzw. Koaleszenzgrad von ca. 90 %, sowie einer deutlich erhöhten mittleren Korngröße für P_L = 800 W dargestellt.

9.4 Modellversuch zur Bestimmung des Einflusses der Abkühlphase auf das Wachstum der Hartstoffpartikel

Aus den bisherigen Untersuchungen ist bekannt, dass der für Diffusionsvorgänge relevante Temperaturbereich innerhalb weniger Sekunden durchlaufen wird, so dass sekundäre Wachstumsmechanismen weitgehend unterbunden werden. Um die Einflüsse der Abscheide- und Abkühlphase zumindest qualitativ voneinander zu trennen, wird für den in Kapitel 8.4.1 beschriebenen modellhaften Sinterversuch die mittlere resultierende Korngröße der Hartstoffe bestimmt. Diese wird sowohl für die Proben mit an den Laserprozess angepassten Abkühlbedingungen, als auch für die maximal abgeschreckten Proben ermittelt. Bei letzteren wird der Hochtemperaturzustand durch die Abschreckung eingefroren. Dieser dient als Referenz.

Tabelle 9.1 zeigt die resultierenden mittleren Korngrößen der beiden Abkühlbedingungen (maximale Abschreckung und Laserbedingungen) [88].

Abkühlzeit $t_{8/5}$ [K/s]	**mittlere Korngröße d_a [µm]**
maximal (ca. 1000)	1,38
Laserbedingungen (400- 450)	1,40

Tabelle 9.1: *Resultierende mittlere Korngröße nach Abschrecken von Sinterproben (1400 °C).*

Auch K_{WC} und K_P sind im vorliegenden Modellversuch bei beiden Abkühlmethoden nahezu identisch. Somit spielen ausscheidungsbedingte Gefügeveränderungen im Rahmen der Abkühlphase für das Wachstum der Hartstoffe eine untergeordnete Rolle.

9.5 Zusammenfassung und Diskussion der Untersuchungsergebnisse zum Kornwachstum der Hartstoffpartikel

Im Rahmen der Untersuchungen des Kornwachstums können im Wesentlichen zwei Wachstumsmechanismen beobachtet werden, die auch aus der Sintertechnik bekannt sind. Es handelt sich dabei einerseits um Wachstumsvorgänge durch Ostwald-Reifung und andererseits um das Wachstum durch Koagulation bzw. Koaleszenz. Die Gewichtung der beiden Wachstumsmechanismen kehrt sich jedoch zwischen Sinter- und Laserprozess um.

So wird das Wachstum der Hartstoffpartikel beim Flüssigphasensintern primär durch Vorgänge im Rahmen der Ostwald-Reifung dominiert. Mit der Begründung, dass diese Umlösungs- und Umlagerungsprozesse durch Volumendiffusion geprägt sind, wird die Ostwald-Reifung in der Literatur als „langsamer“ Prozess bezeichnet [90].

Die Basis der durch Sinterprozesse experimentell bestimmten Wachstumsgleichung (Gleichung 9.8) ist eine konstante Wachstumsrate. Diese ist beim klassischen Flüssigphasensintern durch die geringe Prozessdynamik und ein homogenes Temperaturprofil weitgehend gegeben.

Im Gegensatz zum Sinterprozess, bei dem aufgrund der langen Sinterzeiten bei konstanter Sintertemperatur ausgeprägte Diffusionsvorgänge ablaufen können, ist das Laserauftragschweißen durch eine kurze thermische Beeinflussung und hohe Spitzentemperaturen geprägt, weshalb die Mechanismen der Ostwald-Reifung hier eine untergeordnete Rolle spielen. Dies bestätigen einerseits die stark variierenden Wachstumsraten innerhalb der Prozessabschnitte, sowie andererseits die Gegenüberstellung des realen Wachstums zum theoretischen Wachstum nach der Wachstumsgleichung in Abbildung 9.19.

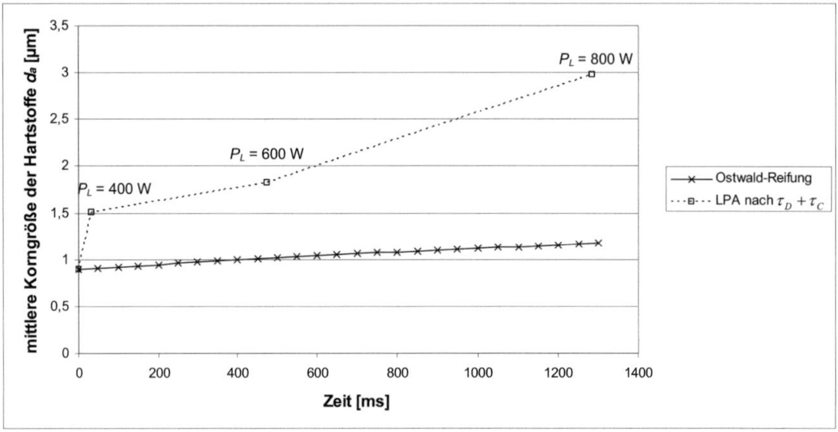

Abbildung 9.19: *Zeitabhängiges Wachstum der mittleren Hartstoffpartikelgröße d_a gegenüber dem theoretischen Wachstum durch Ostwald-Reifung.*

Demnach führen bereits geringe Einwirkzeiten bei geringen Laserleistungen zu einem sprunghaften Wachstum der Hartstoffpartikel. Der Vergleich der Korngrößenverteilungen und Schliffbilder laserbestrahlter Pulverpartikel mit Pulverpartikeln im Ausgangszustand bestätigt zwar grundsätzlich das Wachstum großer Hartstoffpartikel auf Kosten kleinerer, wie es typischerweise im Rahmen der Ostwald-Reifung auftritt, allerdings zeigt die Abschätzung des kritischen Partikeldurchmessers, dass dieser weit unterhalb der Partikelgrößen liegt, die während des Prozesses tatsächlich aufgelöst werden bzw. anwachsen.

Der Vergleich von Korngrößenverteilung und Schliffbildern zeigt weiterhin, dass ein erheblicher Anteil der Hartstoffpartikel infolge der Laserbestrahlung seine Form verändert und sich mit anderen Hartstoffpartikeln vereint, was typisch für die Koaleszenz ist. Dabei bleibt die mittlere Korngröße der nicht vernetzten Partikel im Bereich der Ausgangskorngröße von ca. 1 µm. Diese Veränderungen treten bereits nach einer Laserbestrahlungszeit von 7 ms im Rahmen der Flugphase ein.

Obwohl innerhalb der Abscheide- und Abkühlphase gemäß den Ergebnissen aus Kapitel 7.3 keine weitere Temperaturerhöhung eintritt, führt dieser Zeitbereich zu den größten Veränderungen bezüglich der Korngrößenverteilung, was den Einfluss der Wechselwirkungszeit hervorhebt. Dort nehmen vor allem die Partikel mit Korngrößen $d_{HS} > 4$ µm unter Abnahme des Korngrößenbereichs $d_{HS} < 1,5$ µm stark zu. Während die maximalen Korngrößen nach der Flugphase zwischen 4,5 und 5,0 µm liegen, können nach der Abscheide- und Abkühlphase Hartstoffpartikel > 10 µm festgestellt werden. Die beschriebenen Kennwerte gelten für eine Laserleistung von P_L = 800 W, treten jedoch analog auch bei geringerer Laserleistung in verminderter Form auf.

Diese Verschiebungen verbunden mit einem sprunghaften Anstieg der maximalen Korngröße deuten darauf hin, dass die Koaleszenz auch in der Abscheidephase der dominierende Wachstumsmechanismus ist.

10 Porosität

Porosität ist auch bei der sintertechnischen Herstellung von Sinterhartmetallen ein allgegenwärtiges Problem. Die Entstehungsmechanismen waren und sind weiterhin Gegenstand zahlreicher Forschungsarbeiten. Von UPADHYAYA [101] werden für die Bildung von Poren folgende Ursachen unterschieden:

1. Verunreinigung der Ausgangsstoffe oder des Hartmetallansatzes bei der Herstellung der Hartmetalle.
2. Inhomogene Mischung von Hartstoffen, Binder und sonstigen Zusätzen.
3. Kohlenstoffgehalte, die zur Bildung von Ausscheidungen führen, wodurch das Füllen des Carbidskeletts durch die Bindephase verhindert wird.
4. Gaseinschlüsse infolge ungenügender Sinteratmosphäre.
5. Zu geringe Sintertemperaturen, die keine ausreichende Fließfähigkeit und Diffusionsgeschwindigkeit ermöglichen.

Die Erkenntnisse der Porenbildung bei den Sinterhartmetallen lassen sich jedoch nur z.T. auf das Laserauftragschweißen übertragen. Beim Laserauftragschweißen agglomeriert-gesinterter Spritzpulver sind grundsätzlich zwei Arten von Porosität zu unterscheiden.

10.1 Charakterisierung der Porosität

Die intrapartikulare Porosität tritt im Inneren eines Pulverpartikels auf. Die interpartikulare Porosität ergibt sich hingegen aus der Wechselwirkung mehrerer Partikel innerhalb der Abscheidephase.

10.1.1 Intrapartikulare Porosität

Die intrapartikulare Porosität wird bereits bei der Herstellung des agglomeriert-gesinterten Pulverwerkstoffs erzeugt. Bei der Laserbestrahlung der Pulverpartikel verändert sich die Partikelform infolge der Oberflächenspannung der Schmelze, was sich auch auf die Porosität auswirkt.

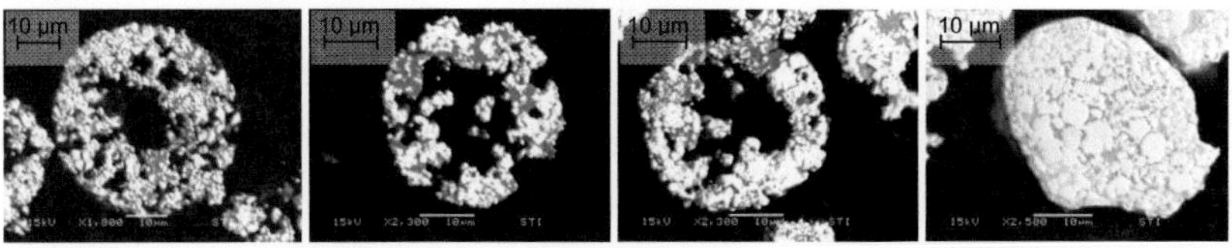

Abbildung 10.1: *Repräsentative intrapartikulare Porosität in den Pulverpartikeln im Ausgangszustand (li.), nach Laserbestrahlung mit 400 W (2.v.li.), 600 W (3.v.li.) und 800 W (re.) im Schliff.*

Die Porosität zeigt eine Abhängigkeit von der Laserleistung P_L, mit der die Partikel beaufschlagt werden (Abbildung 10.2).

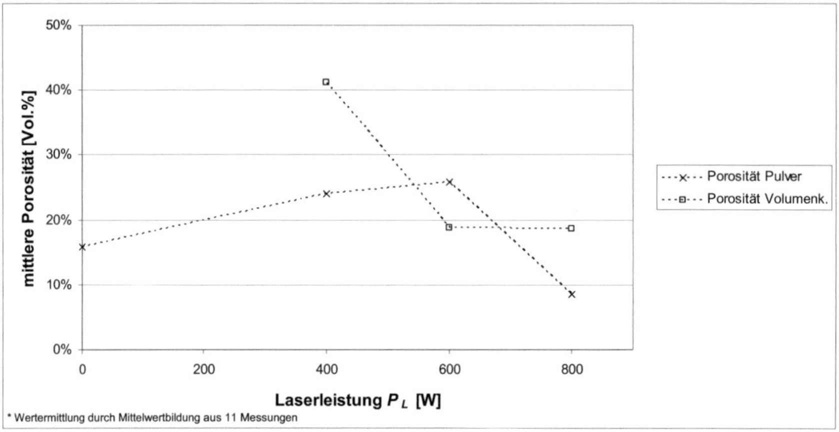

Abbildung 10.2: *Mittlere Porosität innerhalb der Pulverpartikel und der Volumenkörper in Abhängigkeit der Laserleistung P_L.*

Demnach steigt die Porosität innerhalb der Partikel mit zunehmender Laserleistung zunächst an. Aufgrund der rapiden Aufheizung der Partikel ist anzunehmen, dass in den Hohlräumen und Poren enthaltene Gase sich rasch ausdehnen. Die verästelte Hohlraumstruktur innerhalb der Pulverpartikel behindert das freie Entweichen des daraus resultierenden Mehrvolumens an Gas, wodurch das entsprechende Partikel bei ausreichender Aufheizung aufbläht und eine Vergrößerung der Poren und Hohlräume eintritt. Wie bereits in Kapitel 8.2.1 aufgezeigt wurde, platzen die Partikel teilweise regelrecht auf.

Bei P_L = 800 W stellt sich eine erheblich reduzierte Porosität ein. Vermutlich ist dort die Viskosität der Schmelze so gering, dass der Gasdruck ausreicht, um die Schmelze zu verdrängen und so das Entweichen des Gases zu ermöglichen. Dieser Prozess wird durch Zugspannungen in der die Poren umgebenden Schmelze beschleunigt (siehe hierzu Kapitel 9.2.1). Neben der geringeren Viskosität steht dem beschriebenen Prozess entsprechend den Untersuchungen aus Kapitel 7.2 mit zunehmender Leistung auch eine geringfügig längere Zeitspanne zur Verdichtung zur Verfügung. Bei der isolierten Untersuchung der Partikel wird die resultierende Porosität durch die fehlende Komprimierung infolge des Aufpralls, wie sie bei der Abscheidephase auftritt, weitgehend eingefroren und stellt damit den Zustand der Partikel im Übergang zur Abscheidephase dar.

Der Vergleich der mittleren Porosität der Pulverpartikel am Ende der Flugphase mit der resultierenden Porosität in den Volumenkörpern in Abbildung 10.2 zeigt, dass die Porosität im Volumenkörper in der Abscheide- und Abkühlphase bei kleinen Laserleistungen weiter zunimmt. Bei P_L = 600 W verringert sich die Porosität gegenüber der Flugphase innerhalb der

Abscheide- und Abkühlphase. Während sich die Porosität in den Pulverpartikeln bei weiterer Erhöhung der Leistung verringert, bleibt sie im Volumenkörper nahezu konstant. Dieses Verhalten ist auf die verschiedenen Porentypen zurückzuführen, die im Rahmen der interpartikularen Porosität entstehen.

10.1.2 Interpartikulare Porosität

Die interpartikulare Porosität wird durch die Wechselwirkung der laserbeeinflussten Pulverpartikel während der Abscheidephase erzeugt. Abbildung 10.3 verdeutlicht, dass auch hier eine Abhängigkeit von der Laserleistung P_L gegeben ist.

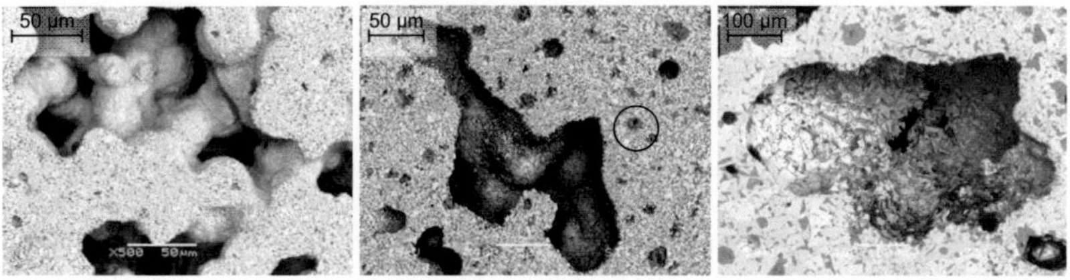

Abbildung 10.3: *Interpartikulare Porosität bei P_L = 400 W (li.), 600 W (mi.) und 800 W (re.) im Schliff bei angepassten Vergrößerungen.*

Bei geringer Laserleistung (P_L = 400 W) ist die Viskosität der Schmelze hoch und deren Existenzdauer gering, so dass die Partikel innerhalb des abgeschiedenen Spurverbunds zwar Agglomerate bilden, jedoch die einzelnen Partikel größtenteils noch als solche erkennbar bleiben. Die ungenügenden Fließeigenschaften führen zu einem Partikelskelett mit großem Hohlraumvolumen. Innerhalb der zusammengeschmolzenen Partikel lassen sich in Abbildung 10.3 (links und mitte) Fragmente der intrapartikularen Porosität (Kreis) sowie benachbarter Skeletthohlräume erkennen. Bemerkenswert ist jedoch, dass die intrapartikulare Porosität gegenüber den Analysen an isolierten Partikeln deutlich geringer ausfällt. Hierfür sind vermutlich kinetische Verdichtungseffekte beim Aufprall der Pulverpartikel verantwortlich, wie sie aus den thermischen Spritzverfahren bekannt sind [102]. Weiterhin führt die Oberflächenspannung der Schmelze bei ausreichend geringer Viskosität zu einer Verdichtung des Gefüges.

Die größtenteils frei erstarrte Oberfläche innerhalb der Poren belegt, dass die Porosität bei geringen Laserleistungen nicht durch den Druck eingeschlossener Gase dominiert wird (Abbildung 10.4). Mit zunehmender Leistung sinkt einerseits die Viskosität der Schmelze, jedoch steigt andererseits auch der Druck des eingeschlossenen Gasvolumens aufgrund der höheren Temperatur.

Abbildung 10.4: *Frei erstarrte Porenoberfläche mit partiellem Schmelzfluss.*

Die geringere Viskosität ermöglicht eine höhere kinetische sowie viskose Verdichtung. Die eingeschlossenen Gase werden dadurch zwar allseitig umschlossen, sind jedoch beweglicher und können so teilweise zu größeren Gasporen agglomerieren. Es liegen nun neben den rein viskositätsbedingten Poren, die im folgenden als Lunker bezeichnet werden, auch durch Gaseinschlüsse verursachte Poren – im Folgenden als Gasporen bezeichnet – vor, die sich in Form und Oberflächenstruktur deutlich von den Lunkern unterscheiden. Die Gewichtung verschiebt sich mit zunehmender Leistung von den verzweigten Lunkern mit frei erstarrter Oberfläche zu den durch Gasdruck geformten ellipsoiden bis runden Poren mit glatter innerer Oberfläche (Abbildung 10.5).

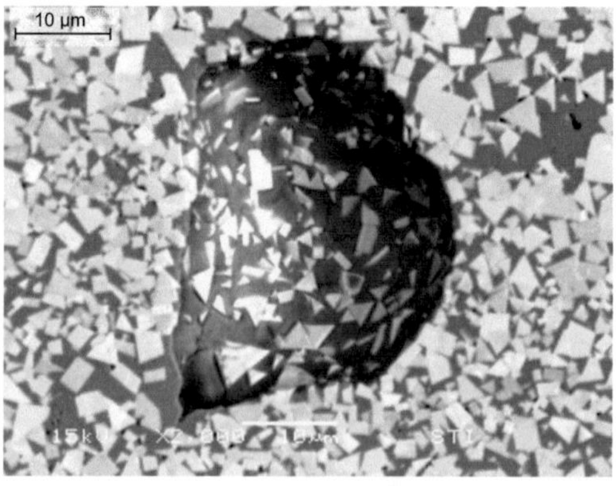

Abbildung 10.5: *Gaspore mit charakteristischer glatter innerer Porenoberfläche und gerundeter Form.*

Diesen Sachverhalt verdeutlicht auch Abbildung 10.6, worin die Anteile der beiden Porentypen in Abhängigkeit der Laserleistung aufgezeigt werden.

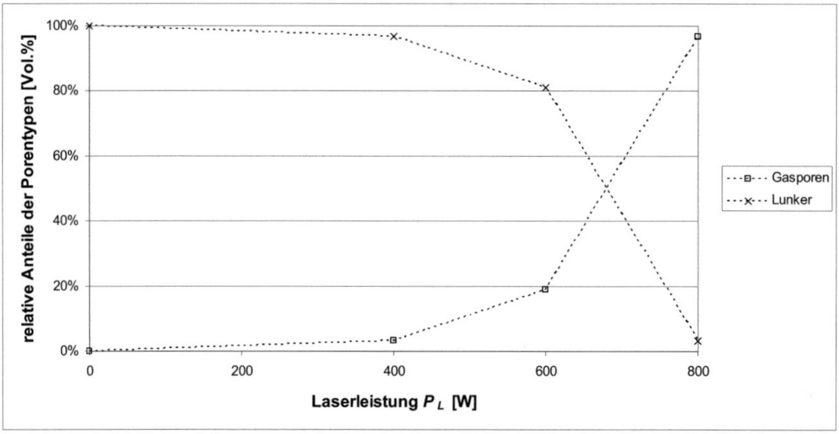

Abbildung 10.6: *Relative Anteile von Gasporen und Lunkern an der Gesamtporosität in Abhängigkeit der Laserleistung P_L.*

Die in Abbildung 10.6 dargestellten relativen Anteile ergeben sich aus der in Kapitel 5.1.3 beschriebenen Vorgehensweise mit Hilfe der rechnergestützten Bildanalyse. Die Unterscheidung zwischen Gasporen und Lunkern ist durch die Ermittlung von Formfaktoren möglich. In Grenzfällen erfolgt die Klassifizierung zusätzlich durch eine optische Inspektion der entsprechenden Poren.

Bei höheren Laserleistungen treten die viskositätsbedingten Poren nur noch in den äußersten Randzonen der Volumenkörper auf. Diese sind durch die koaxiale Pulverdüse bedingt, da die allseitige Pulverzufuhr zur Aufnahme nicht aufgeschmolzener Partikel im Randbereich der Schmelze führt.

Die Analyse der offenen Poren innerhalb der vertikalen Spurquerschnitte zeigt, dass mit zunehmender Leistung eine Verschiebung der Porosität in die obersten Spursegmente erfolgt. Dies ist auf die erhöhte Beweglichkeit der Poren und ihrem Bestreben zur Ausgasung zurückzuführen. Während die Porosität bei P_L = 400 W über die Spurhöhe eine identische Verteilung aufweist, ist diese bei P_L = 800 W in den obersten Spursegmenten etwa doppelt so hoch wie in den untersten.

10.2 Einflussfaktoren der Porosität

Die beiden Porentypen (Lunker und Gasporen), die in den Volumenkörpern vorzufinden sind, beruhen auf unterschiedlichen Entstehungsmechanismen. Während die Lunker im Wesentlichen durch zu hohe Viskosität in Verbindung mit einem nicht ausreichenden Schmelzvolumen verursacht werden können, entstehen Gasporen durch die Aufnahme bzw. Ausdehnung von Gas, die innerhalb des Gefüges eingeschlossen werden. Bei höheren Laserleistungen können so aus Lunkern Gasporen entstehen.

10.2.1 Einfluss der Viskosität auf die Lunkerbildung

Der Einfluss der Viskosität soll mit Hilfe einer Modellrechnung abgeschätzt werden. Dem Modell liegt die Annahme zugrunde, dass sich die Schmelze durch Kapillarwirkung zwischen einem porösen Haufwerk von Hartstoffen ausbreitet, was bei der Füllung der Lunker den zeitlich kritischen Zustand widerspiegelt. Hierzu gibt Abbildung 10.7 eine idealisierte Situation wieder, wie sie beim Laserauftragschweißen bei einseitigem Eindringen der Schmelze in einen kapillaren Zwischenraum s_p unbenetzter Hartstoffe auftritt.

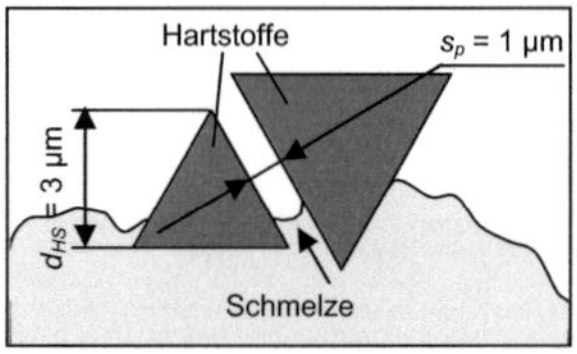

Abbildung 10.7: *Idealisierter kapillarer Partikelzwischenraum s_p zwischen zwei Hartstoffen bei einseitiger Eindringung der Schmelze.*

Zwischen der Viskosität und dem Benetzungsverhalten und damit der Fähigkeit der, als newtonsches Fluid angenommenen, Schmelze, in Kapillaren einzudringen, besteht ein Zusammenhang, der näherungsweise durch die Washburn-Gleichung beschrieben wird [97].

$$L(T) = \sqrt{\frac{t_w \cdot s_P \cdot \gamma_m(T) \cdot \cos(\Theta(T))}{2 \cdot \eta(T)}}$$ **Gleichung 10.1 [97]**

Dabei bezeichnet s_p den Partikelabstand und t_w die Wechselwirkungszeit. Es gilt zu beachten, dass neben der Viskosität η auch der Benetzungswinkel Θ und die Oberflächenenergie der Schmelze γ_m temperaturabhängige Größen sind. Im Folgenden soll auf Basis von Gleichung 10.1 eine Abschätzung getroffen werden, inwieweit Partikelzwischenräume s_p in Abhängigkeit der Viskosität innerhalb der Existenzdauer der Schmelze t_w gefüllt werden können. Die exakte Berechnung von Viskosität, Benetzungsverhalten und Eindringvermögen erfordert i.d.R. eine experimentelle Datenakquise am betrachteten Werkstoffsystem, weshalb die folgende Abschätzung auf Basis von Näherungswerten aus der Literatur erfolgt. Die detaillierte Berechnung kann in Anhang A8 eingesehen werden.

Die Abhängigkeit des Eindringvermögens von der Oberflächenenergie der Schmelze γ_m und dem Benetzungswinkel Θ bei einer konstanten Temperatur von 1500 °C und einer Existenzdauer der Schmelze von 34 ms wird in Abbildung 10.8 dargestellt. In der Literatur finden sich differierende Angaben zu Benetzungswinkeln zwischen Cobalt und Wolframcarbid und Oberflächenenergien. So wird von OTT [69] eine vollkommene Benetzung mit Θ = 0° propagiert, während KELLEY [68] Benetzungswinkel im Bereich von 30° angibt. Die Ursache dürfte im abweichenden thermodynamischen Verhalten der untersuchten Prozesse zu suchen sein.

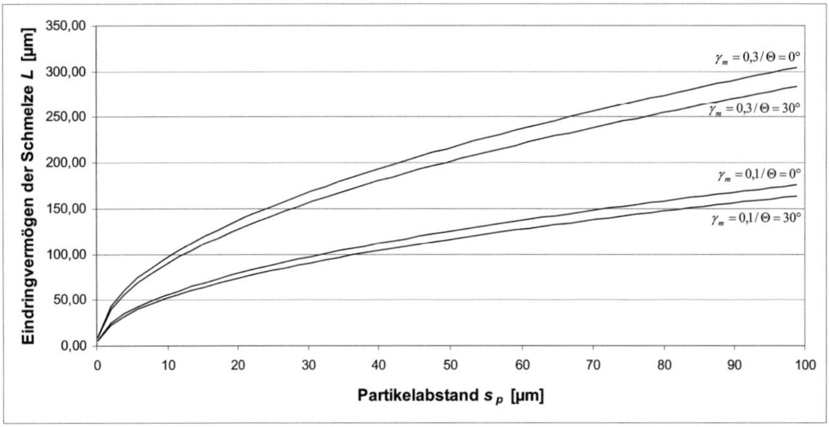

Abbildung 10.8: *Berechnetes Eindringvermögen der Schmelze L in Abhängigkeit des Partikelabstands s_p bei konstanter Viskosität für eine Temperatur von 1500 °C für unterschiedliche Oberflächenenergien γ_m und Benetzungswinkeln Θ.*

Aus diesem Grund wird zur quantitativen Abschätzung des Eindringvermögens der Schmelze in kapillare Hartstoffzwischenräume für den vorliegenden Fall eine hoch vergrößerte Gefügeaufnahme bei P_L = 400 W herangezogen. Sie zeigt unbenetzte kapillare Hartstoffzwischenräume (Abbildung 10.9).

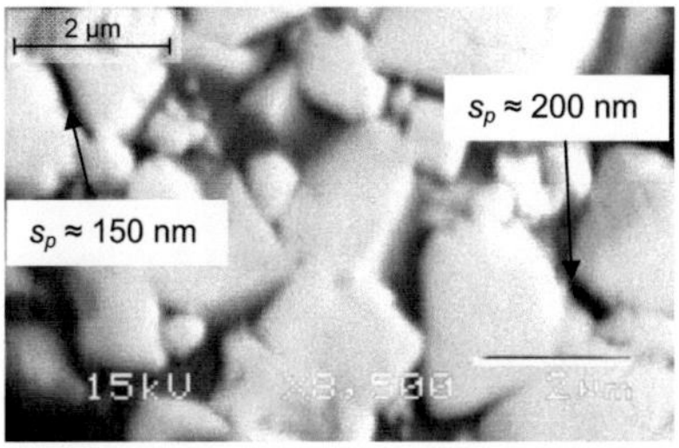

Abbildung 10.9: *Nicht benetzte kapillare Hartstoffzwischenräume bei P_L = 400 W.*

Für eine Abschätzung des Eindringvermögens der Schmelze wird eine einseitige Eindringung der Schmelze angenommen. Die Eindringtiefe zur vollständigen Füllung des Partikelzwischenraums wird gleich der mittleren Hartstoffpartikelgröße gesetzt. In diesem Partikelgrößenbereich liegen auch die Partikel aus Abbildung 10.9, deren Abstand s_p zu ca. 200 nm bestimmt wird.

Durch numerische Lösung von Gleichung 10.1 werden für die Oberflächenenergie γ_m und den Benetzungswinkel Θ temperaturunabhängige Näherungswerte ermittelt. Der Wertebereich der Oberflächenenergie orientiert sich dabei an den Werten für metallische Schmelzen nach KLOSE [92]. Die vorliegenden Erscheinungen ergeben sich anhand der Näherungsrechnung so bei einer Oberflächenenergie von 0,1 J/mol und einem theoretischen Benetzungswinkel von maximal 80°. Der erhebliche Unterschied des Benetzungswinkels zu den Literaturangaben resultiert mit hoher Wahrscheinlichkeit aus dem zeitabhängigen Verhalten von Viskosität und Benetzungswinkel. Unter der Annahme temperaturunabhängiger Kennwerte ergibt sich für diese bei unterschiedlichen Laserleistungen das in Abbildung 10.10 dargestellte Eindringvermögen der Schmelze *L*.

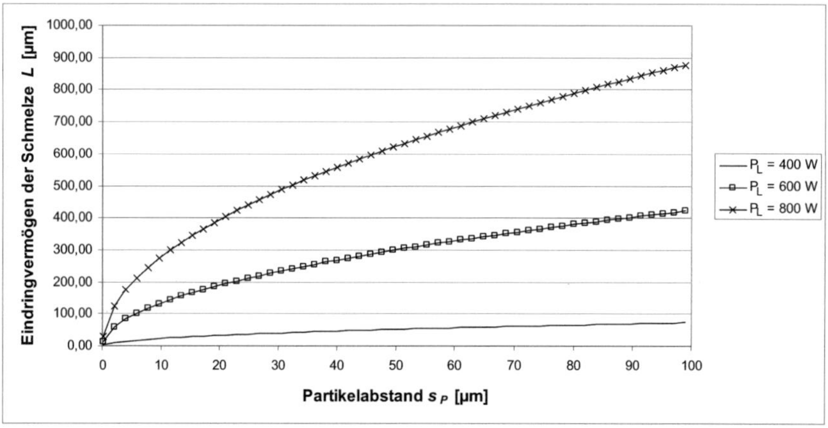

Abbildung 10.10: *Eindringvermögen der Schmelze L für unterschiedliche Laserleistungen P_L in Abhängigkeit des kapillaren Partikelabstands s_p für 1 µm ≤ s_P ≤ 100 µm.*

Auf Basis dieser Näherungsrechnung kann für die jeweilige Laserleistung bei den sich ergebenden mittleren Hartstoffgrößen ein kritischer Partikelabstand für den Fall der einseitigen Eindringung der Schmelze ermittelt werden. Für Partikelabstände unterhalb des kritischen Partikelabstands ist keine sichere Füllung der Zwischenräume gewährleistet.

Laserleistung [W]	mittlere Korngröße (= Eindringvermögen *L*) [µm]	kritischer Partikelabstand [nm] für:		
		Θ = 0°	Θ = 30°	Θ = 80° (berechnet)
400	1,5	7,2	8,2	41,4
600	1,9	1,1	1,2	6,2
800	3,0	0,2	0,3	1,1

Tabelle 10.1: *Kritischer Partikelabstand in Abhängigkeit der WC-Korngröße und Laserleistung.*

Durch die simultan auftretende Agglomeration der Hartstoffe mit einhergehendem Stoffschluss sind die realen Vorgänge jedoch deutlich komplexer und in dieser Näherungsrechnung nur im Ansatz abzubilden. Das reale Verhalten ist zudem durch allseitige Eindringung der Schmelze geprägt. Die Ergebnisse der Näherungsrechnung zeigen jedoch, dass der Einfluss der Viskosität auf die Porenbildung nicht der dominierende Effekt ist, da der Näherungsrechnung zufolge die kritischen, sehr kleinen kapillaren Zwischenräume bereits bei einer sehr kurzen

Existenzdauer von 34 ms gefüllt werden. Grundsätzlich dringt die Schmelze in kleine Kapillaren zwar langsamer, jedoch tiefer ein, als in große Kapillaren [97].

10.2.2 Einfluss des Schmelzvolumens auf die Lunkerbildung

Bei der Betrachtung der Viskosität in Kapitel 10.2.1 wurde ein ausreichendes Schmelzvolumen vorausgesetzt. Dieses wird in erster Linie durch den Anteil der Bindematrix im Pulverwerkstoff bestimmt, der für das Laserauftragschweißen im vorliegenden Fall mit gerade einmal 12 Gew.% sehr gering ist. Durch die Auflösung der Hartstoffe bei der thermischen Verarbeitung erhöht sich das Volumen der Schmelze in Abhängigkeit der Temperatur temporär. Demnach ergibt sich das maximale Schmelzvolumen in etwa zum Zeitpunkt der maximalen Temperatur und in den Bereichen, wo die größten Anteile der Hartstoffphase aufgelöst werden. Der Auflösungsgrad der Hartstoffphase besitzt jedoch wiederum eine zeitliche Abhängigkeit, wie bereits in Kapitel 8 aufgezeigt wurde.

Andere Auftragsverfahren auf Pulver-Basis nutzen zusätzlich die kinetische Energie der Pulverpartikel, um eine Verdichtung zu erreichen, was beim LPA durch die relativ geringe kinetische Energie der Pulverpartikel nicht in ausreichendem Maße gegeben ist. So treten beim Hochgeschwindigkeitsflammspritzen Partikelgeschwindigkeiten v_P von bis zu 800 m/s auf [60]. Sie sind damit ca. 800-mal schneller als beim Laserauftragschweißen, woraus sich nach Gleichung 10.2 eine 800-mal größere Aufprallkraft ergibt, die eine Verdichtung herbeiführt.

$$F_{Coll} = \frac{m_P \cdot v_P}{t}$$ **Gleichung 10.2**

Somit muss die fehlende mechanische Verdichtung durch erhöhte Schmelzvolumen bzw. Bindemetallanteile ausgeglichen werden. Doch welches Schmelzvolumen ist erforderlich, um die Lunkerbildung der interpartikularen Porosität zu vermeiden?

Zur Beantwortung dieser Frage muss zunächst geklärt werden, in welcher Größenordnung die zu füllenden Hohlräume angesiedelt sind. Hierbei ist im Wesentlichen das resultierende Hohlraumvolumen zwischen den Hartstoffen relevant.
Die direkte Analyse des Hohlraumvolumens innerhalb des Auftragsprozesses ist nicht möglich. Bei kleinen Laserleistungen (bis P_L= 400 W) ist der Aggregatzustand der Pulverpartikel nach der Laserbestrahlung als teigig bist fest einzustufen (siehe Kapitel 8.2.1), wodurch der Einfluss der kinetischen Verdichtung gering ist.
Daher kann das resultierende Hohlraumvolumen zwischen den Hartstoffpartikeln für diesen Leistungsbereich im Rahmen eines Modellversuchs abgeschätzt werden. Prinzipiell handelt es sich dabei um die Schüttdichte des Pulvers. Die Geschwindigkeit, mit der die Partikel aus der Pulverdüse austreten, ist jedoch ein Einflussfaktor, der in Abwandlung zur regulären Schüttdichtemessung hier mit berücksichtigt werden soll.

Hierzu wird reiner WC-Pulverwerkstoff über ein Fallrohr mit Unterstützung durch ein Trägergas beschleunigt. Am unteren Austritt des Fallrohrs erfolgt eine Geschwindigkeitsmessung mit der Hochgeschwindigkeitskamera. Die ermittelten Geschwindigkeiten der Hartstoffpartikel liegen analog zur Geschwindigkeit der Pulverpartikel im Bereich von v_P = 1 m/s. Unterhalb des Fallrohraustritts befindet sich ein Glaskolben, in dem eine geschwindigkeitsabhängige Schüttdichte, im Folgenden als abgewandelte Schüttdichte bezeichnet, bestimmt wird.
Aus den ermittelten abgewandelten Schüttdichten der WC-Partikel kann das Hohlraumvolumen berechnet werden. Für Hartstoffkorngrößen im Bereich von d_{HS} = 10 µm ergibt sich so ein Hohlraumvolumen im Bereich von 59 Vol.%, wenn die Hartstoffpartikel ohne Laserbeeinflussung aufgeschüttet werden. Die Analyse der Porosität der Volumenkörper (siehe Abbildung 6.15) zeigt jedoch, dass bereits bei P_L= 400W eine Verdichtung stattfindet, wodurch die resultierende Gesamtporosität dort bei ca. 43 Vol.% liegt.

Mit zunehmender Leistung ändert sich der Aggregatzustand der Partikel, die aus Bindematrix und Hartstoffen bestehen, weshalb deren Aufprall mit einer zunehmenden plastischen Verformung und damit einhergehenden Verdichtung der Partikel verbunden ist. Mit abnehmender Viskosität der Schmelze werden zudem zunehmend innere Verdichtungseffekte der Schmelze dominierender. Der exakte Verdichtungsvorgang ist aufgrund der Wechselwirkung zahlreicher Faktoren wie Temperatur, Existenzdauer der Schmelze, Partikelgeschwindigkeit sowie kinetischer Wechselwirkungen einer direkten Untersuchung nicht zugänglich. Ebenso ist eine Simulation dieses Vorgangs zu komplex und mit zu vielen Unsicherheiten verbunden. Gleiches gilt für das reale Schmelzvolumen während der Abscheidephase. Die Frage nach dem erforderlichen Schmelzvolumen lässt sich daher auf diese Weise nicht beantworten.

Ein alternativer Ansatz ist die Abschätzung des real vorhandenen Schmelzvolumens durch eine thermodynamische Berechnung auf Basis der EDX-Analysen von Pulverpartikeln und Volumenkörpern. Da die Volumenkörper bei höheren Leistungen lunkerfrei sind, ermöglicht die Kenntnis des vorhandenen Schmelzvolumens eine Abschätzung des erforderlichen Schmelzvolumens für einen grundsätzlich lunkerfreien Auftrag.
Grundlage der folgenden Näherungsrechnung sind die Zusammensetzungen der β-Phasen der laserbestrahlten Pulverpartikel. In diesem Zustand herrschen nach Kapitel 7 die maximalen Temperaturen und somit näherungsweise das maximale Schmelzvolumen. Die weiteren Auflösungsvorgänge werden durch die Existenzdauer der Schmelze in der Abscheide- und Abkühlphase bestimmt. Neben den Auflösungsvorgängen finden insbesondere bei höheren Laserleistungen in diesen Phasen aber auch quantitativ nicht bestimmbare Ausscheidungsvorgänge statt, weshalb sich die Ergebnisse der quantitativen Gefügeanalyse der Volumenkörper nur begrenzt zur Bestimmung der Schmelzvolumina eignen.
Dennoch können in beiden Fällen aus den entsprechenden Zusammensetzungen der β-Phase mit Hilfe der theoretischen Dichte die Volumenanteile der β-Phase im Gesamtgefüge bestimmt werden. Die detaillierte Abschätzung findet sich in Anhang A9.

Daraus lässt sich in Kombination mit dem Volumenausdehnungskoeffizient sowie der sprunghaften Volumenänderung beim Übergang in die schmelzflüssige Phase, näherungsweise das Schmelzvolumen abschätzen. Der Volumenausdehnungskoeffizient γ_{Vol} wird dabei als temperaturunabhängige Größe angenommen.

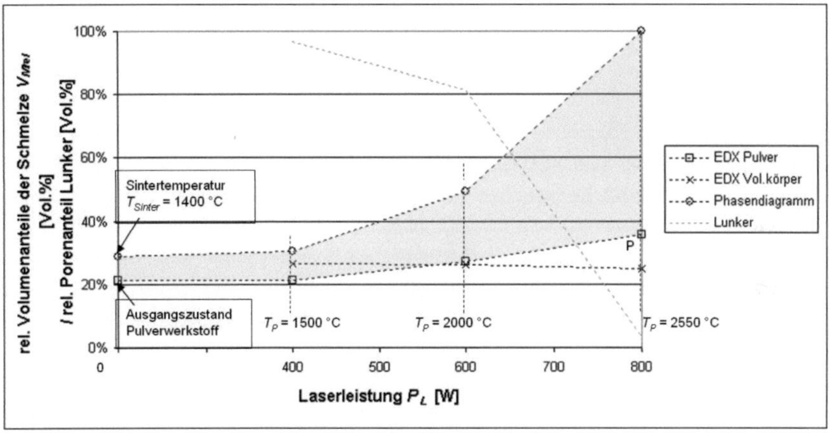

Abbildung 10.11: *Theoretische und auf Basis quantitativer Gefügeanalysen anhand des quasibinären Zustandsschaubilds berechnete relative Volumenanteile der Schmelze V_{Mrel} bei unterschiedlichen Partikeltemperaturen, sowie der proz. Lunkeranteil.*

Der grau hinterlegte Bereich in Abbildung 10.11 stellt den Bereich dar, in dem das reale Schmelzvolumen beim Laserauftragschweißen angesiedelt sein kann. Die obere Kurve („Phasendiagramm“) repräsentiert die theoretischen Schmelzvolumina, die sich bei den entsprechenden Partikeltemperaturen T_P nach dem quasibinären Zustandsschaubild einstellen, wobei der Punkt auf der Ordinate den Zustand bei der Sintertemperatur T_{Sinter} von 1400°C wiedergibt. Die untere Kurve („EDX Pulver“) zeigt die Schmelzvolumina auf Basis der EDX-Analysen des laserbestrahlten Pulverwerkstoffes. Bedingt durch die kurze Existenzdauer der Schmelze in Kombination mit der hohen Abkühlgeschwindigkeit bei P_L = 400 W, wird der Lösungszustand der Schmelze beim Auftrag des Volumenkörpers nahezu eingefroren. Das auf Basis des verbleibenden Wolframgehalts in der β-Phase des Volumenkörpers berechnete Schmelzvolumen liegt mit ca. 27 Vol.% mittig im aufgespannten Bereich des möglichen Schmelzvolumens („EDX Vol.körper“) und könnte in Anbetracht der schnellen Erstarrung in etwa dem realen Schmelzvolumen entsprechen. Der weitere Kurvenverlauf bestätigt die oben beschriebenen Ausscheidungsvorgänge, weshalb das berechnete Schmelzvolumen der Volumenkörper nicht den realen Zustand im flüssigen Aggregatzustand abbildet.

Die gestrichelte Kurve („Lunker“) stammt aus den Untersuchungen zum relativen Anteil der Porentypen (Abbildung 10.6) und zeigt die leistungsabhängige Abnahme des Lunkeranteils in Bezug zum Schmelzvolumen.

Als Basis für die Beurteilung, ab welchem Schmelzvolumen ein lunkerfreier Auftrag erzielt werden kann, dient die Feststellung aus Abbildung 10.6, dass bei P_L = 800 W keine Lunker mehr erkennbar sind. Mit Hilfe der gewonnen Erkenntnisse ist demnach für die vorliegenden Randbedingungen ein Schmelzvolumen von mindestens 35,6 Vol.% (Punkt P in Abbildung 10.11) erforderlich, um unter der Voraussetzung einer ausreichend geringen Viskosität eine weitgehend lunkerfreie Auftragspur zu erzeugen. Im idealisierten Falle einer reinen Kobaltschmelze entspricht dies für diese Laserleistung einem Cobaltgehalt von 23,9 Gew.%.

Anhand der Stützwerte, die durch die EDX-Analyse bei den drei Partikeltemperaturen gewonnen werden konnten, lässt sich der reale zeitliche Verlauf des relativen Volumens der Schmelze V_{Mrel} für die Flugphase relativ gut abschätzen. Die Stützwerte (siehe Anhang A9), die aus der Abscheide- und Abkühlphase gewonnen werden konnten, sind aus den oben genannten Gründen nicht repräsentativ, so dass für den qualitativen Verlauf des Schmelzvolumens innerhalb der Abscheide- und Abkühlphase ebenfalls die Stützpunkte der Pulverpartikel genutzt werden. Infolge der unterschiedlichen Ausscheidungsvorgänge innerhalb der Abscheidephase ist die Abschätzung für diesen Zeitbereich nur eingeschränkt gültig. Abbildung 10.12 zeigt den Verlauf des Schmelzvolumens in Abhängigkeit der Temperatur für das Segment 2 bei P_L = 800 W.

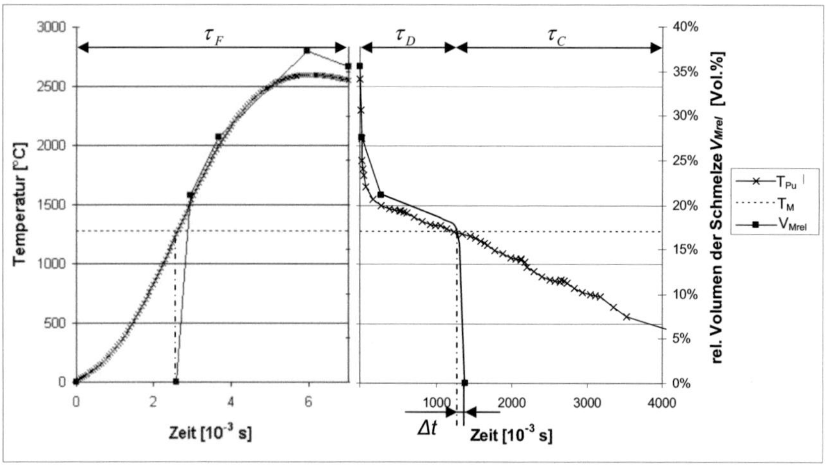

Abbildung 10.12: *Qualitativer Verlauf des rel. Volumens der Schmelze V_{Mrel} im Segment 2, auf Basis von Stützwerten über Flugphase τ_F, Abscheidephase τ_D und Abkühlphase τ_C, in Abhängigkeit der Zeit t und Temperatur T für P_L = 800 W.*

Demnach wird nach ca. 2,6 ms die Schmelztemperatur überschritten. Nach ca. 3 ms stellt sich bei ca. 1500 °C (Temperatur der Pulverpartikel bei P_L = 400 W) ein Schmelzvolumen von ca. 21 Vol.% ein, welches dem exponentiellen Verlauf der Temperatur folgt. Auch im Rahmen der Abscheidephase zeigt sich ein der Temperatur entsprechender Verlauf des Schmelzvolumens, welches unmittelbar nach Unterschreiten der Schmelztemperatur T_M = 1280 °C zu kristallisieren beginnt und sich nach der Kristallisationsdauer Δt vollständig in der festen Phase befindet. Die Anpassung des Schmelzvolumens ist jedoch nur für die Vermeidung von Lunkern wirksam. Die Bildung von Gasporen bleibt unbeeinflusst.

10.3 Diskussion der Porenbildung durch Gaseinschlüsse bzw. -aufnahme

Ein charakteristisches Merkmal der lasergenerierten Gefüge mit Laserleistungen $P_L \geq 600$ W sind die bereits in Kapitel 8 metallurgisch behandelten hartstoffarmen Zonen über den gesamten Spurquerschnitt (siehe Abbildung 10.13). Diese Zonen hängen unmittelbar mit dem Entstehungsmechanismus der Gasporen zusammen. Die Größe dieser Bereiche nimmt analog zur Größe der Gasporen mit steigender Laserleistung zu.

Abbildung 10.13: *Hartstoffarme Zone zwischen Gasporen bei P_L = 600 W.*

Eine These zum Entstehungsmechanismus der hartstoffarmen Zonen wird anhand von Abbildung 10.14 aufgestellt.

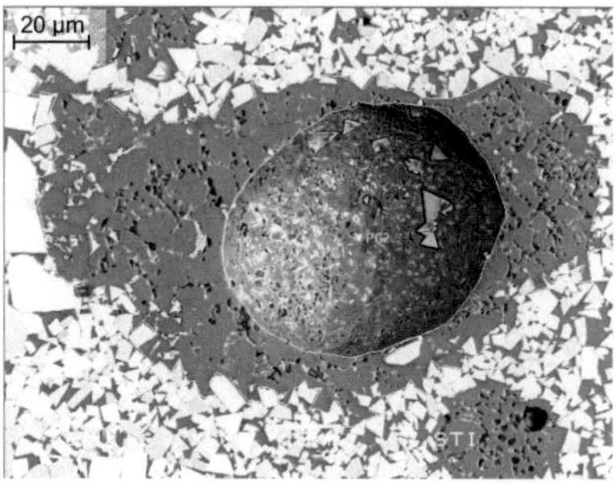

Abbildung 10.14: *Hartstoffarme Zone mit Restgaspore bei P_L = 800 W und Ätzung nach Murakami.*

Während des Auftragsprozesses werden durch verschiedene Mechanismen fortlaufend Gase im Gefüge eingeschlossen. Die Ausdehnung dieser eingeschlossenen Gase verhält sich nach Gleichung 10.3 proportional zu Temperatur und Druck.

$$\frac{p_{Gas} \cdot V_{Gas}}{T} = const. \qquad \textbf{Gleichung 10.3}$$

Insbesondere bei hohen Laserleistungen ist davon auszugehen, dass die geringe Viskosität der Schmelze zunächst eine Volumenzunahme des Gases bei geringem Druckanstieg innerhalb der gerade entstehenden Pore zulässt. Dabei werden die Hartstoffe verdrängt. Mit zunehmender Volumenausdehnung verdichten sich die umliegenden Hartstoffe, wodurch sich der Verdrängungswiderstand erhöht. Abhängig von der Amplitude und Dauer der Überhitzung sowie dem eingeschlossenen Gasvolumen stellt sich ein Zustand ein, bei dem der mittlerweile verdichtete Carbidsaum keine weitere Volumenausdehnung zulässt. Die Folge ist ein Druckanstieg innerhalb der Pore. Dieser ist teilweise so hoch, dass sich Hartstoffe an der Grenzfläche sogar umorientieren können (Abbildung 10.5) oder im Extremfall ihr Wachstum an die Silhouette der Gaspore anpassen, wie Abbildung 10.15 belegt.

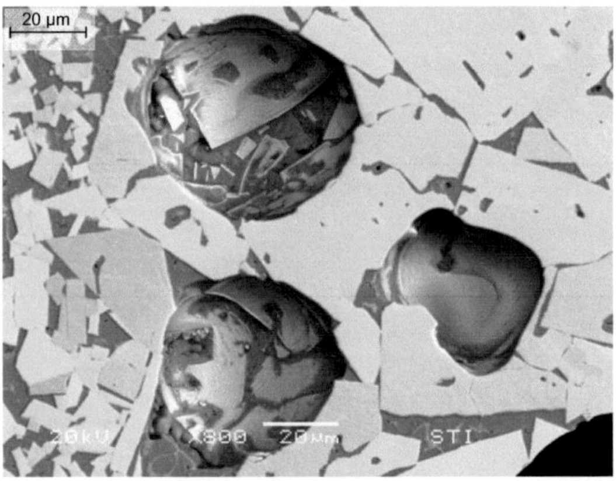

Abbildung 10.15: *Gasporen bei P_L = 800 W, deren weitere Volumenausdehnung durch Carbidsäume behindert wurde, so dass Hartstoffe um die Gasporen herum wachsen.*

Bei der Abkühlung des überhitzten Werkstoffs verringert sich das Gasvolumen proportional zur Temperatur. Für die Entstehung der hartstoffarmen Zonen ist dabei der Temperaturbereich zwischen der Spitzentemperatur und der Erstarrungstemperatur des Eutektikums relevant. Bei P_L = 800 W liegt die Spitzentemperatur bei ca. 2500 °C.

Für eine Abschätzung der Volumenabnahme der Gaseinschlüsse bei der Abkühlung wird ein konstanter Gasdruck angenommen. Im relevanten Temperaturbereich 1280 °C ≤ T ≤ 2500 °C reduziert sich das Gasvolumen demnach um nahezu 50 %. Infolge dieser Volumenreduktion entsteht ein Unterdruck innerhalb der Pore. Die trägen Hartstoffe sind aufgrund der voran-

gegangenen Verdichtung – ähnlich einem Kellergewölbe – ineinander verkeilt, oder durch Koaleszenz bereits stoffschlüssig miteinander verbunden, und bilden so eine mehr oder weniger hochviskose Barriere gegen den Unterdruck. Sofern freie Zwischenräume vorhanden sind, dringt die wolframreiche Schmelze unterstützt durch den Unterdruck in die Pore ein. Dabei werden in einigen Fällen auch Hartstoffe mitgerissen.
Nach der Erstarrung verbleibt eine Restpore im Gefüge. Die reale Schrumpfung des Gasvolumens lässt sich anhand von Abbildung 10.14 abschätzen. Das Flächenverhältnis zwischen hartstoffarmer Zone (Zustand der Pore im Bereich der Spitzentemperatur) und der Restpore ergibt in diesem Fall eine Schrumpfung von ca. 60 %. Der Unterschied zwischen der theoretischen und realen Schrumpfung ist durch nicht konstante Druckverhältnisse sowie dynamische Wechselwirkungen beim Eindringen der Schmelze begründet. Zudem sind die Volumenverhältnisse von der Lage der Schnittebene des Schliffbilds abhängig.

Zur wirksamen Vermeidung von Gasporen und den daraus resultierenden hartstoffarmen Zonen muss folglich die Aufnahme bzw. der Einschluss von Gasen im Gefüge vermieden werden. Für die Gasaufnahme bzw. den Gaseinschluss kommen mehrere Ursachen in Frage. Ein wichtiger Mechanismus zur Bildung von Gasporen ist das hohe Aufnahmevermögen von Gasen in metallischen Schmelzen. Die gelösten Gase stammen aus der umgebenden Atmosphäre. Hinzu kommt ein großer Anteil an freiem Kohlenstoff infolge der Carbidauflösung. Das Lösungsvermögen nimmt jedoch mit sinkender Temperatur zunehmend ab, so dass sich die gelösten Gase in der erkaltenden Schmelze ausscheiden und i.d.R. als Gaspore im Gefüge verbleiben [10]. Dieser Effekt wird von GRÜNENWALD [70] als dominierender Mechanismus beim Laserauftragschweißen von Cermet-Beschichtungen auf Stahlsubstraten beschrieben, der insbesondere bei kleinen Pulverförderraten beobachtet wird. Allerdings tritt dort keine Füllung der Poren durch Schmelze ein, so dass diese als Hohlräume im Gefüge verbleiben. Dieser Effekt kann im vorliegenden Fall jedoch nur für einen Teil der Porosität verantwortlich gemacht werden, da sonst das Gasvolumen mit abnehmender Temperatur stetig zunehmen müsste und damit ein Eindringen von Schmelze in die Pore nicht möglich wäre. Allerdings treten auch Poren ohne hartstoffarme Bereiche auf, deren Entstehung durchaus auf diesem Wege möglich ist (siehe Abbildung 10.15).
Ein zweites Szenario, welches die Bildung von Gasporen begünstigt, ist in der Beschaffenheit der Pulverpartikel sowie in der Art und Weise der Partikelabscheidung zu suchen.
Hierzu zeigt Abbildung 10.16 Pulverpartikel, wie sie nach der Laserbestrahlung mit P_L = 800 W vorliegen.

Die Partikel weisen zum einen auch bei hohen Leistungen partiell nach wie vor intrapartikulare Porosität auf. Hierbei kann im Inneren noch erhebliche Porosität bei einer gleichzeitig fast vollständig geschlossenen Außenhülle auftreten. Zum anderen ist aufgrund des hohen Hartstoffanteils davon auszugehen, dass die Partikel sich beim Aufprall nur ungenügend plastisch deformieren bzw. die Gesamtviskosität aufgrund der oberflächenspannungsbedingten Bindung des Cobalts an die Hartstoffe immer noch so hoch ist, dass die Partikel relativ formstabil bleiben.

Abbildung 10.16: *Pulverpartikel nach der Laserbestrahlung mit P_L = 800 W im Rahmen der Flugphase.*

Durch die Anhäufung dieser vermutlich teigigen bis zähflüssigen Pulverpartikel werden in den dazwischen liegenden Hohlräumen fortschreitend Gase eingeschlossen, die sich zu größeren Gasporen vereinigen können.

Einen Hinweis, um welche Art von Gasen es sich dabei handelt, geben die Ätzversuche aus Kapitel 8.3.2. Dort deuten die heraus gelösten Gefügebestandteile innerhalb der verbleibenden hartstoffarmen Bereiche auf einen Verlust von Kohlenstoff hin. Dieser wiederum verflüchtigt sich bevorzugt mit Sauerstoff. Ein EDX-Linescan durch eine repräsentative Gaspore zeigt gegenüber dem dichten Gefüge erhöhte Sauerstoff- und Kohlenstoffgehalte[2], die an der Porengrenzfläche in Richtung des dichten Gefüges steil abfallen. Demnach handelt es sich mindestens um Verbindungen der Elemente Sauerstoff und Kohlenstoff zu CO bzw. CO_2.

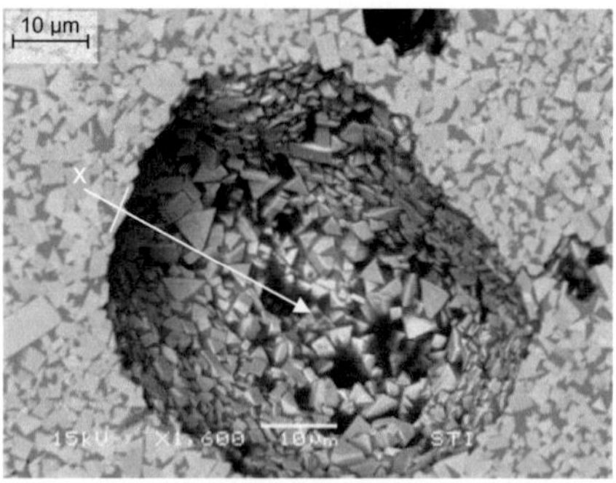

Abbildung 10.17: *BSE-REM-Aufnahme einer Gaspore bei 1.600-facher Vergrößerung.*

[2] Die Messung ist aufgrund der geringen Ordnungszahlen der Elemente C und O nur als relative Messung gültig.

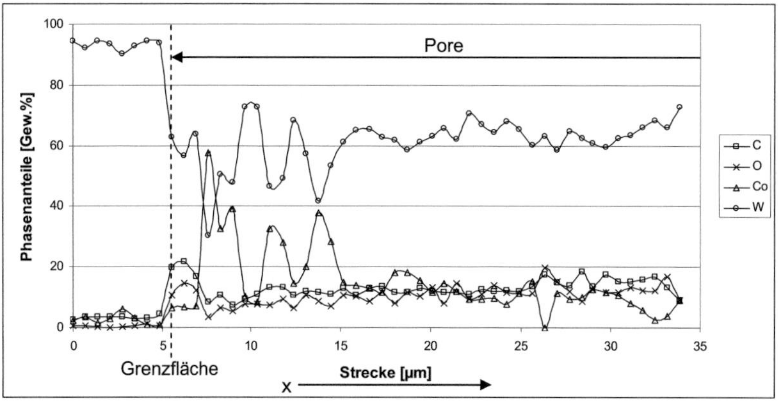

Abbildung 10.18: *EDX-Linescan durch eine Gaspore im Zentrum einer Auftragspur entlang des Pfeils „x".*

Der geringe Sauerstoffanteil auf der Schliffoberfläche (links der Grenzflächen) ist durch Oxidation der Schliffoberfläche bedingt.

Im Rahmen der Analyse der Entkohlung aus Kapitel 8.4.3 konnte bereits nachgewiesen werden, dass die Schutzgasatmosphäre der Standardprozesstechnik nicht ausreicht, um eine Oxidation der Partikel vollständig zu verhindern. Innerhalb der Aufheizphase reagiert Sauerstoff aus der Atmosphäre mit dem in der β-Phase gelösten Kohlenstoff und führt zusätzlich zur thermischen Volumenausdehnung zu einem überproportionalen Anstieg des Gasvolumens während der Aufheizung, was ein weiteres Indiz für den oben beschriebenen dominierenden Porenbildungsmechanismus ist. Die Folge ist eine Entkohlung der β-Phase, die sich im Gefüge durch die Bildung von Eutektikum, δ-Phase oder η-Phase äußert.

Abbildung 10.19: *Unterkohlte Phasen an der Porengrenzfläche bei P_L = 400 W (li.), auf der Porenoberfläche bei P_L = 600 W (mi.) und mit eutektischer Struktur bei P_L = 800 W (re.) bei angepassten Vergrößerungen nach Murakami Ätzung.*

Diese Erscheinungen treten bei P_L = 400 W zum größten Teil in der direkten Randzone der Poren auf. Mit zunehmender Laserleistung vergrößert sich die Zone um die Pore, in der sich derartige Phasen bilden. Bei P_L = 800 W zeigt sich sogar eine ausgeprägte eutektische Struktur der Porenoberfläche. Dabei entstehen auch im weiter entfernten Nahfeld der Pore lokale Ausscheidungen unterkohlter Phasen.

Prinzipiell kommen folgende Sauerstoffquellen in Betracht:

1. Herstellungs- und/oder lagerungsbedingte Oxidation im Ausgangswerkstoff.
2. Gaseinschlüsse in der porösen Struktur des agglomeriert-gesinterten Pulvers.
3. Ungenügende Schutzgasatmosphäre während des Auftragsprozesses.

Mit hoher Wahrscheinlichkeit gelangt durch alle beschriebenen Quellen Sauerstoff in den Prozess, der in Summe die Entkohlung des Hartmetallgefüges verursacht. So bilden sich nach TOMPKINS und AUGIS [80] bereits durch die Lagerung von Cobalt dünne $Co(OH)_2$-Filme, die sich schon bei geringer Erhitzung zu einem Cobaltoxid (CoO) umsetzen. Nach DE MACEDO [32] führen diese Oxidschichten, sowie weitere auf den Wolframcarbiden im Rahmen des Sinterprozesses, bei 700 - 800 °C zu einem Ausgasen, was nach MROWEC und PRZYBYLSIK [79] und GESTRICH et al. [22] auf einer Reaktion des aus den Wolframcarbiden gelösten Kohlenstoffs mit dem Sauerstoff der Oxidschichten beruht. Hierauf deuten auch die unterkohlten Phasen in den Poren hin.

Den gemittelten Sauerstoffanteil in Abhängigkeit vom Abstand zur Partikeloberfläche laserbestrahlter Partikel bei P_L = 400 W zeigt Abbildung 10.20. Aufgrund der geringen Atommasse des Sauerstoffs sind auch diese Messungen nur relativ gültig.

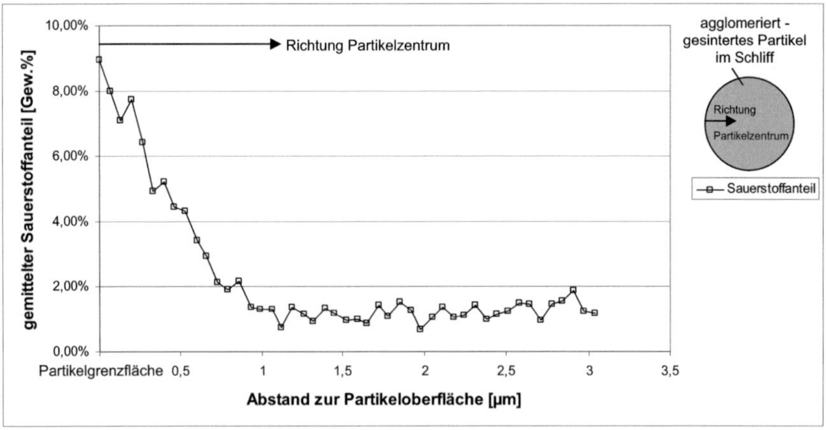

Abbildung 10.20: *Aus EDX-Analysen gemittelter Sauerstoffanteil der Matrix in Abhängigkeit des Abstands zur Partikeloberfläche agglomeriert-gesinterter Partikel im Schliff bei P_L = 400 W.*

Der Sauerstoffgehalt fällt von der Partikeloberfläche in Richtung Partikelzentrum im Mittel innerhalb von ca. 1 µm auf einen relativ konstanten niedrigen Sauerstoffgehalt ab. Daher ist davon auszugehen, dass infolge der raschen Aufheizung nur ein geringer Anteil des Sauerstoffs im Nahfeld der Randzone in der Schmelze gelöst wird.

Demnach findet die Entkohlung bei den Partikeln vorwiegend im Bereich der Grenzflächen statt, was auch von SCHUMANN [103] und SCHULZE [104] beobachtet wird. Aufgrund der hohen intrapartikularen Porosität entsteht eine große Gesamtgrenzfläche, die einen Angriffspunkt für den Sauerstoff bietet.
Bei P_L = 800 W finden infolge der geringen Viskosität vermutlich ausgeprägte Verdichtungs- und Umordnungsprozesse statt, wodurch im gesamten Partikel unterkohlte Phasen (η-Phase, δ-Phase und Eutektikum) feststellbar sind. In den Partikeln lassen sich jedoch nur sehr vereinzelt und auch nur bei hohen Laserleistungen Gasporen identifizieren, so dass die Masse der Gasporen innerhalb der Abscheide- und Abkühlphase entstehen muss.
Auch innerhalb der Volumenkörper tritt der erhöhte Sauerstoffanteil, sowie unterkohlte Phasen bei der mittleren Laserleistung (P_L = 600 W) fast ausschließlich im Nahfeld der Poren auf (siehe Abbildung 10.18), was ebenfalls darauf hindeutet, dass sich der Kohlenstoffentzug durch die Bildung von CO bzw. CO_2 auf die oberflächennahen Zonen der Poren begrenzt. Demnach besteht die Möglichkeit, dass der in der Schmelze gelöste Sauerstoffanteil entweder so gering ist, dass er bei der Erstarrung keine nennenswerte Porosität mehr verursacht oder der gelöste Sauerstoff infolge der raschen Abkühlung in der β-Phase gelöst bleibt. Erst bei P_L = 800 W finden sich nach den Erkenntnissen aus Kapitel 8.3 auch im regulären Hartmetallgefüge ausgeprägte dritte Phasen, die mit einer Unterkohlung einhergehen.

Welche der drei genannten Quellen im vorliegenden Fall primär für die Bildung von Gasporen verantwortlich ist, kann im Rahmen dieser Untersuchungen nicht abschließend geklärt werden. Eine Überhitzung des Gefüges in den Volumenkörpern infolge des Verzichts auf eine Temperaturregelung kann jedoch als dominierende Ursache ausgeschlossen werden. Der Nachweis hierzu wird über die Erzeugung und Auswertung der Porosität von Volumenkörpern mit 2, 3, 4 und 5 Schichten erbracht. In allen vier Volumenkörpern befindet sich die Porosität auf einem vergleichbaren Niveau mit stochastischen Schwankungen von ± 5 Vol.%, was auf eine systematische Ursache der Gasporenbildung hindeutet.
Auch eine Erhöhung des Bindephasenanteils auf 25 Gew.% ergibt bei vergleichbaren Partikelgrößen Gesamtporositäten zwischen 20 und 25 Vol.%, was ebenfalls als Indiz für die oben beschriebenen Porenbildungsmechanismen gedeutet werden kann. Dieser Effekt, der insbesondere bei feinkörnigen Pulverwerkstoffen eintritt, wird auch von BRÄUNER [2] beobachtet.

11 Homogenität und Hartstoffverteilung

Die bisherigen Betrachtungen basieren größtenteils auf Mittelwerten der jeweiligen Kennwerte über dem gesamten Spurquerschnitt. Die Gefügestrukturen variieren jedoch auch innerhalb des Spurquerschnitts, was durch die folgenden Homogenitätsbetrachtungen untersucht werden soll. Zur Bewertung der Homogenität werden die in Abbildung 6.7 definierten neun Segmente des Spurquerschnitts herangezogen.
Es wird zwischen der vertikalen Homogenität über die Spurhöhe (Segmente 2, 5 und 8) und der horizontalen Homogenität über die Spurbreite (Segmente 4, 5 und 6) unterschieden.
Für die vorliegenden Randbedingungen wird ein Gefüge als homogen definiert, wenn auf jedem Flächenelement die gleiche Anzahl von Hartstoffpartikeln mit der gleichen mittleren Korngröße in einer Matrix mit konstantem Anteil an gelöstem Wolframcarbid vorzufinden ist. Demzufolge wird der Begriff der Homogenität auf die zwei wesentlichen Gefügebestandteile angewendet:

1. Homogenität der Hartstoffphase (α-Phase) und
2. Homogenität der β-Phase.

Abhängig von der betrachteten Gefügephase beschreibt die Homogenität die Verteilung der folgenden Kriterien:

1. Homogenität der Hartstoffphase bzgl.:
   - Korngröße,
   - Hartstoffdichte.
2. Homogenität der β-Phase bzgl.:
   - Gefügezusammensetzung.

Über jedes Segment werden Mittelwerte der quantitativen Kennwerte für die einzelnen Bewertungskriterien gebildet. Zur Bewertung der Homogenität innerhalb der Segmente wird die Standardabweichung als statistischer Kennwert herangezogen.

11.1 Bewertung der Homogenität der Hartstoffphase

Prinzipiell können während des Beschichtungsprozesses drei Zustände differenziert werden, welche die Homogenität der Hartstoffphase beeinflussen und simultan und in beliebiger Konstellation auftreten.

Zustand	gekennzeichnet durch / Effekt auf	
	Hartstoffdichte	Hartstoff-Korngrößenverteilung
Hartstoffe bleiben unaufgelöst.	Veränderung der Hartstoffdichte durch Schmelzbadströmungen, Verdichtungseffekte möglich (siehe Kapitel 10).	Veränderung der Korngrößen durch Koagulation/Koaleszenz oder indirekte Beeinflussungen möglich (z.B. bevorzugter Transport bestimmter Korngrößen in Strömungen).
Hartstoffe werden in der β-Phase gelöst und bleiben auch nach der Erstarrung in Lösung.	Lokal unterschiedliche Auflösungsraten (z.B. infolge unterschiedlicher Intensitäten) führen zu unterschiedlichen Lösungszuständen. Es werden bevorzugt kleine Hartstoffpartikel vollständig aufgelöst.	
Hartstoffe werden in der β-Phase gelöst und scheiden sich bei der Erstarrung wieder aus.	Lokal unterschiedliche Ausscheidungsraten (z.B. infolge unterschiedlicher Abkühlraten) führen zu unterschiedlichen Lösungszuständen. Aufgrund des Kornwachstums hat dieser Zustand Auswirkungen auf die Korngrößenverteilung. Weiterhin führen Ausscheidungen dritter Phasen zu Veränderungen der Kennwerte.	

Tabelle 11.1: *Mögliche Zustände der Hartstoffphase während des Beschichtungsprozesses und deren Auswirkungen auf die Homogenitätskriterien.*

Beim vorliegenden Parameterensemble sind strömungsbedingte Effekte aufgrund der geringen Intensitäten allerdings weitgehend auszuschließen (siehe auch Kapitel 7).

11.1.1 Bewertung der Korngrößenverteilungen

11.1.1.1 Korngrößenverteilung der Hartstoffe im Pulverwerkstoff nach der Flugphase

Abbildung 11.1 zeigt die Entwicklung des Korngrößenspektrums nach der Flugphase für den Korngrößenbereich 0,1 µm < d_{HS} < 2 µm für unterschiedliche Laserleistungen.

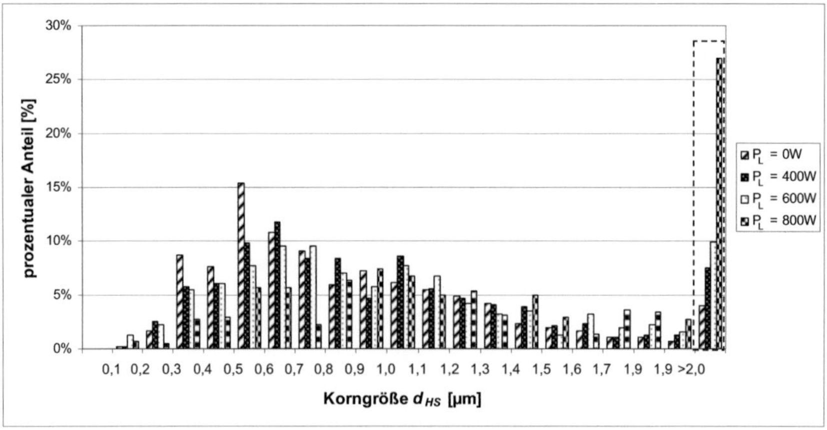

Abbildung 11.1: *Verteilungsschaubild der Korngrößen der Hartstoffpartikel für 0,1 < d_{HS} < 2 µm nach der Flugphase.*

Eine zunehmende Laserleistung führt im Rahmen der Flugphase zu einer Verschiebung der Korngrößenverteilung zu größeren Korngrößen. Der Wendepunkt liegt zwischen 1,3 µm und 1,4 µm. Unterhalb von d_{HS} = 1,3 µm nimmt der prozentuale Anteil der Hartstoffe mit zunehmender Laserleistung tendenziell ab, oberhalb von d_{HS} = 1,4 µm hingegen stetig zu. Am deutlichsten zeigt sich die Verschiebung bei den Korngrößen > 2 µm.

Abbildung 11.2 gibt die Abhängigkeit der Standardabweichung δ_k von der Laserleistung P_L nach der Flugphase wieder. Die in Klammern dargestellten Werte entsprechen dem Anteil der Hartstoffpartikel die innerhalb des Bereichs $d_a \pm \delta_k$ angesiedelt sind.

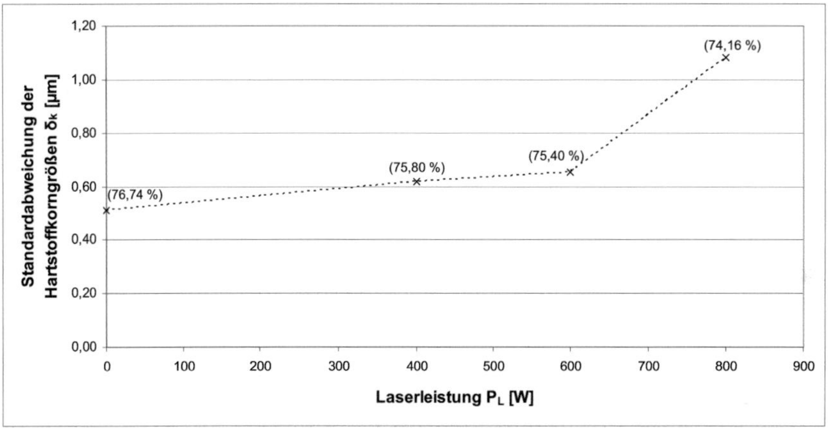

Abbildung 11.2: *Standardabweichung der Hartstoffkorngrößen δ_k in Abhängigkeit der Laserleistung P_L nach der Flugphase.*

Mit $d_a \pm \delta_k$ > 68,3 % weichen die vorliegenden Verteilungen von einer Normalverteilung ab. Der Anteil der Hartstoffe innerhalb $d_a \pm \delta_k$ zeigt mit zunehmender Laserleistung eine abnehmende Tendenz, die Folge der erhöhten mittleren Korngröße, verbunden mit einer höheren Standardabweichung ist. Dies führt zu einer Abflachung und Breitung der Hartstoffpartikelgrößen-Verteilungskurve.

11.1.1.2 Korngrößenverteilung der Hartstoffe in den Volumenkörpern

Wird ein Volumenkörper aus mehreren überlappenden Einzelspuren, die nebeneinander und aufeinander gelegt werden, aufgetragen, so stellt sich, zum einen bedingt durch die Intensitätsverteilung in der Einzelspur, aber zum anderen überwiegend durch die inhomogene Wärmeabfuhr, im Zentrum des Volumenkörpers eine höhere Temperatur ein als in den Randzonen. Durch die zunehmende Aufheizung mit zunehmender Auftragshöhe des Volumenkörpers erfahren die obersten Schichten durch den Verzicht auf eine Temperaturregelung das höchste Temperaturniveau, bei einer gegenüber den darunter liegenden Schichten verminderten Gesamtdauer der Wärmebeeinflussung.

Wie im Rahmen der Analysen in Kapitel 9.3 bereits festgestellt wurde, findet in der Abscheide- und Abkühlphase ein verstärktes Wachstum der Hartstoffpartikel statt, welches vorrangig durch Koagulation bzw. Koaleszenz verursacht wird. Damit geht nach Abbildung 11.3 auch eine Erhöhung der Standardabweichung einher.

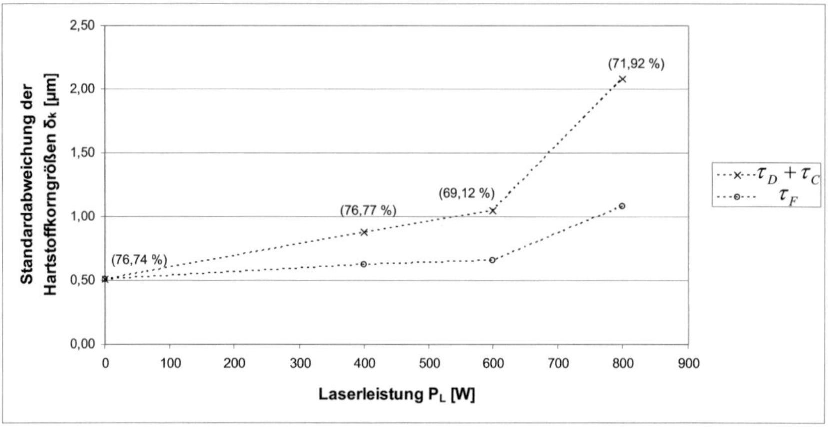

Abbildung 11.3: *Über den Spurquerschnitt gemittelte Standardabweichung δ_K der Hartstoffkorngrößen in Abhängigkeit der Laserleistung P_L nach der Abscheide- und Abkühlphase $\tau_D + \tau_C$, im Vergleich zu den Ergebnissen nach der Flugphase τ_F.*

Analog zur Standardabweichung zeigt sich im Verteilungsschaubild der Korngrößen die Verstärkung des bei den laserbestrahlten Pulvern ermittelten Verschiebungs- und Abflachungseffekts der Hartstoffkorngrößenverteilung in Abbildung 11.4.

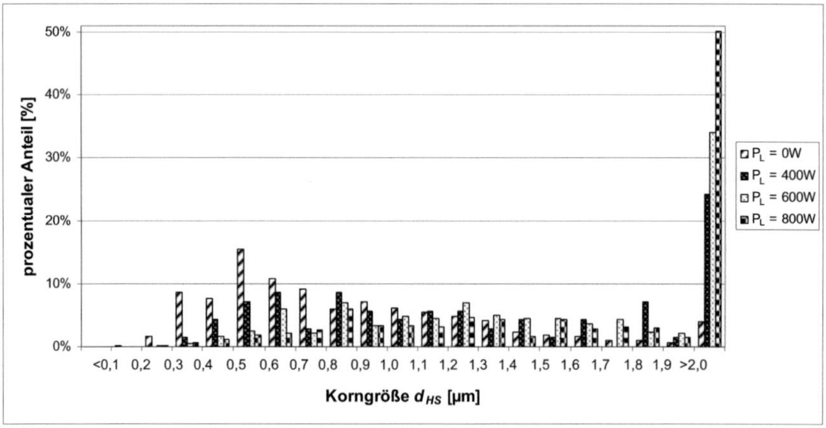

Abbildung 11.4: *Verteilungsschaubild der über den jeweiligen Spurquerschnitt ermittelten Korngrößen der Hartstoffpartikel 0,1 < d_{HS} < 2 µm nach der Abscheide- und Abkühlphase.*

Korngrößenverteilung der Hartstoffe entlang der zentralen Vertikalen

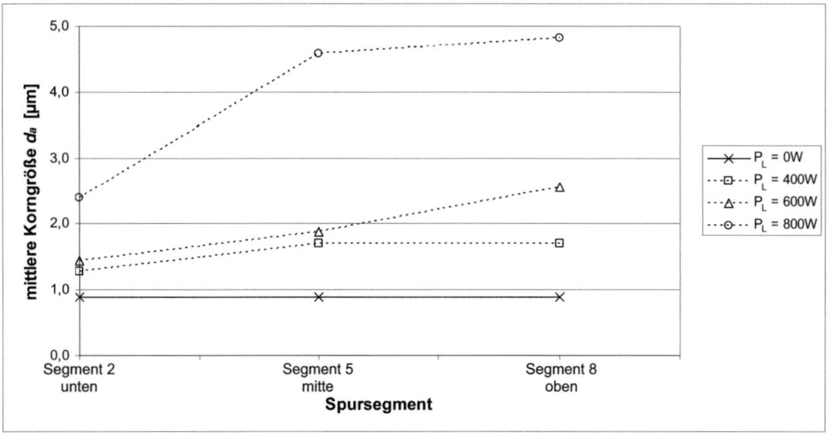

Abbildung 11.5: *Entwicklung der mittleren Hartstoffkorngröße d_a über die zentrale Vertikale (Spurhöhe) für verschiedene Laserleistungen P_L.*

Die Korngrößen im unteren Segment (2) bewegen sich bis P_L = 600 W aufgrund der raschen Kristallisation in einem engen Korngrößenbereich. Mit zunehmender Auftragshöhe steigt das Temperaturniveau des Volumenkörpers, so dass auch das Kornwachstum zunimmt. Entsprechend den einführenden theoretischen Ausführungen herrscht während des Auftragsprozesses im obersten Segment (8) bezüglich des Temperaturniveaus ein Maximum. Aus diesem Grund ergibt sich in diesem Segment trotz der – gegenüber den darunter liegenden Segmenten – geringeren Dauer der Wärmebeeinflussung die größte mittlere Hartstoffkorngröße.

Analog zum Verhalten bei den Pulverpartikeln führt auch im Volumenkörper ein zunehmendes Wachstum zu einer zunehmenden Standardabweichung der Hartstoffpartikelgrößen, die bei P_L = 800 W sogar im Bereich der mittleren Korngröße liegt (Segment 8).

Korngrößenverteilung der Hartstoffe entlang der zentralen Horizontalen

Die resultierenden Korngrößen entlang der zentralen Horizontalen bestätigen die einführenden theoretischen Überlegungen ebenfalls. Entsprechend dem Temperaturprofil mit einem Maximum im Zentrum zeigt sich eine Symmetrie der Korngrößen zur Spurmitte (Segment 5).

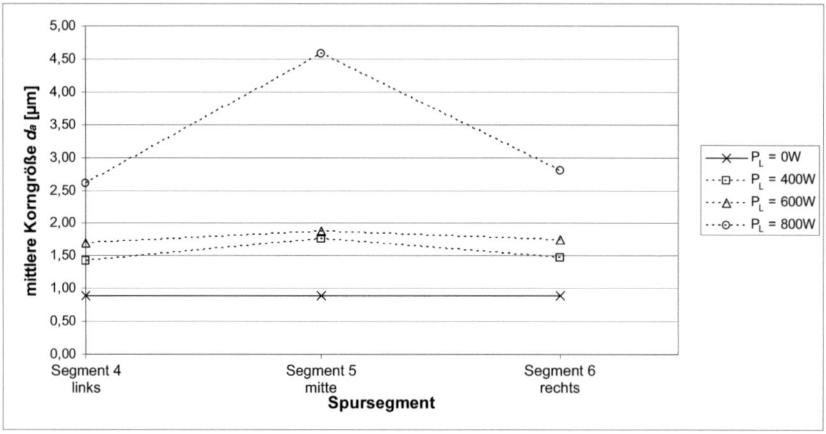

Abbildung 11.6: *Entwicklung der mittleren Hartstoffkorngröße d_a über die zentrale Horizontale (Spurbreite) für verschiedene Laserleistungen P_L.*

Analog zum Kornwachstum verhält sich auch die Standardabweichung. Dabei gilt: Je größer die mittlere Korngröße, desto größer auch die Standardabweichung δ_K.

Zusammenfassend kann im Rahmen der Homogenitätsbewertung der Korngrößen der Hartstoffpartikel festgestellt werden, dass sich ein breites Korngrößenspektrum einstellt, das im Wesentlichen auf ein großes Temperaturspektrum zurückzuführen ist. Analog zu den Erkenntnissen bei der Analyse des Kornwachstums findet das größte Wachstum innerhalb der Abscheide- und Abkühlphase statt, wie Abbildung 11.7 noch einmal verdeutlicht.

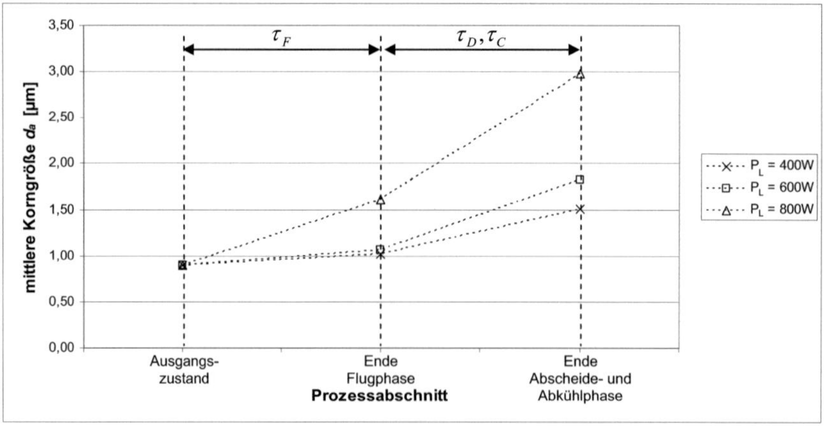

Abbildung 11.7: *Über den Spurquerschnitt gemittelte Korngrößenentwicklung in Abhängigkeit des Prozessabschnitts für unterschiedliche Laserleistungen P_L.*

11.1.2 Bewertung der Hartstoffdichteverteilung

Für eine belastbare Bewertung der Hartstoffdichte ist die Analyse der Volumenverhältnisse zwischen Hartstoffen und Matrix im Schliffbild alleine nicht ausreichend. Wird beispielsweise ein Volumenelement betrachtet, in dem sich ein isoliertes Riesenkorn befindet, so ist der volumetrische Hartstoffanteil zwar hoch, jedoch geht damit nicht zwingend eine hohe Hartstoffdichte einher.

Sie wird letztendlich durch die Menge der die Hartstoffe umgebenden Bindephase und dem daraus resultierenden mittleren Partikelabstand bestimmt. Das im Folgenden verwendete Berechnungsmodell basiert auf den Annahmen aus Abbildung 11.8.

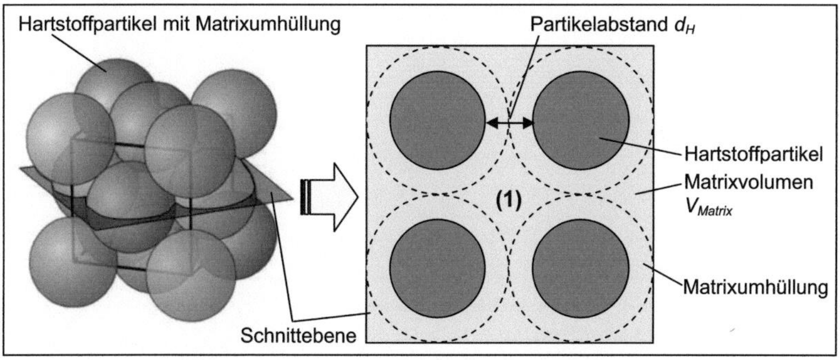

Abbildung 11.8: *Modellbildung zur Berechnung des mittleren Partikelabstands d_H.*

Hierzu werden die Hartstoffpartikel im betrachteten Bildausschnitt als sphärisch und homogen verteilt angenommen. Jedes Hartstoffpartikel wird von Matrix umhüllt (gestrichelt). Diese Umhüllungen bilden die dichteste Kugelpackung mit einer Raumfüllung von 74 Vol.% (z.B. kfz-Gitter). Im Umkehrschluss bedeutet dies für das verwendete Modell, dass bereits 26 Vol.% des Gesamtvolumens der Bindephase für die Füllung der Zwischenräume (1) verbraucht werden. Aus dem verbleibenden Matrixvolumen kann der mittlere Partikelabstand d_H nach Gleichung 11.1 bestimmt werden.

$$d_H = \sqrt[3]{\frac{0{,}74 \cdot 6}{\pi} \cdot \frac{V_{Matrix}}{\sum P} + d_a^{\,3}} - d_a^{\,3} \qquad \textbf{Gleichung 11.1}$$

Der mittlere Partikelabstand d_H setzt das vorhandene Matrixvolumen V_{Matrix} zur Anzahl der Partikel im betrachteten Bildbereich ins Verhältnis. Er ist direkt vom mittleren *D*urchmesser der Hartstoffpartikel d_a abhängig. Die Herleitung von Gleichung 11.1 sowie weitere Randbedingungen zur Kennwertermittlung finden sich in Anhang A10.

Die Kenntnis des mittleren Partikelabstands erlaubt eine Interpretation der Hartstoffdichte. Ist der mittlere Partikelabstand gering, bedeutet dies eine große Anzahl von Hartstoffen in einem im Verhältnis dazu geringen Matrixvolumen, was einer hohen Hartstoffdichte gleichzusetzen ist.

11.1.2.1 Hartstoffdichteverteilung in den Pulverpartikeln

Der mittlere Partikelabstand in den laserbestrahlten Pulverpartikeln verändert sich mit der Laserleistung gemäß Abbildung 11.9.

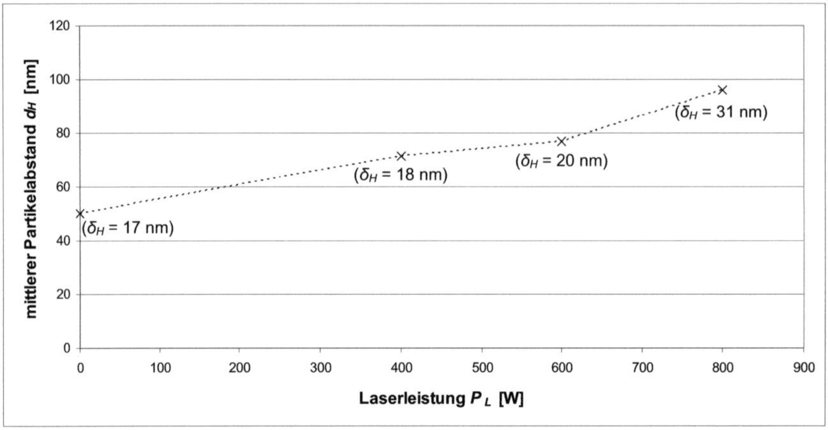

Abbildung 11.9: *Mittlerer Partikelabstand d_H in laserbestrahlten Pulverpartikeln in Abhängigkeit der Laserleistung P_L.*

Eine Erhöhung des mittleren Partikelabstands ist unter den gegebenen Randbedingungen nach Gleichung 11.1 nur möglich, wenn sich einerseits die Anzahl der Hartstoffpartikel reduziert, womit i.d.R. auch eine Vergrößerung der Hartstoffe einhergeht und sich andererseits das Volumen der Matrix erhöht.

Die bisherigen Ergebnisse haben gezeigt, dass beide bzw. alle drei Faktoren variabel sind. So nimmt das Volumen der Matrix infolge der vermehrten Lösung der Wolframcarbide nominal zu, während sich die Anzahl der Hartstoffpartikel infolge des Wachstums der Hartstoffpartikel durch Koaleszenz stetig reduziert. Auf diese Weise vergrößert sich der Partikelabstand d_H bei P_L = 800 W gegenüber dem Ausgangszustand im Maximum um ca. 91 %.

Analog zum Verhalten bei der Korngrößenverteilung nimmt auch bei der Hartstoffdichteverteilung die Standardabweichung des mittleren Partikelabstands δ_H mit zunehmender Laserleistung zu. Grundsätzlich weist die Kurve der Standardabweichung einen ähnlichen Verlauf wie die zugehörige Kennwertkurve auf, weshalb auf deren explizite Darstellung im Folgenden verzichtet wird. Die Werte für δ_H sind in Abbildung 11.9 eingetragen.

11.1.2.2 Hartstoffdichteverteilung in den Volumenkörpern

Die Hartstoffdichte in den Volumenkörpern im Mittelwert über alle Segmente zeigt, wie auch die Korngrößen, ein identisches leistungsabhängiges Verhalten.

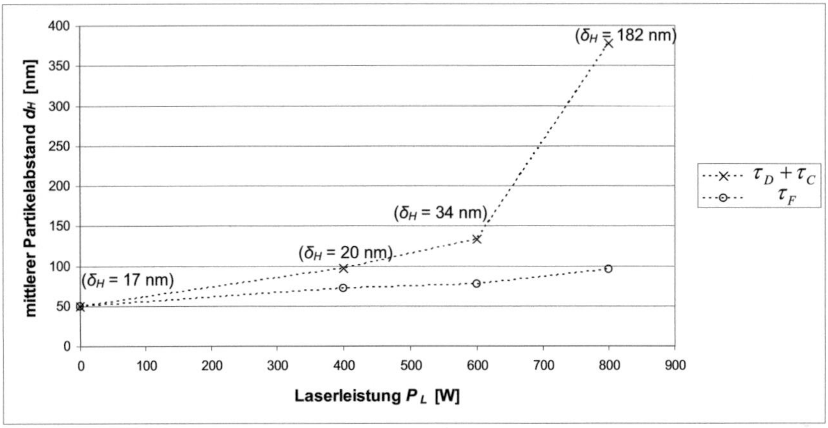

Abbildung 11.10: *Entwicklung des mittleren Partikelabstands d_H im Mittelwert über alle Segmente nach der Abscheide- und Abkühlphase in Abhängigkeit der Laserleistung P_L.*

Der Partikelabstand nimmt bei einer Laserleistung von P_L = 800 W gegenüber dem Ausgangszustand um 650 % zu. Somit sind auch die Einflüsse auf die Hartstoffdichte innerhalb der Abscheide- und Abkühlphase dominant.

Hartstoffdichteverteilung entlang der zentralen Vertikalen

Die Auswertung des mittleren Partikelabstandes über die zentrale Vertikale zeigt ein bemerkenswertes Verhalten (Abbildung 11.11).

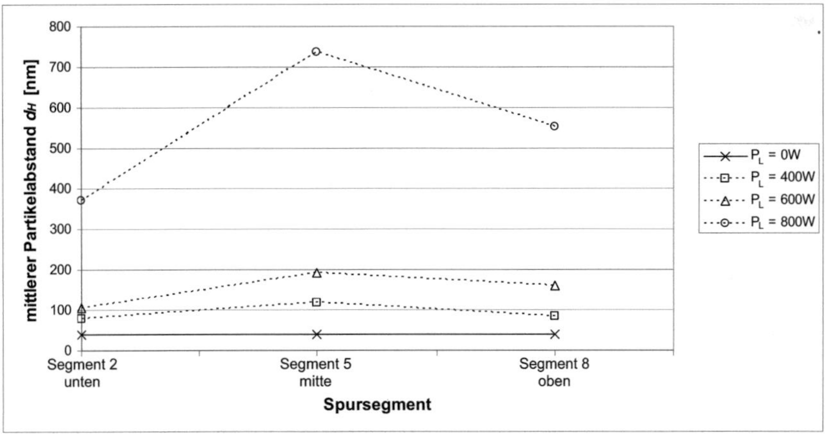

Abbildung 11.11: *Entwicklung des mittleren Partikelabstands d_H über die zentrale Vertikale (Spurhöhe) in Abhängigkeit der Laserleistung P_L.*

Entsprechend dem Verhalten des mittleren Partikelabstands über alle Spursegmente, sollte dieser auch über die Vertikale analog zur Korngröße zunehmen. Tatsächlich reduziert sich dieser jedoch im obersten Segment. Dieser Effekt verstärkt sich mit zunehmender Laserleistung. Der Vergleich der Schliffbilder der drei vertikalen Segmente für P_L = 800 W in Abbildung 11.12 verifiziert den Kennwertverlauf.

Segment 2 (unten) Segment 5 (mitte) Segment 8 (oben)

Abbildung 11.12: *Entwicklung der Hartstoffdichte über die zentrale Vertikale bei einer Laserleistung P_L = 800 W.*

Als mögliche Ursache hierfür kann der hohe Porenanteil der oberen Spursegmente in Frage kommen. Da sich ein Teil der Poren im Zuge der Abkühlung nach dem in Kapitel 10.3 beschriebenen Effekt mit Schmelze füllt, wird hierdurch ein entsprechender Anteil an Bindematrix gebunden. Die Hartstoffpartikel können dadurch näher zusammenrücken, so dass es zu einer ausgeprägten Aggregatbildung der Hartstoffe kommt. Auf diese Weise entstehen Bereiche mit einer hohen Hartstoffdichte und einem geringen Matrixanteil. Ein möglicher weiterer Effekt ist die Verdrängung der Matrix durch die Aggregatbildung der Hartstoffe und einer daraus resultierenden Bildung von Zonen mit einem hohen Anteil an Bindephase.

Bei P_L = 800 W lässt sich innerhalb des Segments 8 eine verstärkte Inhomogenität bzgl. des Matrixanteils feststellen. Innerhalb dieses Segments existieren Zonen mit bis zu 21 Vol.% β-Phase, aber auch Zonen mit einem β-Phasenanteil von nur 8 Vol.%. Dadurch ergibt sich innerhalb des Segments eine höhere Standardabweichung des Matrixanteils von ca. 5 Vol.%. In den anderen Segmenten liegt diese bei ca. 2 Vol.%. Eine engere Eingrenzung der Effekte erfordert weiterführende Untersuchungen.

Hartstoffdichteverteilung entlang der zentralen Horizontalen

Die Hartstoffdichteverteilung über die Horizontale zeigt für die Randbereiche einen geringeren mittleren Partikelabstand und damit eine höhere Hartstoffdichte als im Zentrum.

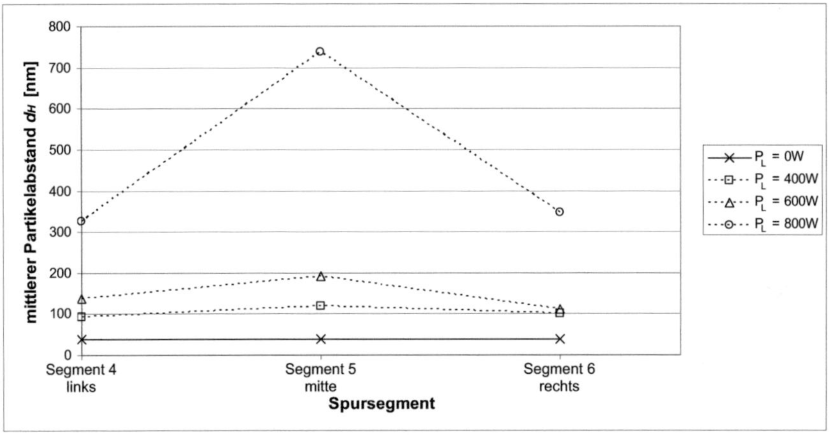

Abbildung 11.13: *Entwicklung des mittleren Partikelabstands d_H über die zentrale Horizontale (Spurbreite) in Abhängigkeit der Laserleistung P_L.*

Dieses Verhalten ist, analog zur Bewertung der Korngrößenentwicklung über die zentrale Horizontale, auf das mit dem Temperaturprofil verbundene Kornwachstum während des Auftragsprozesses zurückzuführen.

11.2 Bewertung der Homogenität der β-Phase

Für die horizontale Homogenität der β-Phase ergeben sich sowohl innerhalb der hartstoffarmen Zonen als auch im regulären Hartmetallgefüge prinzipiell die gleichen Tendenzen wie bei der Bewertung der Homogenität bezüglich der Korngröße und der Hartstoffdichte, so dass sich die folgenden Betrachtungen auf die Homogenität der zentralen Vertikalen beschränken.

11.2.1 Homogenität der β-Phase in den Pulverpartikeln

Der mittlere Wolframanteil der β-Phase innerhalb der Pulverpartikel wurde bereits in Kapitel 8.2 ausführlich behandelt. In Abbildung 11.14 ist das Diagramm des mittleren Wolframgehalts um die Standardabweichung des Wolframanteils in der β-Phase ergänzt. Die Standardabweichung der gemessenen Wolframanteile δ_W verhält sich im Pulver weitgehend leistungsunabhängig und liegt im Bereich von 2 Gew.%. Somit ist der Lösungszustand in den Pulverpartikeln im Übergang zur Abscheidephase als homogen einzustufen. Dieses Verhalten ist auf die schnelle Durchwärmung des gesamten Partikels zurückzuführen (siehe Kapitel 8.2.5).

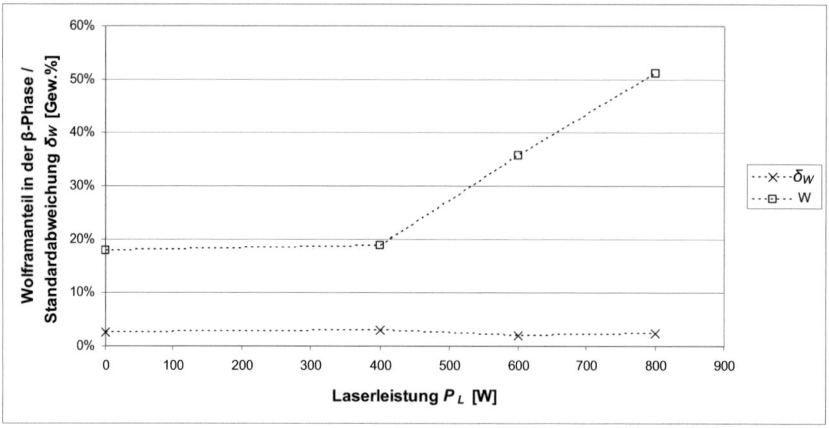

Abbildung 11.14: *Mittlerer Wolframanteil in der β-Phase in den Pulverpartikeln sowie dessen Standardabweichung δ_W in Abhängigkeit der Laserleistung P_L.*

11.2.2 Homogenität der β-Phase in den Volumenkörpern

Bei der β-Phase in den Volumenkörpern muss zwischen den hartstoffarmen Zonen und dem regulären Hartmetallgefüge unterschieden werden. Innerhalb der beiden Bereiche stellen sich aufgrund von Unterschieden in der lokalen Kristallisations- und Abkühlgeschwindigkeit sowie Unterschieden im Kohlenstoffhaushalt verschiedene Gefügemodifikationen der β-Phase ein, die in Abbildung 11.15 gegenübergestellt sind.

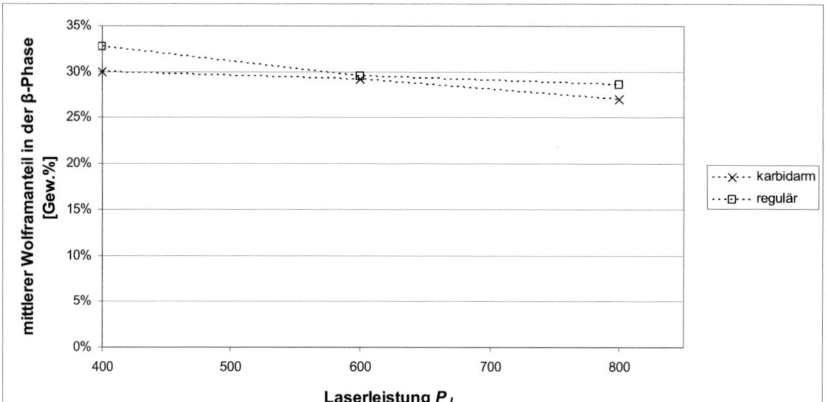

Abbildung 11.15: *Vergleich der mittleren Wolframanteile in der β-Phase zwischen den hartstoffarmen Zonen und dem regulären Hartmetallgefüge über die zentrale Vertikale bei unterschiedlichen Laserleistungen P_L.*

So liegen die Wolframgehalte im regulären Hartmetallgefüge geringfügig über denen innerhalb der hartstoffarmen Zonen. Zu diesem Zustand führt die vorrangig primäre Ausscheidung von Eutektika und intermetallischen Korngrenzenphasen innerhalb der hartstoffarmen Zonen, wodurch Wolframanteile gebunden werden.

11.2.3 Homogenität der β-Phase der hartstoffarmen Zonen

Die Darstellung des mittleren Wolframgehalts über die zentrale Vertikale innerhalb der hartstoffarmen Zonen zeigt Abbildung 11.16.

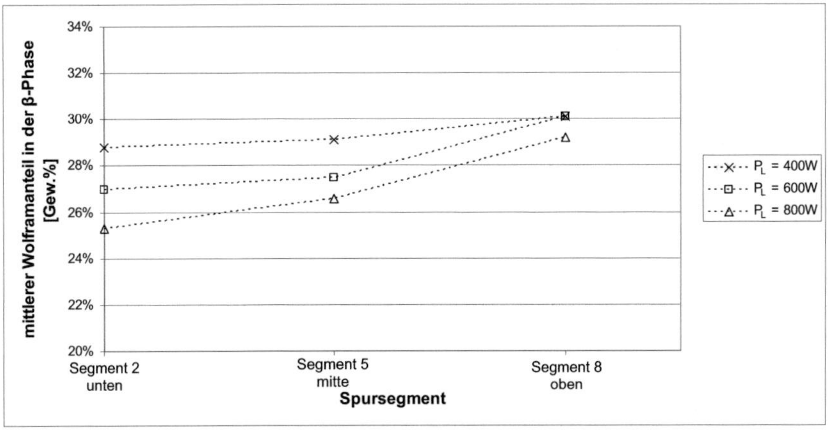

Abbildung 11.16: *Mittlerer Wolframanteil in der β-Phase innerhalb der hartstoffarmen Zonen über die zentrale Vertikale bei unterschiedlichen Laserleistungen P_L.*

Demnach nimmt der Wolframgehalt über die Auftragshöhe zu. Die Ursache liegt hier in der gegenüber den anderen Segmenten kürzeren Gesamtdauer der thermischen Beeinflussung, wodurch sich im oberen Segment weniger wolframreiche Verbindungen ausscheiden. Mit zunehmender Laserleistung reduziert sich der Wolframanteil durch vermehrte Ausscheidung wolframreicher Phasen infolge der reduzierten Abkühlrate.

Die Standardabweichung δ_W zeigt im Gegensatz zu den Pulverpartikeln eine schwache Leistungsabhängigkeit. Sie liegt bei P_L = 400 W analog zu den Pulverpartikeln im Bereich von 2 Gew.% und nimmt mit steigender Leistung geringfügig zu, so dass sie bei P_L = 800 W bei ca. 3 Gew.% angesiedelt ist. Die Verschlechterung der Homogenität ist ebenfalls durch die mit zunehmender Laserleistung verstärkten lokalen Ausscheidungen bedingt. Die geringen Werte der Standardabweichung δ_W belegen jedoch insgesamt einen relativ homogenen Lösungszustand innerhalb der Segmente.

Bezüglich der Vertikalen verhält sich die Standardabweichung δ_W bei gleicher Laserleistung mit Schwankungen von ± 0,2 Gew.% ebenfalls relativ konstant.

11.2.4 Homogenität der β-Phase im regulären Hartmetallgefüge

Analog zu den Verhältnissen innerhalb der hartstoffarmen Zonen ergibt sich der Verlauf des Wolframgehalts über die zentrale Vertikale auch beim regulären Hartmetallgefüge mit steigender Tendenz (Abbildung 11.17).

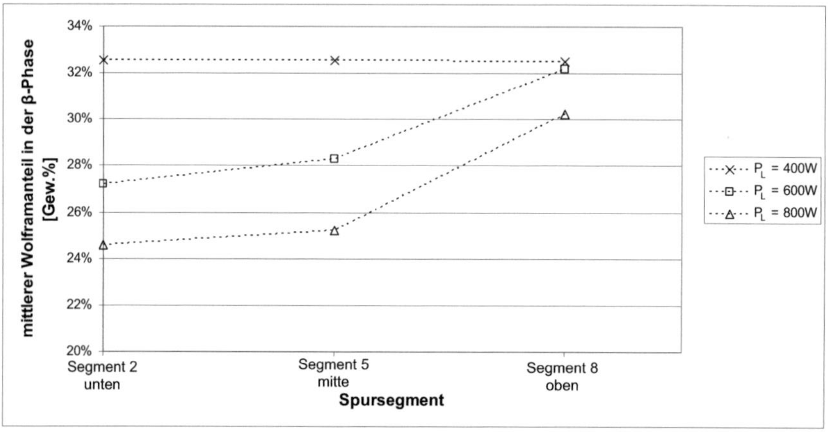

Abbildung 11.17: *Mittlerer Wolframanteil in der β-Phase innerhalb des regulären Hartmetallgefüges über die zentrale Vertikale bei unterschiedlichen Laserleistungen P_L.*

Bei P_L = 400 W stellt sich über die gesamte Auftragshöhe ein nahezu konstanter Wolframanteil von knapp über 32 Gew.% ein. Mit zunehmender Laserleistung scheiden sich vorrangig in den unteren Segmenten infolge der längeren Wärmeeinfluss- und Existenzdauer der Schmelze mehr dritte Phasen und Wolframcarbide aus, so dass die β-Phase an Wolfram verarmt.

Die Standardabweichung δ_W nimmt nach oben hin tendenziell (ca. 0,5 Gew.%) ab. Die schlechtere Homogenität in den unteren Segmenten ist auf verstärkte lokale Ausscheidungen zurückzuführen. Die geringen Werte der Standardabweichungen zeugen jedoch innerhalb der jeweiligen Segmente ebenfalls von einem weitgehend homogenen Lösungszustand.

11.3 Diskussion der Untersuchungsergebnisse zur Homogenität

Die Bewertung der Homogenität anhand der drei herangezogenen Bewertungskriterien ergibt zusammenfassend ein weitgehend einheitliches Bild.
Die Korngröße der Hartstoffpartikel weist im pulverförmigen Ausgangszustand ein enges Spektrum um die mittlere Korngröße auf. Bereits innerhalb der Flugphase verdoppelt sich die Standardabweichung δ_k für P_L = 800 W. Dabei befinden sich abhängig von der Laserleistung nach der Flugphase zwischen 74 % und 77 % aller Hartstoffpartikel im Korngrößenspektrum von $d_a \pm \delta_k$, was bedeutet, dass die Verteilungskurve in ihrer Charakteristik relativ konstant bleibt. Die mit der Laserleistung zunehmende Korngröße und Standardabweichung führen allerdings zu einer Abflachung und Breitung der Verteilungskurve.
Demgegenüber ist die Homogenität in den Volumenkörpern schlechter. Innerhalb des untersuchten Parameterbereichs ergibt sich ein exponentieller Verlauf der Standardabweichung δ_k, so dass sich diese gegenüber der Flugphase für P_L = 800 W ein weiteres Mal nahezu verdoppelt und schließlich für hohe Laserleistungen knapp unterhalb der mittleren Korngröße liegt. Dabei nimmt der Anteil der Hartstoffpartikel, die sich im Korngrößenspektrum $d_a \pm \delta_k$ befinden, gegenüber der Flugphase mit zunehmender Leistung geringfügig ab und liegt bei P_L = 800 W bei ca. 72 %.

Die leistungsabhängige Entwicklung der Hartstoffdichte, respektive des mittleren Partikelabstands, entspricht dem Verhalten der Korngrößenentwicklung. So nimmt der mittlere Partikelabstand der Hartstoffpartikel d_H innerhalb der Pulverpartikel im Rahmen der Flugphase zu. Damit einhergehend ist die Erhöhung der Standardabweichung δ_H.
Die leistungsabhängige Zunahme des mittleren Partikelabstands in den Volumenkörpern kann ebenfalls als exponentiell beschrieben werden. Gegenüber der Flugphase vergrößert sich der mittlere Partikelabstand für P_L = 800 W um das Sechsfache.

Der Wolframanteil der β-Phase in den Pulverpartikeln zeigt einen mit zunehmender Leistung ebenfalls zunehmenden gelösten Wolframanteil, jedoch bei einer nahezu konstanten Standardabweichung.
Innerhalb der hartstoffarmen Zonen der Volumenkörper nimmt der Wolframanteil mit zunehmender Laserleistung ab und liegt jedoch im oberen Segment bei allen Laserleistungen im Bereich von 30 Gew.%. Die Standardabweichung δ_W zeigt eine geringe Tendenz zur Zunahme. Ein ähnliches Verhalten kann innerhalb des regulären Hartmetallgefüges festgestellt werden, wo der mittlere Wolframanteil im oberen Segment ebenfalls nahezu einheitlich bei ca. 30 Gew.% liegt. Allerdings auf einem geringfügig höheren Niveau als in den hartstoffarmen Zonen. Die Standardabweichung δ_W nimmt in der Vertikalen von unten nach oben geringfügig ab.

Zusammenfassend nimmt die Homogenität mit zunehmender Laserleistung tendenziell ab. Dies bedeutet eine breitere Streuung der Korngrößen und Hartstoffdichten. Der Wolframgehalt der β-Phase verhält sich indessen entgegengesetzt, da mit zunehmender Leistung mehr Zeit für Ausscheidungsvorgänge zur Verfügung steht, wodurch sich ein homogenerer Lösungszustand einstellen kann.

Bezüglich der zentralen Vertikalachse ist bei der Korngröße von unten nach oben eine zunehmende Verschlechterung der Homogenität festzustellen. Die Hartstoffdichte hingegen weist im Zentrum die größte Inhomogenität auf, die sich im oberen Segment wieder deutlich verbessert. Die Bewertung der Homogenität des Wolframgehalts der β-Phase in den hartstoffarmen Zonen zeigt eine relativ konstante Standardabweichung entlang der zentralen Vertikalen.

Die generelle Bewertung der Homogenität über die zentrale Horizontale zeigt ein einheitliches Verhalten von Korngröße und Hartstoffdichte. Dementsprechend sind die mittlere Korngröße und der mittlere Partikelabstand, wie auch deren jeweilige Standardabweichungen, in den beiden außen liegenden Segmenten gering, während im Zentrum ein Maximum vorliegt. Der Wolframgehalt zeigt ein inverses Verhalten mit einer höheren Homogenität im Zentrum. Dort stellt sich gegenüber den Randzonen ein geringerer Wolframanteil ein.

Die Homogenität innerhalb der Volumenkörper lässt sich qualitativ mit den in Abbildung 11.18 dargestellten Graustufenbildern beschreiben.

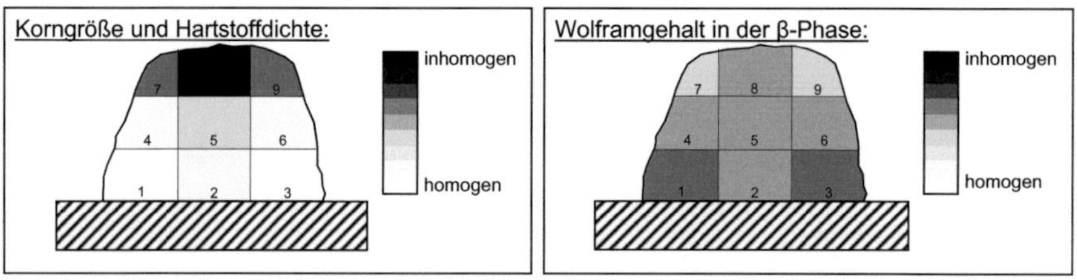

Abbildung 11.18: *Tendenzielle Bewertung der Homogenität der Korngröße und Hartstoffdichte (li.) und des Wolframgehalts in der β-Phase für das reguläre Hartmetallgefüge (re.) in den Volumenkörpern.*

12 Zusammenfassung

Technologisch und wirtschaftlich veränderte Rahmenbedingungen bei der Herstellung von Werkzeugen ließen den Hartmetallmarkt in der vergangenen Dekade stark anwachsen, woraus die Motivation entsteht, den zeitaufwändigen und kostenintensiven Sinterprozess durch alternative Technologien zu substituieren.
Das Laserauftragschweißen ist eine potenzielle Technologie, welche sich in der Rolle als Urformverfahren zur Herstellung von Hartmetallen anbietet. Der Grund liegt in zahlreichen Vorteilen, wovon die relativ kurze Prozesszeit sowie die hohe erzielbare Endkonturnähe von größter wirtschaftlicher Bedeutung sind. Darüber hinaus zählen hartmetallähnliche Hartverbundwerkstoffe und Hartlegierungen bereits zu den Standardwerkstoffen, die durch Laserauftragschweißen appliziert werden. Unterscheidungsmerkmale dieser Werkstoffe gegenüber den Sinterhartmetallen ergeben sich zum aktuellen Zeitpunkt hauptsächlich in der Zusammensetzung. Während Sinterhartmetalle über Bindergehalte zwischen 2 Gew.% und 30 Gew.% verfügen, sind für das Laserauftragschweißen 40 Gew.% und mehr die Regel. Abweichend von diesem Standard wird in dieser Arbeit ein WC-Co-Spritzpulver mit einem Bindemetallgehalt von lediglich 12 Gew.% durch Laserauftragschweißen kleinvolumiger Körper auf Graphitsubstrate appliziert und anschließenden Gefügeanalysen unterzogen.

Die Prozessparameter werden so gewählt, dass in Anlehnung an den Sinterprozess eine möglichst lange, jedoch trotzdem geringe thermische Beeinflussung des Werkstoffsystems stattfindet. Durch Variation der Laserleistung werden dabei unterschiedliche Gefügemodifikationen erzeugt, die als Basis zur Abschätzung von Abhängigkeiten der Gefügeparameter genutzt werden. Inwieweit das Gefüge lasergenerierter Hartmetalle mit den bekannten Gefügeeigenschaften von Sinterhartmetallen vergleichbar ist, wird anhand detaillierter Gefügeanalysen auf Basis verschiedener Gefügekennwerte untersucht. Als Wesentliche sind an dieser Stelle die Korngröße, der Skelettbildungsgrad, die Zusammensetzung der Bindemetallphase (β-Phase) sowie Volumenanteile der jeweiligen Phasen und die Porosität zu nennen. Darüber hinaus erfolgt die Bewertung der Homogenität auf Basis der Standardabweichung über den jeweiligen segmentierten Materialquerschnitt.

Im Rahmen der Schliffbildanalysen der pulverförmigen Ausgangswerkstoffe für das Sinter- und Laserverfahren sowie der jeweils resultierenden Volumenkörper wird gezeigt, dass die wesentlichen Unterscheidungsmerkmale durch das Verfahren verursacht werden:

- Die vorgelagerte Analyse des Ausgangswerkstoffs für das Sinterhartmetall und des agglomeriert-gesinterten Pulvers für das Laserauftragschweißen zeigt, dass die untersuchten Werkstoffe bzgl. ihrer Zusammensetzung identisch sind. Unterschiede ergeben sich lediglich in ihrer Morphologie sowie in geringem Maße im Lösungszustand der Hartstoffe. Beide Ausgangswerkstoffe sind bezüglich der untersuchten Merkmale als homogen zu bewerten.

- Die Analyse der sintertechnisch hergestellten Volumenkörper ergibt ein homogenes Gefüge mit geringen Veränderungen der betrachteten Kennwerte gegenüber dem Ausgangszustand des Pulverwerkstoffs. Der Laserprozess hingegen führt zu gravierenden Gefügeveränderungen. Das stark inhomogene und ortsabhängige Gefüge weist in allen untersuchten Merkmalen ausgeprägte Veränderungen der Gefügekennwerte gegenüber dem Ausgangszustand des Pulverwerkstoffs auf.

- Die theoretische Analyse und Gegenüberstellung von Sinter- und Laserprozess zeigt, dass die unterschiedlichen Einflüsse auf den Pulverwerkstoff überwiegend auf stark differierende thermodynamische Prozesseigenschaften zurückzuführen sind. Diese werden vorwiegend durch die gegenüber dem Sinterprozess vergleichsweise kurze Existenzdauer der Schmelze, sowie starke Temperaturspitzen beim Laserprozess verursacht.

Zur detaillierten Ursachenanalyse wird der Laserprozess in drei thermische Zeitabschnitte untergliedert: Flugphase, Abscheidephase und Abkühlphase. Mit Hilfe von Temperaturmessungen und FEM-Simulationen wird gezeigt, dass die maximale Prozesstemperatur bei den vorliegenden Randbedingungen stets innerhalb der Flugphase auftritt und im untersuchten Parameterbereich zwischen ca. 1500 °C und ca. 2500 °C liegt. Die Energie der nachfolgenden indirekten Laserbestrahlung im Rahmen der Abscheidephase reicht bei den vorliegenden Randbedingungen lediglich für eine Verzögerung der Kristallisation und einer damit verbundenen Verlängerung der Existenzdauer der Schmelze aus, jedoch nicht für eine weitere Aufheizung.

Im Rahmen der Untersuchungen zur **Hartstoffauflösung** werden die definierten thermischen Zeitabschnitte genutzt, um ihren jeweiligen Einfluss bezüglich der Hartstoffauflösung zu untersuchen. Die Analyse der Hartstoffauflösung in laserbestrahlten Pulverpartikeln mit Hilfe eines speziellen Versuchsaufbaus zeigt, dass bereits im Flug durch die Wechselwirkungszone der Laserstrahlung abhängig von der Laserleistung bis zu 14 Gew.% der Wolframcarbide aufgelöst werden, wodurch die β-Phase Wolframanteile von bis zu 52 Gew.% aufweist. Hierdurch sinkt der Hartstoffgehalt bereits auf 74 Gew.% ab.
Innerhalb der Volumenkörper treten vor allem zwei unterschiedliche Gefügezonen auf. So entstehen neben dem regulären Hartmetallgefüge hartstoffarme Zonen, die teils zellulare, teils eutektische Erstarrungsstrukturen aufweisen.
Innerhalb des regulären Hartmetallgefüges stellt sich ein leistungsabhängiger mittlerer gelöster Wolframanteil im Bereich von 32 Gew.% in der β-Phase ein, der im Spurquerschnitt bezüglich der Vertikalen nach unten hin geringfügig abnimmt.
Innerhalb der hartstoffarmen Zonen liegt der mittlere Wolframgehalt mit im Mittel 30 Gew.% geringfügig unterhalb dem des regulären Hartmetallgefüges. Der geringere Wolframanteil ist auf vermehrte Ausscheidungen in diesen Zonen zurückzuführen. Es handelt sich dabei um wolframreiche Phasen (z.B. η-Phase), die teilweise auch metastabil sind (z.B. Co_3W) und erhebliche Wolframanteile binden. Durch Glühung lassen sich die metastabilen Phasen

ebenfalls in die unerwünschte spröde η-Phase (z.B. Co_3W_3C) umwandeln, was ein Indiz dafür ist, dass neben dem Element Wolfram auch Kohlenstoff in gelöster Form in der β-Phase vorliegt. Die Untersuchung des Kohlenstoffgehalts an laserbestrahlten Pulverpartikeln zeigt jedoch, dass bereits nach der Flugphase bis zu 22 % des Kohlenstoffs durch Reaktion mit Sauerstoff verloren gehen, wodurch der Pulverwerkstoff einen unterstöchiometrischen Kohlenstoffhaushalt aufweist. Hierin ist in erster Linie die Ursache zur Bildung der spröden η-Phase zu suchen. In Summe reduziert sich der Hartstoffgehalt durch diese Prozesse im Mittelwert über den gesamten Querschnitt des Volumenkörpers auf ca. 74 Gew.%, wobei sich lokale Unterschiede ergeben. Die höheren Hartstoffanteile (bis zu 79 Gew.%) in den oberen Zonen des Querschnitts zeigen, dass sich bis zu 5 Gew.% der im laserbeeinflussten Pulver gelösten Hartstoffe wieder ausscheiden. Der höhere Anteil dritter Phasen in den unteren Segmenten äußert sich gegenüber dem Mittelwert in einer weiteren Abnahme des Hartstoffanteils.

Die lasertechnische Verarbeitung des Pulverwerkstoffs verursacht darüber hinaus ein beträchtliches **Kornwachstum**, wodurch sich die Ausgangskorngröße der Hartstoffpartikel im Extremfall partiell fast verfünffacht. Dabei werden prinzipiell zwei Wachstumsmechanismen beobachtet. Diese können zum einen durch die Ankristallisation gelöster Wolframcarbide an unaufgelösten Hartstoffpartikeln beschrieben werden, zum anderen entsteht ein stochastisches Wachstum durch Koaleszenz, welche den dominanten Wachstumsprozess darstellt. Die Charakteristik der Wachstumsprozesse lässt sich nicht mit den aus der Sintertechnik bekannten Wachstumsgesetzen der Ostwald-Reifung in Übereinstimmung bringen.
So wachsen die Hartstoffe im Mittel bereits in der Flugphase um bis zu 80 % an. Bei der höchsten untersuchten Laserleistung besitzen ca. 90 % der Hartstoffpartikel nach der Flugphase eine zumindest punktuelle Verbindung zum Nachbarpartikel. Teilweise ist auch bereits ausgeprägte Aggregatbildung festzustellen. Innerhalb der Abscheidephase verstärkt sich das Wachstum der Hartstoffpartikel. Sie wachsen dort im Mittel gegenüber der Flugphase nochmals um bis zu ca. 84 %. Dementsprechend verschiebt sich die Korngrößenverteilung sprunghaft zu größeren Korngrößen. Während die maximale Hartstoffpartikelgröße im Ausgangszustand bei ca. 5 µm liegt, treten innerhalb der lasergenerierten Volumenkörper maximale Partikelgrößen von bis zu 15 µm auf. Dabei besitzt die Abkühlphase einen vernachlässigbaren Einfluss auf das Kornwachstum, wie ein entsprechender Modellversuch belegt.

Abgesehen von den spröden Phasen ist die ausgeprägte **Porosität** die Hauptursache, weshalb die lasergenerierten Hartmetalle noch nicht im praktischen Einsatz erprobt werden können und bildet somit derzeit die größte Problemstellung beim Laserauftragschweißen von Hartmetallen. Die Porosität zeigt eine Abnahme bei zunehmender Laserleistung, wodurch sie bei der höchsten untersuchten Laserleistung bis auf 20 Vol.% gesenkt werden kann. Prinzipiell werden zwei Arten von Porosität beobachtet. Die intrapartikulare Porosität innerhalb der agglomeriert-gesinterten Pulverpartikel, die bereits herstellungsbedingt vorhanden ist und die interpartikulare Porosität, die durch die Wechselwirkung der Partikel verursacht wird.
Während die intrapartikulare Porosität nach der Abscheidephase infolge der kinetischen Verdichtung sowie Schmelzprozessen bei höheren Laserleistungen praktisch nicht mehr

feststellbar ist, entwickeln sich abhängig von der Laserleistung zwei unterschiedliche Porentypen der interpartikularen Porosität.
Es handelt sich zum einen um Lunker, die vor allem bei niedrigen Laserleistungen auftreten und zum anderen um Gasporen, deren Anteil mit steigender Laserleistung zunimmt.
Die Bildung von Lunkern ist in erster Linie auf ein zu geringes Volumen von Schmelze zurückzuführen. Eine Abschätzung des erforderlichen Schmelzvolumens für einen lunkerfreien Volumenkörper ergibt für den untersuchten Parameterbereich einen minimalen Anteil an Schmelze von ca. 36 Vol.%. Für einen vollständig porenfreien Auftrag muss jedoch auch die Bildung der Gasporen verhindert werden.
Die Analyse der inneren Porenoberfläche von Gasporen ergibt einen erhöhten Sauerstoff- und Kohlenstoffanteil. Weiterhin zeigen sich auf diesen Oberflächen erhöhte Anteile unterkohlter Phasen. Es handelt sich folglich um Poren, die durch eine Reaktion des gelösten Kohlenstoffs mit Sauerstoff hervorgerufen werden. Als Sauerstoffquellen kommen neben der porösen Pulverstruktur auch Oxide auf den Pulverpartikeln, sowie eine ungenügende Schutzgasatmosphäre in Betracht. Im Zuge der Porenbildung wird ein großer Anteil der Poren zumindest partiell mit Schmelze gefüllt, was auf einen Entstehungsmechanismus hinweist, der die klassische Theorie der Porenbildung durch abnehmende Löslichkeit der Gase in der Schmelze als dominierende Ursache ausschließt. Vielmehr wird vermutet, dass die Reaktion mit Sauerstoff bereits innerhalb der Aufheizphase bei hohen Temperaturen stattfindet. Die beteiligten Faktoren sind jedoch vielfältig und komplex, so dass die vorliegenden Untersuchungen und Erkenntnisse als Ansatz für die tiefer gehende Klärung der Entstehungsmechansimen genutzt werden können.

Die Bewertung der **Homogenität** bezüglich der Korngrößenverteilung der Hartstoffpartikel zeigt auf, dass sich die Standardabweichung der Hartstoffpartikelgrößen mit zunehmender Laserleistung vergrößert, was einer Verschlechterung der Homogenität gleichzusetzen ist. Durch den Laserprozess vervierfacht sich die Standardabweichung der Hartstoffpartikelgrößen gegenüber dem Ausgangszustand, wobei die größte Zunahme innerhalb der Abscheidephase stattfindet.
Die Bewertung der Hartstoffdichte ergibt eine leistungsabhängige Erhöhung des mittleren Partikelabstands infolge der Koaleszenz. Deren Standardabweichung nimmt mit der Laserleistung exponentiell zu und ist bei der höchsten untersuchten Laserleistung zehn Mal so groß, wie im Ausgangszustand.
Die Standardabweichung des in der β-Phase gelösten Wolframanteils ist nach der Flugphase auf einem leistungsunabhängigen niedrigen Niveau, was darauf hindeutet, dass die Pulverpartikel infolge der guten Wärmeleitfähigkeit einen über das Volumen relativ einheitlichen Temperaturverlauf aufweisen. Die Standardabweichung des gelösten Wolframanteils in den Volumenkörpern befindet sich zwar innerhalb der einzelnen Querschnittssegmente auf einem konstant niedrigen Niveau, jedoch differieren diese zwischen den Segmenten, so dass der Lösungszustand eine Ortsabhängigkeit aufweist. Die Analyse der Homogenitätskriterien zeigt gleichzeitig, dass geringe Laserleistungen für die Verarbeitung dieses Pulverwerkstoffs vorteilhaft sind.

Anhand der Analysen der gewählten Gefügeparameter wird deutlich, dass durch Laserauftragschweißen prinzipiell ein Hartmetallgefüge erzeugt werden kann. Die Veränderungen des pulverförmigen Ausgangswerkstoffs sind dabei jedoch gegenüber denen, die durch einen Sinterprozess hervorgerufen werden, abhängig von der eingesetzten Laserleistung um mehrere Größenordnungen ausgeprägter. Probleme bereitet hier vor allem das paradoxe Verhältnis von Porosität und spröden Phasen. Nahezu optimale Hartmetallgefüge werden mit niedrigen Laserleistungen erzeugt. Allerdings sind dort die Porositäten so hoch, dass ein praktischer Einsatz der Volumenkörper ausgeschlossen ist. Bei höheren Laserleistungen kann die Porosität reduziert werden, es kommt jedoch zur vermehrten Bildung spröder Phasen infolge eines Kohlenstoffverlusts. Das Wachstum der Hartstoffe ist zwar, bezogen auf den Ausgangszustand, sehr groß, die resultierende mittlere Hartstoffpartikelgröße liegt jedoch im Bereich der gängigen Hartmetalle, die in der Umformtechnik oder bei der Stein- und Holzbearbeitung zum Einsatz kommen.

Zusammenfassend führen die Untersuchungsergebnisse zur Feststellung, dass das Laserauftragschweißen zum aktuellen Zeitpunkt noch nicht als vollwertiges alternatives Herstellverfahren für Sinterhartmetalle eingesetzt werden kann. Jedoch sind für die genannten Problemstellungen verschiedene Lösungsansätze vorhanden, die den Einsatz des Laserauftragschweißens für die Hartmetallherstellung von zumindest kleinvolumigen Volumenkörpern in naher Zukunft als durchaus realistisches Ziel erscheinen lassen.

13 Ausblick

Für eine Qualifizierung des Laserauftragschweißens als Herstellverfahren für Hartmetalle muss prinzipiell versucht werden, die thermodynamischen Eigenschaften des Sinterprozesses auf den Laserprozess zu adaptieren. Im Rahmen dieser Arbeit wurde diesem Grundsatz in erster Linie auf der Parameterebene Rechnung getragen. Zur vollständigen Umsetzung ist jedoch auch eine Anpassung der Prozesstechnik erforderlich, die sich aus den folgenden Zusammenfassungen der im Rahmen der durchgeführten Untersuchungen gewonnenen Erkenntnisse ergibt:

- Zur Reduktion der **Hartstoffauflösung** ist bei der Verarbeitung des Pulverwerkstoffs darauf zu achten, dass einerseits der Energieeintrag in die Hartstoffe möglichst gering gehalten wird und andererseits vor dem Hintergrund einer vollständigen Ausscheidung der gelösten Hartstoffe eine langsame Abkühlung stattfindet.

- Für eine Verringerung der **Porosität** hingegen müssen abhängig vom Porentyp mehrere Bedingungen erfüllt werden. So ist für die Vermeidung von Lunkern neben ausreichendem Schmelzvolumen und genügend niedriger Viskosität der Schmelze auch eine ausreichende Existenzdauer der Schmelze zur Füllung kapillarer Zwischenräume erforderlich. Darüber hinaus ist zur Vermeidung von Gasporen eine Sauerstoffaufnahme zu unterbinden, was in erster Linie durch eine entsprechende Schutzatmosphäre realisiert werden kann.

- Das prozessspezifische Temperaturprofil ist wesentlich für das **Kornwachstum** und die **Homogenität** verantwortlich. So ist zur Eindämmung des Kornwachstums ein niedriges Temperaturniveau erforderlich. Eine gute Homogenität kann durch ein einheitliches Temperaturprofil begünstigt werden. Für beide Anforderungen bietet sich der Einsatz einer Temperaturregelung an. Allerdings führt eine Temperaturregelung zu inkonstanten Bedingungen innerhalb der Flugphase, da dort die maximalen Prozesstemperaturen auftreten. Darüber hinaus muss das Regelverhalten so eingestellt werden, dass Temperaturspitzen möglichst vermieden werden, da hierdurch ebenfalls Gefügeinhomogenitäten verursacht werden können.

Zur praktischen Umsetzung dieser Anforderungen, wird ein alternativer Prozesskopf nach Abbildung 13.1 vorgeschlagen.
Der Prozesskopf basiert auf einer getrennten Zuführung von Bindematrix und Hartstoffen und verfügt neben der bekannten Koaxialdüse über mindestens zwei justierbare Lateraldüsen, über welche die Hartstoffe zugeführt werden. Um die Benetzungseigenschaften der Hartstoffe zu verbessern, ist eine optionale, bevorzugt induktive Heizung der Lateraldüsen respektive der Hartstoffe möglich. Alternativ ist hierzu auch eine spezielle Anordnung einer zweiten (ungeregelten) Laserstrahlquelle denkbar.

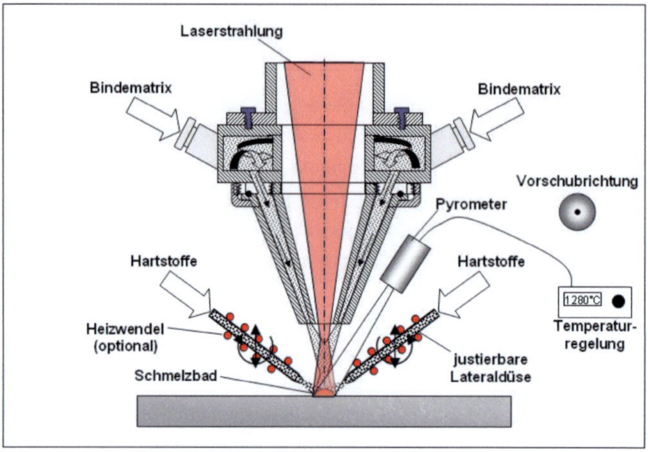

Abbildung 13.1: *Optimierter Prozesskopf zum Laserauftragschweißen von Hartmetallen.*

Auf diese Weise wird die thermische Beeinflussung der Hartstoffe gering gehalten. Die temperaturunempfindlichere Bindematrix wird dem Prozess über die konventionelle Koaxialdüse zugeführt. Die Fokussierung der Laserstrahlung erfolgt mit kurzer Brennweite, so dass durch einen erhöhten Arbeitsabstand der Koaxialdüse die Bindematrix im Bereich der höchsten Laserstrahlintensität auf hohe Temperaturen aufgeheizt wird, wodurch die Schmelze eine dementsprechend niedrige Viskosität für ein gutes Benetzungsverhalten aufweist.

Das temperaturgeregelte Schmelzbad, welches sich auf dem Substrat ausbildet, erfährt aufgrund der geringen Brennweite eine niedrigere Intensität. Ein großer Strahldurchmesser mit flacher Intensitätsverteilung begünstigt hierbei einerseits die Ausbildung eines homogenen Temperaturprofils, andererseits ergibt sich aufgrund des geringeren Pulverstrahldurchmessers ein Vor- und Nachwärmeffekt.

Neben der Prozesstechnik gilt es, auch werkstoffseitige Anforderungen beim Laserauftragschweißen von Hartmetallen zu berücksichtigen. So ist zur Vermeidung von spröden Phasen infolge des Kohlenstoffverlusts der Einsatz überstöchiometrischer Kohlenstoffgehalte sinnvoll, wie dies auch bei der sintertechnischen Verarbeitung praktiziert wird.

Weiterhin ist für konstante thermische Bedingungen bei der Verarbeitung der Hartstoffe auf ein möglichst enges Korngrößenspektrum zu achten, da die Partikelgröße einen maßgebenden Einfluss auf die Maximaltemperatur im Rahmen der Flugphase besitzt. Zur Reduktion der Prozesstemperatur ist zudem eine Untersuchung von schmelzpunktreduzierenden Zusätzen anzudenken.

Weiteres Potenzial birgt eine thermische Nachbehandlung zur Reduktion von Spannungen, sowie ggf. ein Nachsintern oder eine nachgeschaltete Verdichtung durch einen HIP-Prozess.

14 Anhang

A1: Berechnung des realen Hartstoffgehalts auf Basis des gelösten Wolframanteils in der β-Phase

Das Wolframmonocarbid besteht aus:

W 93,87 Gew.%

C 6,13 Gew.%

Die folgende Berechnung erfolgt beispielhaft anhand des Lösungszustands der β-Phase im Ausgangszustand des Pulverwerkstoffs:

Die β-Phase weist laut EDX-Analyse folgende Zusammensetzung auf (C Gehalt nicht gemessen):

Co 95,3 Gew.%

W 4,7 Gew.%

Unter Einbeziehung des stöchiometrischen Kohlenstoffgehalts im Wolframmonocarbid verschieben sich die Massenanteile zu:

Co 95,0 Gew.%

W 4,69 Gew.%

C 0,31 Gew.%

Der agglomeriert-gesinterte Pulverwerkstoff und damit das Gesamtgefüge besteht aus:

Co 12 Gew.%

WC 88 Gew.%

Das bedeutet:

- 95 Gew.% Co in der β-Phase entsprechen 100 % des Co im Gesamtgefüge, also 12 Gew.%.,
- gleichzeitig entsprechen diese 12 Gew.% aber auch 95 Gew.% der β-Phase im Gesamtgefüge, so dass sich der Anteil der β-Phase, die im Ausgangszustand ausschließlich aus Co bestand, um den Anteil der gelösten Wolframmonocarbide erhöht.

Hieraus resultiert:

β-Phase (Co + gelöstes WC) 12,63 Gew.%

WC 87,37 Gew.%

Die Gültigkeit des Berechnungsmodells wird an folgendem Beispiel verifiziert.

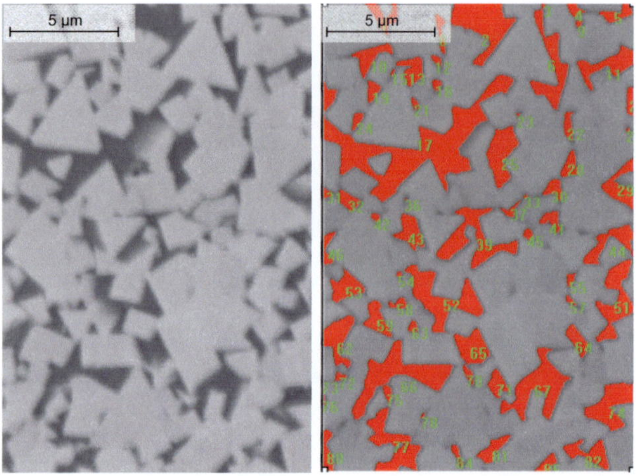

Abbildung A1.1: *Rasterelektronenmikroskopische Aufnahme eines homogenen Hartmetallgefüges im Original (li.) und nach der rechnergestützten Bildanalyse (re.) mit markiertem Bindephaseanteil.*

Wie bereits in Kapitel 5.1.3 angesprochen, besitzt das Berechnungsmodell nur für homogene Hartmetallgefüge Gültigkeit. Zur grundsätzlichen Verifizierung des Modells wird ein repräsentativer Gefügeausschnitt gewählt. Dieses Gefüge resultiert aus einem Laserprozess bei P_L = 400 W. Es enthält keine feststellbaren Ausscheidungen dritter Phasen, was eine weitere Voraussetzung für die uneingeschränkte Gültigkeit des Modells ist.

Die Ermittlung der Gefügeanteile mit der rechnergestützten Bildanalyse führt zu einem Bindephasenanteil von 23,4 Vol.% und einem entsprechenden Hartstoffanteil von 76,6 Vol.%. Die EDX-Analyse der Bindephase ergibt einen mittleren Wolframgehalt von 30,55 Gew.%. Somit ergibt sich die Dichte der β-Phase nach Gleichung A1.1.

$$\rho_\beta = \frac{100}{\dfrac{c_W}{\rho_W} + \dfrac{c_{Co}}{\rho_{Co}}}$$ **Gleichung A1.1**

Mit ρ_W = 19,25 g/cm³ und ρ_{Co} = 8,9 g/cm³ ergibt sich eine Dichte der β-Phase von ca. 10,7 g/cm³. Die Umrechnung der Massenanteile nach obigem Berechnungsmodell führt dann in guter Übereinstimmung mit der rechnergestützten Bildanalyse zu einer berechneten volumetrischen Zusammensetzung von 24,0 Vol.% Bindephase und 76,0 Vol.% Hartstoffen. Somit ist die Gültigkeit des Berechnungsmodells für homogene Gefüge verifiziert. Darüber hinaus besitzt es auch zumindest eingeschränkte Gültigkeit für im Detail inhomogene aber gesamthaft relativ homogene Gefüge bei Abwesenheit dritter Phasen.

A2: Abschätzung der Genauigkeit der EDX-Analyse

Theoretisch sind mit Hilfe der EDX-Analyse Elemente mit einer Ordnungszahl größer 4 nachweisbar. Für alle Elemente der Ordnungszahl größer 10 wird die Nachweisgrenze in der Literatur mit 0,1-0,2 Gew.% angegeben [81, 82]. Nach VÖLKSCH [82] kann die Genauigkeit der quantitativen Analyse nicht mit einer absoluten Größe angegeben werden. VÖLKSCH [82] gibt hierzu einen massenanteilbezogenen relativen Fehler an.

Gehalt in der Probe [Gew. %]	Abgeschätzter relativer Fehler [%]
10 - 100	1 - 5
1 - 10	3 - 10
0,1 - 1	> 10

Tabelle A2.1: *Relativer Messfehler der EDX-Analyse nach VÖLKSCH [82].*

Folglich kann Kohlenstoff einerseits aufgrund seiner geringen Atommasse, andererseits aber auch aufgrund seines geringen Massenanteils im Hartmetall nur mit unzureichender Genauigkeit absolut bestimmt werden, weshalb dieser in den folgenden Analysen im äußersten Fall stöchiometrisch – sofern bekannt – Berücksichtigung finden kann. Im praktischen Einsatz ist neben dem Messfehler auch die laterale Auflösung der EDX-Analyse zur berücksichtigen. Durch die Bestrahlung der Materie mit Elektronen ergibt sich eine charakteristische „Anregungsbirne", von der das emittierte Energiespektrum ausgeht.

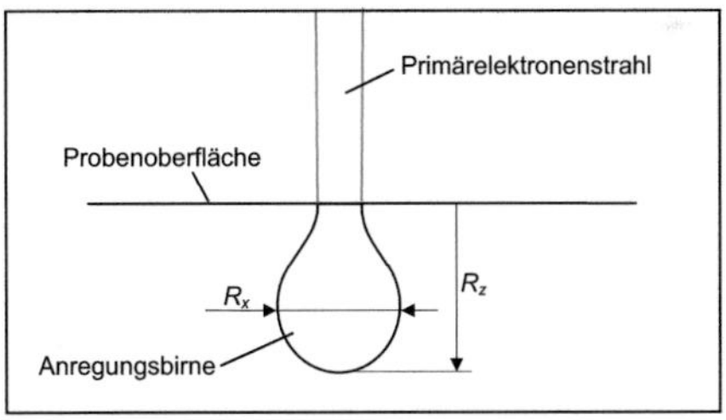

Abbildung A2.1: *Schematische Darstellung der Anregungsbirne durch Bestrahlung mit dem Primärelektronenstrahl.*

Die maximale Eindringtiefe R_Z der Elektronenstrahlung, sowie der maximale Durchmesser der „Anregungsbirne" R_X lassen sich nach folgenden Gleichungen abschätzen.

$$R_Z = 0{,}033 \cdot (E_0^{1,7} - E_c^{1,7}) \cdot \frac{A}{\rho Z}$$ **Gleichung A2.1 [82]**

Hierin sind die Anregungsenergie E_0, die kritische Anregungsenergie E_c, die Atommasse A, die Ordnungszahl Z und die Dichte ρ enthalten.

$R_X \approx 1{,}6 R_Z$ **Gleichung A2.2 [82]**

Für Cobalt beträgt die kritische Anregungsenergie E_c = 7,71 keV [83]. Somit ergibt sich nach Gleichung A2.1 eine maximale Eindringtiefe für eine Anregung im Bereich zwischen 15 und 20 kV von R_Z = 0,48 - 1,05 µm. Entsprechend ergibt sich für R_X ein Bereich von 0,87 - 1,7 µm. Systeme mit mehreren Elementen können mit dieser Gleichung nicht abgebildet werden, weshalb eine im EDX-Analysengerät integrierte Simulations-Software zur Abschätzung der lateralen Genauigkeit und Eindringtiefe von reinem Cobalt in einem WC-Co Hartmetall mit 88 Gew.% WC und 12 Gew.% Co genutzt wird. Demnach liegen 95 % der emittierten Energie innerhalb von R_X = 0,25 µm bzw. 0,36 µm und R_Z = 0,37 µm bzw. 0,58 µm. Somit ergibt sich die laterale Auflösung der EDX-Analysen für das vorliegende Werkstoffsystem zu besser als 0,4 µm. Für detaillierte Analysen wird eine Anregungsspannung von 15 kV eingesetzt, womit die laterale Auflösung auf besser als 0,3 µm erhöht wird.

A3: Messung der Geschwindigkeit von Randpartikeln mit einer Hochgeschwindigkeitskamera

Für die Messungen wird eine Bildwiederholrate von 4000 Frames pro Sekunde gewählt, womit sich ein zeitlicher Abstand zwischen den Einzelbildern von 0,25 ms ergibt. Die Kamera wird orthogonal zur Lateraldüse ausgerichtet und die Vergrößerung so gewählt, dass ein ca. 12 x 20 mm großer Bildausschnitt für die Bestimmung der Partikelgeschwindigkeit zur Verfügung steht. Die vom Partikel zwischen den Einzelbildern zurückgelegte Strecke wird rechnergestützt vermessen, woraus in Kombination mit dem zeitlichen Abstand der Einzelbilder die mittlere Partikelgeschwindigkeit bestimmt wird. Aufgrund der Zweidimensionalität des aufgezeichneten Bildes und der dreidimensionalen Partikelflugbahn ergibt sich ein Messfehler, der im Folgenden anhand der geometrischen Verhältnisse der Lateraldüse abgeschätzt werden soll.

Der Divergenzwinkel des Pulverstrahls θ_P wird ebenfalls über das Kamerabild rotationssymmetrisch mit 7° bestimmt. Unter diesen Randbedingungen legt das entsprechende Partikel im Extremfall eine zusätzliche Strecke in der dritten Dimension zurück, die mit dem zweidimensionalen Kamerabild nicht erfasst werden kann. Wird der zweidimensionale Weg des Partikels beispielsweise zu 15 mm bestimmt, legt das Partikel in der gleichen Zeit eine zusätzliche Strecke von 1,9 mm in der dritten Dimension zurück, wodurch sich unter der Annahme einer linearen Flugbahn die Gesamtstrecke zu 15,1 mm ergibt. Der daraus resultierende mittlere Fehler bzgl. der Partikelgeschwindigkeit liegt deutlich unterhalb von 5 %, so dass die Genauigkeit dieser Bestimmungsmethode für die weiteren Betrachtungen ausreichend ist.

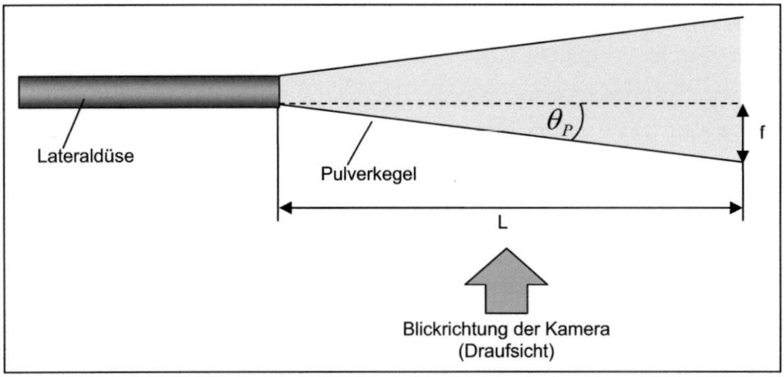

Abbildung A3.1: *Divergenzwinkel θ_P des Pulverstrahls der Lateraldüse.*

A4: Berechnung des Intensitätsverlaufs in der Flugphase

Im vorliegenden Fall werden die Partikel idealisiert radial auf die Strahlachse fokussiert, so dass die Problemstellung zweidimensional gelöst werden kann. Mit $d_L = 2w$ vereinfacht sich Gleichung 7.1 zu:

$$I(r^*, z) = I_{max}(z) \cdot \exp\left[\frac{-8r^{*2}}{d_L^{\,2}}\right]$$ **Gleichung A4.1 [72]**

Dabei ist r^* die radiale Koordinate, z ist die Koordinate der Ausbreitungsrichtung und korreliert mit dem Strahldurchmesser d_L. Für den TEM_{00}-Mode ergibt sich die übliche Definition des Strahldurchmessers in einer Strahlebene aus dem Abstand zwischen den radialen Positionen im Strahl, bei denen die Intensität auf $1/e^2$ = 13,5 % von I_{max} senkrecht zur Ausbreitungsrichtung abgefallen ist. Die Laserleistung P_L wird durch den Zusammenhang nach Gleichung A4.2 beschrieben:

$$P_L = \int_{-\infty}^{+\infty}\int_{-\infty}^{+\infty} I_0(x, y)\,dx\,dy = \frac{\pi}{8} d_L^{\,2} \cdot I_{max}(z)$$ **Gleichung A4.2 [72]**

Auf dem Weg des Pulverpartikels durch die Wechselwirkungszone der Laserstrahlung verändert sich der Strahldurchmesser von d_L = 3 mm auf d_L = 4 mm. Somit ändert sich auch die Intensitätsverteilung. Konstant bleibt die Laserleistung P_L. Die Änderung der Intensität $I_{max}(z)$ in Abhängigkeit des Strahlradius *w* kann mit folgender Gleichung beschrieben werden:

$$I_{max}(z) = I_0 \cdot \frac{w_0^{\,2}}{w(z)^2}$$ **Gleichung A4.3**

Damit resultiert aus Gleichung A4.1 und Gleichung A4.3 die Gleichung für die Berechnung der Intensitätsverteilung in Abhängigkeit der radialen Koordinate r^* und des Strahldurchmessers d_L.

$$I(r^*,d_L) = I_0 \cdot \frac{d_{L0}^{\,2}}{d_L^{\,2}} \cdot \exp\left[\frac{-8r^{*2}}{d_L^{\,2}}\right]$$ **Gleichung A4.4**

Das betrachtete Pulverpartikel fliegt auf seiner linearen Flugbahn mit gleichförmiger Geschwindigkeit v_P durch die XY-Ebene in Abbildung 7.5. Zur Berechnung der resultierenden Intensitätskurve wird der Eintrittspunkt $P_E(r^*,d_L)$ in die Wechselwirkungszone und der Austrittspunkt $P_A(r^*,d_L)$ zu einer Geraden verbunden, welche die Flugbahn durch die Verteilungskurve repräsentiert. Das Partikel tritt bei einem Strahldurchmesser d_L = 3 mm bei der radialen Koordinate r^* = 1,5 mm in die Wechselwirkungszone ein und bei d_L = 4 mm und r^* = 2 mm wieder aus. Somit ergibt sich die Geradengleichung zu:

$$d_L(r^*) = \frac{1}{7}(2r^* + 24)$$ **Gleichung A4.5**

Durch Einsetzen von Gleichung A4.5 in A4.4 ergibt sich für $-1{,}5 \leq r^* \leq 2$ der Intensitätsverlauf in Abbildung 7.6, mit dem die Partikel beaufschlagt werden.

A5: Detailbeschreibung der FEM-Simulation zur Ermittlung der Partikeltemperatur

Die Aufbringung einer Wärmestromdichte auf Oberflächen ist in „ANSYS“ nur orthogonal möglich. Da dies nicht dem realen Verhalten der Laserstrahlung entspricht und die Absorption zudem winkelabhängig ist, wird aus dem berechneten Verlauf der Intensitätsverteilung beim Flug des Partikels durch den Laserstrahl eine ortsabhängige Intensitätsverlaufskurve berechnet. Hierzu wird die der Laserstrahlung zugewandete Partikeloberfläche in drei Kugelabschnitte bzw. Kugelschichten entsprechend Abbildung A5.1 aufgeteilt.

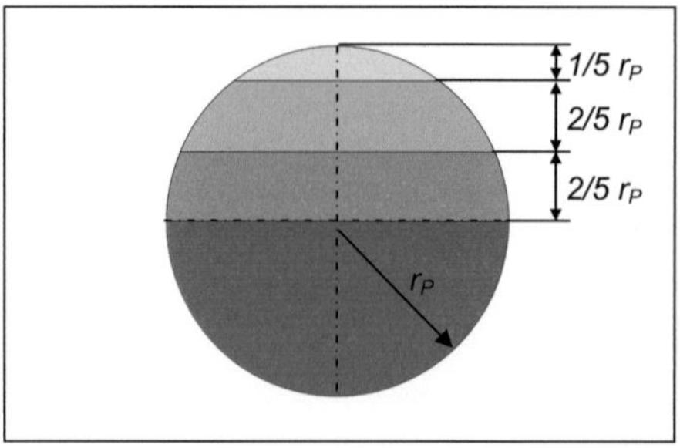

Abbildung A5.1: *Aufteilung von Pulverpartikeln in Kugelschichten.*

Über diese Schichten wird ein mittlerer Winkel entsprechend Abbildung A5.2 gebildet.

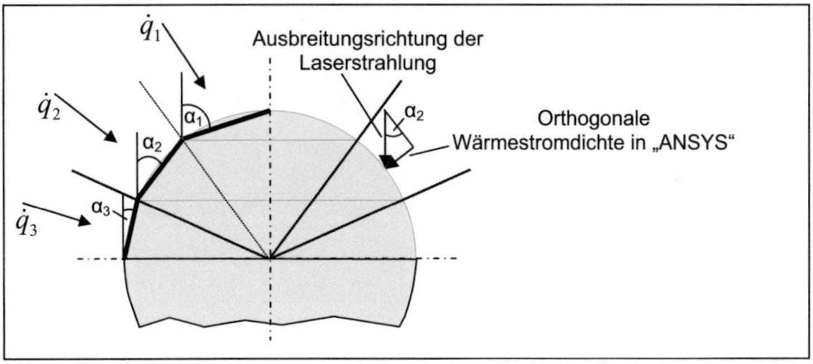

Abbildung A5.2: *Bestimmung der mittleren Oberflächenwinkel und orthogonalen Strahlungsanteile.*

Da in „ANSYS“ die direkte Simulation einer gerichteten Strahlung nicht möglich ist, erfolgt die Berechnung des orthogonal auftreffenden Anteils ebenfalls auf Basis der mittleren Winkel der Kugelabschnitte (siehe Abbildung A5.3). Weiterhin wird die winkelabhängige Absorption (siehe Abbildung A5.3) auf Basis des mittleren Winkels (α) mit berücksichtigt.

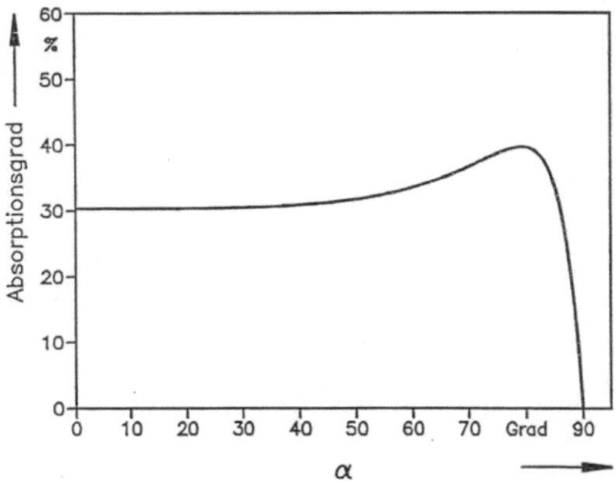

Abbildung A5.3: *Veränderung des Absorptionsgrads für unpolarisierte Nd:YAG-Laserstrahlung an Stahl [19].*

Daraus ergeben sich für die Wärmestromdichten $\dot{q}_1$, $\dot{q}_2$ und $\dot{q}_3$ die in Abbildung A5.4 dargestellten Intensitätsverläufe, mit welchen die jeweiligen Schichten im Rahmen der Simulation an ihrer freien Oberfläche beaufschlagt werden.

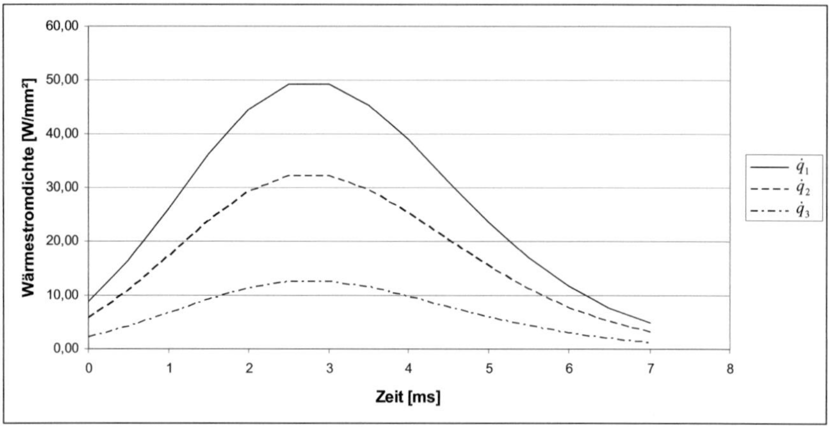

Abbildung A5.4: *Berechnete, ortsabhängige Intensitätsverläufe zur Bestrahlung der Pulverpartikel.*

A6: Abschätzung des Einflusses von Konvektion und Wärmestrahlung

Der Energieaustausch eines Systems mit seiner Umgebung erfolgt definitionsgemäß über die Oberfläche, weshalb gilt [115]:

$$\dot{Q} = \int_{A(t)} \dot{q} dA$$ **Gleichung A6.1 [115]**

Ob das System sich erwärmt oder abkühlt bestimmt die Bilanz der zugeführten Wärmeströme $\dot{Q}_{zu}$ und abgeführten Wärmeströme $\dot{Q}_{ab}$.

$$\dot{Q}_{res} = \dot{Q}_{zu} - \dot{Q}_{ab}$$ **Gleichung A6.2**

Neben der Wärmeleitung wird Wärme infolge von Konvektion $\dot{Q}_K$ und Wärmestrahlung $\dot{Q}_S$ abgeführt. Konvektion wird durch Gleichung A6.3 beschrieben.

$$\dot{Q}_K = \alpha_W \cdot A \cdot (T_A - T_F)$$ **Gleichung A6.3 [25]**

Sie hängt demnach von der durch das Medium umströmten Fläche *A*, sowie der Differenz zwischen der Temperatur des Mediums T_F und der Temperatur der Oberfläche T_A, sowie vom Wärmeübertragungskoeffizient α_W ab. Der Wärmeübertragungskoeffizient hängt einerseits vom verwendeten Medium, andererseits von dessen Relativgeschwindigkeit zur Oberfläche ab. α_W beträgt für bewegte Luft mit v = 1 m/s nach GROTH und MÜLLER [25] ca. 10 W/m²K. Die Wärmestrahlung wird durch Gleichung A6.4 beschrieben.

$$\dot{Q}_S = A_i \cdot F_{ij} \cdot \varepsilon_i \cdot \sigma \cdot \left(T_i^4 - T_j^4\right)$$ **Gleichung A6.4 [25]**

Dabei ist A_i die Fläche des Strahlers, F_{ij} bezeichnet einen Formfaktor zwischen den Flächen i und j, der angibt, welcher Anteil der abgegebenen Strahlung der Fläche i auf Fläche j auftrifft. σ ist die Stefan-Boltzmann-Konstante ($5{,}67 \cdot 10^{-8}$ W/m²K^4) und ε_i der Emissionsgrad der Oberfläche i. Der Emissionsgrad von oxidiertem Cobalt kann mit 0,75 angenommen werden [67]. Hierbei gilt zu beachten, dass die Temperaturen T_i und T_j in Kelvin anzugeben sind.
Geht man zur Abschätzung des Einflusses von Konvektion und Wärmestrahlung von einer maximalen Temperatur von T_P = 2500 °C (P_L = 800 W) aus, so ergibt sich die folgende Bilanz:

$$\dot{Q}_{ab} = A_P \cdot \left(\left(\alpha_W \cdot \left(T_P - T_A\right)\right) + \left(F_{ij} \cdot \varepsilon_i \cdot \sigma \cdot \left(T_P^4 - T_A^4\right)\right)\right)$$ **Gleichung A6.5 [25]**

Hierbei ist A_P die Partikeloberfläche bei einem Partikeldurchmesser von d_p = 40 µm. T_A ist die Umgebungstemperatur, die mit 20 °C angenommen wird. Eine Erwärmung der Umgebung wird hierbei zugunsten des Effekts der Konvektion und Wärmeleitung nicht berücksichtigt. Der Formfaktor F_{ij} beträgt 1, da die gesamte Strahlung an die Umgebung abgegeben wird.
Die Gegenüberstellung der abgeführten Energie durch Konvektion und Wärmeleitung ergibt, dass über die Konvektion bei den gegebenen Randbedingungen nur ca. 1 % der Wärmeenergie, die durch Wärmestrahlung abgestrahlt wird, abgeführt wird. Somit sind geringfügige Änderungen des Wärmeübergangskoeffizienten für die Maximaltemperatur des Partikels nicht wesentlich. Auf Basis der mittleren Intensität der Laserstrahlung bei P_L = 800 W und d_L = 4 mm reduziert sich $\dot{Q}_{res}$ durch Konvektion und Wärmestrahlung weniger als 10 %.

A7: Detailbeschreibung des Dreistufen-FEM-Modells

Das gewählte Stufenmodell basiert auf den grundsätzlichen Randbedingungen aus dem kontinuierlichen realen Prozess. Dort wird der Pulverwerkstoff kontinuierlich auf ein Substrat aufgeschweißt. Die Vorschubbewegung führt den Laserstrahl über das Substrat. Bezüglich eines ortsfesten Punkts wird während der Überfahrt der Wechselwirkungszone des Laserstrahls der gesamte Spurquerschnitt erzeugt. Die Zeit, die der Laserstrahl zur Überfahrt benötigt, ist τ_D. Die Partikel treffen innerhalb der Wechselwirkungszone mit ihrer im Rahmen der Flugphase erfahrenen Partikeltemperatur auf und werden zusätzlich durch die durch den Pulvernebel transmittierte Laserleistung bestrahlt.
Für die Modellbildung wird die Gesamtlänge einer Auftragsraupe mehrfach horizontal und vertikal geschnitten, so dass sie aus einzelnen Volumensegmenten besteht.
Die Schrittweite der äquidistanten vertikalen Schnitte wird so gewählt, dass eine Segmentlänge 1/3 d_L entspricht. Somit wird die Wechselwirkungszone der Laserstrahlung (= Zone, in der der gesamte Spurquerschnitt erzeugt wird) in drei gleich große, äquidistante Volumensegmente aufgeteilt. Aufgrund der gleichförmigen Vorschubgeschwindigkeit sind diese Volumensegmente gleichzeitig auch zeitäquidistant (1/3 τ_D).

Die Berechnung der horizontalen Schnittebenen erfolgt auf Basis der theoretischen Pulveraufschüttung. Die summierten und normierten Auftragsraten der Pulveraufschüttung im Spurquerschnitt zum Ende eines jeden Zeitschritts sind in Abbildung A7.1.dargestellt.

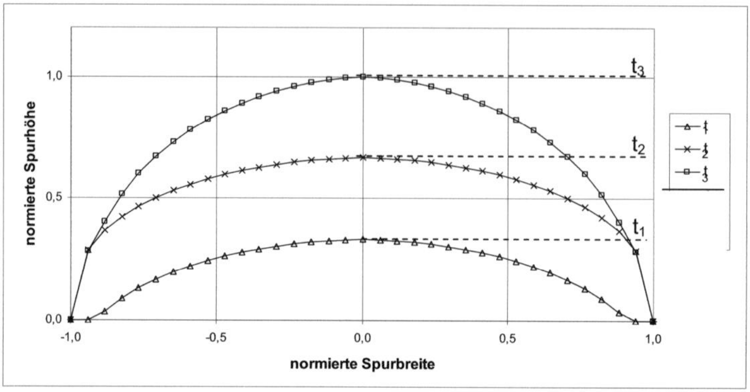

Abbildung A7.1: *Zeitdiskreter, normierter Pulverauftrag entsprechend den drei Zeitschritten (t_1, t_2, t_3), mit einer zeitlichen Distanz von jeweils* 1/3 τ_D.

Im Rahmen der Simulation werden nun mit jedem Zeitschritt (1/3 τ_D) drei Volumensegmente über den „ealive"-Befehl aktiviert. Dabei befinden sich diese drei Volumensegmente jeweils auf einer anderen horizontalen Ebene (Abbildung A7.2).

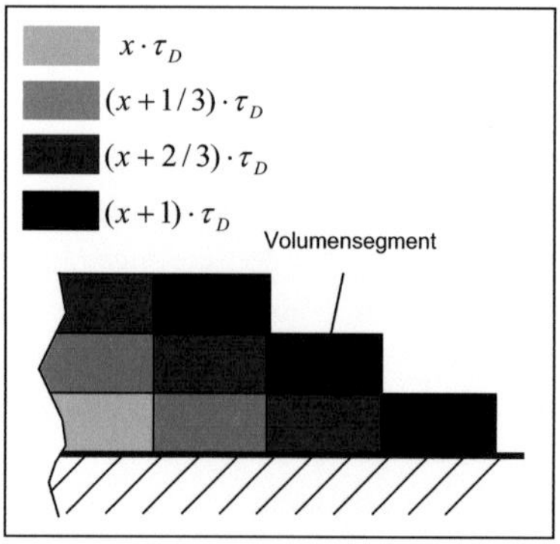

Abbildung A7.2: *Zeitabhängige Aktivierung der Volumensegmente.*

Die aktivierten Segmente erhalten die Temperatur der Pulverpartikel, die für die jeweilige Laserleistung in der Simulation zur Ermittlung der Maximaltemperatur in der Flugphase ermittelt wurde. Zusätzlich erhalten diese Volumensegmente an ihrer freien Oberfläche eine Wärmestromdichte, welche die durch den Pulvernebel transmittierte Laserstrahlung simuliert. Für die Aufbringung der Wärmestromdichte gelten die gleichen Randbedingungen, wie bei der Partikelsimulation. Konvektion und Wärmestrahlung werden an den freien Oberflächen berücksichtigt, an den Kontakten zu bereits „erzeugten" Volumensegmenten bzw. dem Substrat erfolgt die Berechnung unter Berücksichtigung von Wärmeleitung.
Für die Simulation werden die in Tabelle A7.1 angegebenen Materialkennwerte eingesetzt.

Substrat (Material: Graphit) [66]		
Dichte	1,85	g/cm³
Wärmeleitfähigkeit	70	W/mK
Wärmekapazität	715	J/kgK
Beschichtung (Material: Hartmetall) [124]		
Dichte	14,3	g/cm³
Wärmeleitfähigkeit	90	W/mK
Wärmekapazität	265	J/kgK

Tabelle A7.1: *Materialkennwerte der thermischen Simulation.*

A8: Berechnung des Eindringvermögens in kapillare Hartstoffzwischenräume

Zur Abschätzung des Eindringvermögens auf Basis der Washburn-Gleichung (Gleichung 10.1) wird die Viskosität, die Oberflächenenergie der Schmelze, sowie der Benetzungswinkel benötigt.
Die Viskosität ist ein Maß für die innere Reibung der Schmelze. Sie ist eine temperaturabhängige Größe, die einem Arrhenius-Verhalten folgt. Im Laufe der Jahre wurden zahlreiche Modelle zur Beschreibung der Viskosität auf Basis der statistischen Mechanik entwickelt. Nach SCHNEIDER [96] beschreibt das semiempirische Modell nach Andrade die Viskosität in guter Übereinstimmung mit den gemessenen Werten metallischer Schmelzen. Andrade geht davon aus, dass die Viskosität aus dem Impulsübertrag der Schwingungen von einer Atomlage zur nächsten resultiert und beschreibt diesen Zusammenhang mit folgender Beziehung:

$$\eta(T) = 1{,}6 \cdot 10^{-7} \frac{(MT_M)^{\frac{1}{2}}}{V_{mol}^{\frac{2}{3}}} \cdot e^{\frac{E_A}{k_B T}}$$ **Gleichung A8.1 [96]**

Für Metallschmelzen zeigt diese Gleichung nach SCHNEIDER [96] eine gute Übereinstimmung mit gemessenen Werten. Dabei ist M die Molmasse, V_{mol} das Molvolumen, T_M die Temperatur der Schmelze, k_B die Boltzmann-Konstante und E_A die Aktivierungsenergie. Die Aktivierungsenergie liegt für Cobaltlegierungen im Bereich von $9{,}37 \cdot 10^{-20}$ J/mol [96].

Der Benetzungswinkel Θ und die Oberflächenenergie der Schmelze γ_m stehen miteinander über die Youngsche Gleichung in Beziehung, welche jedoch die real vorhandene Temperaturabhängigkeit der Oberflächenenergien nicht abbildet [33].

$$\cos\Theta = \frac{\gamma_s - \gamma_{sm}}{\gamma_m}$$

Gleichung A8.2 [100]

Umfangreiche Benetzungsversuche mit polymeren und metallischen Schmelzen führen in [100] zu der Erkenntnis, dass die Benetzungsrate mit zunehmender Oberflächenenergie der Schmelze steigt und mit zunehmender Viskosität sinkt. Die Oberflächenenergie metallischer Schmelzen liegt im Bereich von 100-300 mN/m [92].

A9: Abschätzung des Schmelzvolumens

Die Abschätzung des Schmelzvolumens erfolgt auf Basis des folgenden Berechnungsmodells in mehreren Schritten. Im Folgenden wird die Berechnung beispielhaft für die Verhältnisse im Pulverwerkstoff nach der Flugphase durchgeführt.

1. **Ermittlung der Zusammensetzung der β-Phase mittels EDX-Analyse:**

Laser-leistung	theoretische Partikel-temperatur	Zusammensetzung der β-Phase		Zusammensetzung des Gesamtgefüges	
		Co	W+C*	α-Phase	β-Phase
		c_{Co}	c_{WC}	WC	Co+W+C*
P_L [W]	T_P [°C]	[Gew.%]	[Gew.%]	[Gew.%]	[Gew.%]
0	20	94,3	5,7	87,2	12,8
400	1500	93,6	6,4	87,1	12,9
600	2000	62,3	37,7	80,3	19,7
800	2550	41,4	58,6	69,9	30,1

* mit Berücksichtigung des stöchiometrischen Kohlenstoffgehalts

Tabelle A9.1: *Zusammensetzung der β-Phase in Abhängigkeit der Laserleistung.*

2. **Abschätzung der Dichte der β-Phase in der festen Phase:**

Die Abschätzung der Dichte der β-Phase erfolgt auf Basis folgender Beziehung:

$$\rho_\beta = \frac{100}{\frac{c_W}{\rho_W} + \frac{c_{Co}}{\rho_{Co}}}$$

Gleichung A9.1

Mit ρ_W = 19,25 g/cm³ und ρ_{Co} = 8,9 g/cm³ ergeben sich die folgenden Dichten. Aufgrund fehlender Kenntnis des Kohlenstoffanteils in der β-Phase wird dieser nicht berücksichtigt.

Laserleistung P_L [W]	Dichte der β-Phase ρ_β [g/cm³]
0	9,18
400	9,22
600	11,16
800	13,0

Tabelle A9.2: *Dichte der β-Phase in Abhängigkeit der Laserleistung.*

3. Umrechnung der Massenanteile in Volumenanteile:

$$V_\beta = \frac{\frac{m_\beta}{\rho_\beta}}{\frac{m_{WC}}{\rho_{WC}} + \frac{m_\beta}{\rho_\beta}}$$ **Gleichung A9.2**

Laserleistung	theoretische Partikeltemperatur	Zusammensetzung des Gesamtgefüges	
		α-Phase (WC)	β-Phase (Co+W+C)
P_L [W]	T_P [°C]	[Vol.%]	[Vol.%]
0	20	80,0	20,0
400	1500	79,9	20,1
600	2000	74,3	25,7
800	2550	65,8	34,2

Tabelle A9.3: *Theoretische Volumenanteile im Gesamtgefüge.*

4. Abschätzung der temperaturabhängigen Volumendehnung der festen Phase und Volumenzunahme durch den Phasenübergang:

$$\Delta V = \gamma_{Vol} \cdot V_0 \cdot \Delta T$$ **Gleichung A9.3 [38]**

$$\Delta V = V_0 + \Delta V$$ **Gleichung A9.4 [38]**

Unter der Annahme eines isotropen Dehnungsverhaltens ergibt sich der Volumenausdehnungskoeffizient γ_{Vol} aus dem Wärmeausdehnungskoeffizienten α zu:

$$\gamma_{Vol} = 3 \cdot \alpha$$ **Gleichung A9.5 [38]**

Der Volumenausdehnungskoeffizient γ_{Vol} wird als temperaturunabhängiger Wert angenommen und ergibt sich mit Werten von PRAKASH [50] und Gleichung A9.5 zu $\gamma_{VolCo} = 36{,}9 \cdot 10^{-6}$ 1/K, $\gamma_{VolWC} = 16{,}2 \cdot 10^{-6}$ 1/K und $\gamma_{VolW} = 13{,}2 \cdot 10^{-6}$ 1/K.

Unter Einbeziehung der sprunghaften Volumenzunahme beim Phasenübergang fest-flüssig von im Mittel 4,6 Vol.% für dicht gepackte Metallgitterstrukturen (hdp und kfz) ergeben sich im Rahmen dieser Näherungsrechnung die folgenden Schmelzvolumina [26].

Laser-leistung	theoretische Partikel-temperatur	Volumenzunahme bei T_P		Volumenverhältnis bei T_P	
		α-Phase ΔV_α	β-Phase ΔV_β	α-Phase WC	Schmelze Co+W+C*
P_L [W]	T_P [°C]	[Vol.%]	[Vol.%]	[Vol.%]	[Vol.%]
0	20	-	-	-	-
400	1500	1,9	1,0	78,7	21,3
600	2000	2,4	1,4	73,0	27,0
800	2550	2,7	2,0	64,4	35,6

Tabelle A9.4: *Volumenanteile bei der Partikeltemperatur T_P in Abhängigkeit der Laserleistung.*

A10: Herleitung des mittleren Partikelabstands d_H

Der mittlere Partikelabstand ist im vorliegenden Modell als Abstand zwischen den Grenzflächen zweier benachbarter Hartstoffpartikel definiert und ergibt sich nach Gleichung A10.1:

$$d_H = d_{Matrix} - d_{HS}$$ **Gleichung A10.1**

Da die Berechnung auf Basis eines Volumens erfolgt, werden die Hartstoffpartikel sowie die umgebende Matrix als dreidimensionale Kugeln behandelt. Dabei ist d_{Matrix} der Durchmesser des Kugelvolumens bestehend aus Matrix, welche jedes Hartstoffpartikel umgibt und dem Durchmesser der Hartstoffpartikel d_{HS}, der dem jeweiligen mittleren Durchmesser der Hartstoffpartikel entspricht.

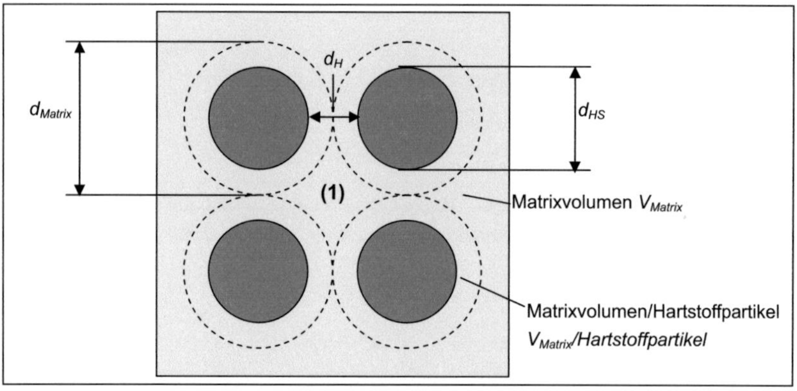

Abbildung A10.1: *Modellbildung zur Berechnung des mittleren Partikelabstands d_H.*

Das pro Hartstoffpartikel zur Verfügung stehende Matrixvolumen berechnet sich aus 74 Vol.% des Gesamtvolumens, dividiert durch die Gesamtzahl der Hartstoffpartikel im betrachteten Bildbereich. Die übrigen 26 Vol.% werden zur Füllung der systematischen Zwischenräume (1) verbraucht. Vom Kugelvolumen der den Hartstoff umgebenden Matrix wird das Kugelvolumen des als sphärisch angenommenen, umschlossenen Hartstoffpartikels subtrahiert. Es ergibt sich zu:

$$V_{Matrix} / Hartstoffpartikel = \frac{0{,}74 \cdot V_{Matrix}}{\sum P} = \frac{\pi}{6} \cdot \left(d_{Matrix}^{\ 3} - d_{HS}^{\ 3}\right)$$ **Gleichung A10.2**

Die Umstellung nach d_{Matrix}, sowie das Ersetzen des allgemeinen Hartstoffpartikeldurchmessers d_{HS} durch den mittleren Hartstoffpartikeldurchmesser d_a führt schließlich zu Gleichung A10.3, die in Gleichung A10.1 eingesetzt werden kann, woraus sich die endgültige Berechnungsgleichung 11.1 (siehe Kapitel 11) ergibt.

$$d_{Matrix} = \sqrt[3]{\frac{0{,}74 \cdot 6}{\pi} \cdot \frac{V_{Matrix}}{\sum P} + d_a^{\ 3}}$$ **Gleichung A10.3**

Eine direkte Zählung der Anzahl der Hartstoffe im Schliffbild führt zu fehlerhaften Ergebnissen, da zum einen die Grenzflächen nicht immer eindeutig zu identifizieren sind und sich zum anderen aufgrund der statistischen Verteilung der Hartstoffpartikelgrößen ein zu großes Hartstoffvolumen (Anzahl der gezählten Hartstoffpartikel x Volumen eines Hartstoffpartikels bei mittlerer Partikelgröße) ergeben würde. Aus diesem Grund erfolgt die Ermittlung der Anzahl der Hartstoffe über die Fläche, respektive das Gesamtvolumen der Hartstoffe V_{HS} im betrachteten Bildbereich. Zur Flächen- bzw. Volumenbestimmung im Schliffbild wird auch hier das bereits bekannte softwaregestützte Bildanalysensystem eingesetzt. Aus dem Hartstoffvolumen kann unter der eingangs getroffenen Annahme sphärischer Hartstoffpartikel die Gesamtzahl der sich theoretisch im Bildbereich befindlichen Hartstoffe mit dem mittleren Durchmesser d_a nach Gleichung A10.4 berechnet werden.

$$\sum P = \frac{6 \cdot V_{HS}}{\pi \cdot d_a^{\ 3}}$$ **Gleichung A10.4**

15 Abkürzungen und Formelzeichen

Symbol	Bedeutung	Einheit
A	Atommasse	g
A_P	Porenquerschnittsfläche	µm²
A_r	Abstrahlende Oberfläche	mm²
A_S	Querschnittsfläche der Spur bzw. des Volumenkörpers	µm²
A_{CP}	Flächenbezogene Gesamtporosität	Vol.%
ASTM	**A**merican **S**ociety for **T**esting and **M**aterials	-
$C_{stöch}$	stöchiometrischer Kohlenstoffanteil (6,13 Gew.% auf W)	Gew.%
BSE	**B**ack**s**cattered **E**lectrons	-
c	Sättigungskonzentration	mol/l
c_{Co}	Konzentration Kobalt	Gew.%
c_i	Gleichgewichtskonzentration	mol/l
c_r	Löslichkeit	mol/l
c_{WC}	Konzentration Wolframcarbid	Gew.%
D	Diffusionskoeffizient	m²/s
D_M	Atomdurchmesser des Metallatoms	nm
DIN	**D**eutsches **I**nstitut für **N**ormung	-
d	Atomdurchmesser des Nichtmetallatoms	nm
d_a	mittlere Korngröße der Hartstoffpartikel	µm
d_H	mittlerer Partikelabstand	µm
d_{HS}	Durchmesser des Hartstoffpartikels	µm
d_L	Strahldurchmesser des Laserstrahls	mm
d_{LD}	Austrittsdurchmesser der Lateraldüse	mm
d_{Matrix}	Durchmesser des Kugelvolumens der Matrix	µm
d_{PS}	Strahldurchmesser des Pulverstrahls	mm
E_A	Aktivierungsenergie	J/mol
E_0	Anregungsenergie	keV
E_c	kritische Anregungsenergie	keV
EDX	Energiedispersive Röntgenspektroskopie	-
F	Formfaktor	-
F_{coll}	Aufprallkraft / Verdichtungskraft	N
f	Durchmesserverhältnis der Atome	-
f_{Co}	Volumenanteil der β-Phase	Vol.%
f_{fok}	Brennweite der Fokussierlinse	mm
HSS	**H**igh **S**peed **S**teel (Schnellarbeitsstahl)	-
HV	Vickers-Härte	HV
h_{Spur}	Spurhöhe	mm

I	Intensität der Laserstrahlung	W/cm²
ISO	**I**nternational **O**rganization for **S**tandardization	-
i.d.R.	**i**n **d**er **R**egel	-
K_P	Koagulations- bzw. Koaleszenzgrad	%
K_{WC}	Skelettbildungsgrad bzw. Kontiguität	-
k_B	Boltzmann-Konstante ($1{,}38 \cdot 10^{-23}$)	J/K
k_n	Wachstumskoeffizient	m³/s
L	Eindringtiefe der Schmelze in poröse Strukturen	mm
L_{Co}	mittlere lineare Kobaltschichtstärke	µm
L_P	Sehnenlänge	µm
LPA	**L**aser-**P**ulver-**A**uftragschweißen	-
M	Molmasse	kg/mol
m_P	Masse eines Pulverpartikels	g
$m_{\beta WC}$	in der β-Phase gelöster Wolframanteil	Gew.%
$\dot{m}_{Pulver}$	Pulvermassenstrom	g/min
N_A	Avogadro-Konstante ($6{,}022 \cdot 10^{23}$)	1/mol
N_{Co}	Anzahl der geschnittenen Kobaltschichten	-
N_{WC}	Anzahl der geschnittenen Hartstoffpartikel	-
P	Hartstoffpartikel	-
P_K	koagulierte Partikel bzw. Aggregate	-
P_L	Laserleistung	W
P_P	Anzahl der Hartstoffpartikel	-
P_{LA}	absorbierte Laserleistung	W
p_{Gas}	Gasdruck	Pa
$\dot{q}$	Wärmestromdichte	W/m²
$\dot{Q}$	Wärmestrom	W
$\dot{Q}_{ab}$	abgeführter Wärmestrom	W
$\dot{Q}_{zu}$	zugeführter Wärmestrom	W
$\dot{Q}_K$	Konvektion	W
$\dot{Q}_S$	Wärmestrahlung	W
R	universelle Gaskonstante (8,314)	J/mol·K
R_x	Durchmesser der Anregungsbirne	µm
R_z	Eindringtiefe der Elektronenstrahlung	µm
REM	**R**aster-**E**lektronen-**M**ikroskop(ie)	-
r^*	radiale Koordinate	mm
r_{m0}	mittlerer Teilchenradius im Ausgangszustand	µm
r_K	kritischer Radius	µm
r_P	Partikelradius	µm
SE	**S**ekundär **E**lektronen	-
SLS	**S**elektives **L**aser**s**intern	-
SPP	**S**trahl-**P**arameter-**P**rodukt	mm·mrad

s_P	Partikelabstand	µm
T	Temperatur	°C
T_E	eutektische Temperatur	°C
T_M	Schmelztemperatur	°C
T_P	Partikeltemperatur	°C
T_{Sinter}	Sintertemperatur	°C
T_W	Schmelzbadtemperatur	°C
t_d	Auflösungszeit	s
t_H	Aufheizdauer	s
t_{Halt}	Haltezeit	min
$\bar{t}_{\max lat}$	maximale Wechselwirkungsdauer (Lateraldüse)	s
$\bar{t}_{koax}$	Wechselwirkungsdauer (Koaxialdüse)	s
$\bar{t}_{\min lat}$	minimale Wechselwirkungsdauer (Lateraldüse)	s
t_w	Wechselwirkungszeit	ms
$t_{8/5}$	Abkühldauer von T = 800 °C auf T = 500 °C	s
$\dot{V}_{Gas}$	Schutzgas-Volumenstrom	l/h
V_β	Volumenanteil der β-Phase	Vol.%
V_{Gas}	Volumen des Gases	l
V_{HS}	Volumen der Hartstoffe	Vol.%
V_{Matrix}	Volumen der Matrix	mm^3
V_{mol}	molares Volumen der Schmelze	m^3/mol
V_{Mrel}	relatives Volumen der Schmelze	Vol.%
v	Vorschubgeschwindigkeit des Prozesskopfs	mm/min
v_p	Partikelgeschwindigkeit	m/s
$\bar{v}_{Pkoax}$	mittlere Geschwindigkeit der Partikel (Koaxialdüse)	m/s
$\bar{v}_{Plat}$	mittlere Geschwindigkeit der Partikel (Lateraldüse)	m/s
WC	Wolframcarbid	-
WEZ	Wärmeeinflusszone	-
WSC	Wolframschmelzcarbid	-
w	Radius des Laserstrahls	mm
Z	Ordnungszahl	-
z	Koordinate der Ausbreitungsrichtung der Laserstrahlung	mm

α	Fokussierwinkel der Pulverdüse	°
α_m	kristallgitterabhängige Strukturkonstante (0,86 für kfz, 0,71 für hdp)	-
α_W	Wärmeübertragungskoeffizient	W/m²·K
$\overline{\beta}_C$	mittlere Abkühlrate	K/s
$\overline{\beta}_H$	mittlere Heizrate	K/s
γ_m	Oberflächenenergie der Schmelze	J/mol
γ_{sl}	Grenzflächenspannung fest-flüssig	N/m
γ_{Vol}	Volumenausdehnungskoeffizient	1/K
Δc_i	Löslichkeitsunterschied	-
ΔP_{cont}	Druckdifferenz	Pa
ΔS_f	Schmelzentropie	J/mol·K
Δt	Kristallisationsdauer	ms
ΔV	Volumendehnung	mm³
δ_D	Diffusionslänge	µm
δ_H	Standardabweichung des mittleren Hartstoffabstands	µm
δ_k	Standardabweichung der Korngröße der Hartstoffpartikel	µm
δ_W	Standardabweichung des Wolframanteils in der β-Phase	Gew.%
δ_{WD}	Wärmeeindringtiefe	m
ε	Emissionsgrad	-
η	Viskosität	m²/s
η_A	Einkoppelgrad	%
Θ	Benetzungswinkel	°
θ_0	Divergenzwinkel	°
θ_P	Divergenz- bzw. Fokussierwinkel der Pulverstrahlung	°
κ	Temperaturleitfähigkeit	m²/s
μ	Mittelwert	-
μ_i	chemisches Potential	J/mol
Π	Übersättigung der flüssigen Phase	-
ρ	Dichte	g/cm³
σ	Stefan-Boltzmann-Konstante ($5{,}67 \cdot 10^{-8}$)	W/m²·K⁴
ρ_β	Dichte der β-Phase	g/cm³
ρ_{Co}	Dichte Cobalt	g/cm³
ρ_{WC}	Dichte Wolframcarbid	g/cm³
τ_C	Abkühlphase	s
τ_D	Abscheidephase	s
τ_F	Flugphase	s
τ_H	Aufheizphase (besteht aus Flug- und Abscheidephase)	s
τ_M	Existenzdauer der Schmelze	s
φ	Molvolumen	m³/mol

16 Literaturübersicht

[1] SCHREIBER, F.: *Wolfram Schmelzkarbid im Verschleißschutz: Besonderheiten bei der schweißtechnischen Verarbeitung und Qualitätssicherung.* Technologieinformation, Durum Verschleißschutz GmbH, Willich, 2008.

[2] BRÄUNER, M.: *3D-Laserauftragschweißen mit agglomeriert-gesinterten Pulvern.* Hochschule Pforzheim, Diplomarbeit, 2009.

[3] YAO, Z.; STIGLICH, J. u. SUDARSHAN, T.S.: *Nano-grained Tungsten Carbide-Cobalt (WC/Co).* Materials Modification, Inc., Fairfax, 2006.

[4] SACKS, N.: *The wear and corrosive-wear response of tungsten carbide-cobalt hardmetals under woodcutting and three body abrasion conditions.* Universität Erlangen-Nürnberg, Dissertation, 2002.

[5] FISCHER, D.; LUFT, A. u. LÖSCHAU, W.: *Hartstoffauflösung und Gefügeausbildung bei der konvektionsarmen Erzeugung von Hartstoff-Dispersionsschichten auf Stahl mittels Laserstrahlung.* In: Materialwissenschaft und Werkstofftechnik, Vol. 27, Wiley-VCH, Weinheim, 1996, S. 246-251.

[6] CZEPELKA, J.: *Strategische Marktanalyse zum Verfahren des Laserauftragschweißens im Bereich des Verschleißschutzes.* Bachelor-Thesis, Hochschule Pforzheim, 2010.

[7] SCHEDLER, W. u. PLANSEE TIZIT GMBH (Hrsg.): *Hartmetall für den Praktiker.* VDI Verlag GmbH, Düsseldorf, 1988.

[8] WANG, X.; FANG, Z. u. SOHN, H.: *Grain growth during the early stage of sintering of nanosized WC-Co powder.* In: International Journal of Refractory Metals & Hard Materials, Vol. 26, 2008, S. 232–241.

[9] GENSERT, H.: persönliche Mitteilung, 2011.

[10] DOMKE, W.: *Werkstoffkunde und Werkstoffprüfung.* 10. Auflage, Cornelsen Verlag, Berlin, 1986.

[11] CERATIZIT LUXEMBOURG SÀRL: *Verschleißteile.* Informationsbroschüre 272 DE, Februar 2007.

[12] CRUZ, T.: *Charakterisierung der Verschleißeigenschaften von laserauftraggeschweißten Schichten mit eingebundenen Karbiden.* Hochschule Pforzheim, Diplomarbeit, 2009.

[13] JAKOB SCHMID GMBH: *Werkzeug mit Vielschneiden-Wechselplatten aus Diamantverbundwerkstoff zum Fräsen von Holzwerkstoffen.* Schutzrecht DE 20 2007 006878 U1, 13.09.2007.

[14] PR-TECHNIK GRINDERMAX GMBH: *Schneidmesser.* Schutzrecht DE 20 2007 011503 U1, 15.11.2007.

[15] AWT: *Verschleißschutz - Ratgeber für die Anwendung verschleißhemmender Schichten.* Fachausschuss 10 „Harte Schichten" der Arbeitsgemeinschaft Wärmebehandlung und Werkstofftechnik (AWT), Wiesbaden, 1997.

[16] SPUR, G. (Hrsg.) u. STÖFERLE, T.: *Handbuch der Fertigungstechnik.* Band 4/1 (Abtragen u. Beschichten), Carl Hanser Verlag, München, 1987.

[17] HÜGEL, H. u. GRAF, T.: *Laser in der Fertigung – Strahlquellen, Systeme, Fertigungsverfahren.* 2. Auflage, Vieweg+Teubner Verlag, Wiesbaden, 2009.

[18] BARGEL, H.-J. u. SCHULZE, G.: *Werkstoffkunde.* 5. Auflage, VDI-Verlag, Düsseldorf, 1988.

[19] WAHL, R.: *Grundlagenwissen zur Lasertechnologie und zum Lasereinsatz in der Materialbearbeitung.* Seminarskript, 2002.

[20] KIEFFER, R. u. BENESOVSKI, F.: Hartmetalle, Springer Verlag, Wien, 1965.

[21] HINNÜBER, J. u. RÜDIGER, O.: *Die Bedeutung des Kobalts für die Hartmetallindustrie.* In: Technische Mitteilungen Krupp, Band 20, Nr.4, Fried. Krupp WIDIA-Fabrik, 1962, S. 162-171.

[22] GESTRICH, T.; LEITNER, G. u. JAENICKE-RÖBLER, K.: *Gasanalyse beim Sintern von Hartmetall durch TA-Simulation.* In: Journal of Thermal Analysis and Calorimetry, Vol. 47, Number 2, 1996, S. 651-657.

[23] NOACK, V.: *Die Laserstrahlfachkraft.* In: Laser Magazin, Nr. 6, Magazin Verlag Hightech Publications KG, Bad Nenndorf, 2002, S. 28-60.

[24] ERL GMBH: *Erklärungen zur Abkühlzeit t8/5.* unter: http://www.erl-gmbh.de/home/fachwissen/berechnungen/abkuehlzeit-t85/erklaerungen.html, Stand 10.09.11.

[25] GROTH, C. u. MÜLLER, G.: *FEM für den Praktiker Band3: Temperaturfelder.* 3. Auflage, Expert Verlag, Renningen, 1995

[26] IIDA, T. u. GUTHRIE, R.: *The Physical Properties of Liquid Metals.* Clarendon Press, Oxford, 1993.

[27] DE MOL VAN OTTERLOO, J. L. u. DE HOSSON, J. TH. M.: *Microstructural Features and Mechanical Properties of a Cobalt Laser Coating.* In: Acta Materialia, Vol. 45, No. 3, Elsevier Ltd., 1997, S. 1225-1236.

[28] BEYER, E. u. WISSENBACH, K.: *Oberflächenbehandlung mit Laserstrahlung.* Springer Verlag, Berlin, 1998.

[29] EGGERSDORFER, M. u. PRATSINIS, S.: *Aggregate neck growth & coalescence by multiparticle sintering.* In: Proceedings of 29th Annual Conference of American Association of Aerosol Research (AAAR), Oregon, October 2010.

[30] MAZUMDER, J.: *Microstructure and Wear Behaviour of Laser-Aided Direct Metal Deposited Co-285 and Co-285 +WC Coatings.* In: Metallurgical and Materials Transactions, Vol. 41a, June 2010, S. 1592-1603.

[31] SCHAREK, S.: persönliche Mitteilung, 2012.

[32] DE MACEDOA, H.R.; DA SILVA, A.G.P. u. DE MELO, D.M.A.: *The spreading of cobalt, nickel and iron on tungsten carbide and the first stage of hard metal sintering.* In: Material Letters, No. 57, Elsevier B.V., Amsterdam, 2003, S. 3924-3932.

[33] GROßE, R.: *Temperaturabhängigkeit der Oberflächenspannung.* Skriptum zum Praktikum in physikalischer Chemie, Technische Universität Dortmund, 2011.

[34] FRAUNHOFER CENTER FOR COATINGS AND LASER APPLICATIONS, Informationsbroschüre, 2011.

[35] RAPATZ, F.: *Die Edelstähle.* Springer Verlag, Berlin, 1962.

[36] BERNS, H (Hrsg.).: *Hartlegierungen und Hartverbundwerkstoffe.* Springer Verlag, Berlin, 1998.

[37] SCHNEIDER, W.: *Grenzflächen III.* Skriptum zur Vorlesung, Technische Universität Chemnitz, 2008.

[38] HILGER, S.: *Wärmelehre.* Skriptum zur Vorlesung, Katholische Universität Eichstätt-Ingolstadt, 2011.

[39] MERKEL, M. u. THOMAS, K.-H.: *Taschenbuch der Werkstoffe.* 7. Auflage, Carl Hanser Verlag, München, 2008.

[40] BERGMAN, W.: *Werkstofftechnik 1.* 6. Auflage, Carl Hanser Verlag, München, 2008.

[41] VDI-TECHNOLOGIEZENTRUM PHSIKALISCHE TECHNOLOGIEN (Hrsg.): *Schweissen mit Festkörperlasern.* Reihe: Laser in der Materialbearbeitung, Band 2, VDI-Verlag, Düsseldorf, 1995.

[42] PÖHLANDT, K. et al.: *Werkzeuge der Kaltmassivumformung.* Reihe Kontakt & Studium, Band 581, 2. Auflage, Expert Verlag, Renningen, 2003.

[43] BERGMAN, W.: *Werkstofftechnik 2.* 4. Auflage, Carl Hanser Verlag, München, 2009.

[44] VÖLKL, R.: *Erstarrung.* Skriptum zur Vorlesung „Schmelze, Erstarrung, Grenzfläche", Universität Bayreuth, 2011.

[45] RUMP, H.A.: *Untersuchung und Beschreibung physikalischer Mechanismen von Adhäsion in mikromechanischen Inertialsensoren.* Martin-Luther-Universität Halle-Wittenberg, Dissertation, 2001.

[46] CZICHOS, H. u. HENNECKE, M. (Hrsg.): *HÜTTE – Das Ingenieurwissen.* 33. Auflage, Springer Verlag, Berlin, 2008.

[47] LANGE, K. et al.: *Fließpressen – Wirtschaftliche Fertigung metallischer Präzisionswerkstücke.* Springer Verlag, Berlin, 2007.

[48] LOBER, D.: *ASTM E112–Standard Methode zur Bestimmung der mittleren Korngröße bei Metallen.* unter: http://metallograf.biz/start.htm?/richtreihen/astme112.htm, Stand: 18.06.2011.

[49] HINNÜBER, J. u. KINNA, W.: *Hartmetalltechnik und Forschung.* In: Technische Mitteilungen Krupp Band 19, Fried. Krupp WIDIA-Fabrik, 1961, S. 130-153.

[50] PRAKASH, L.J.: *Weiterentwicklung von Wolframcarbid Hartmetallen unter Verwendung von Eisen-Basis-Bindelegierungen.* Institut für Material- und Festkörperforschung, Kernforschungszentrum Karlsruhe, Dissertation,1980.

[51] SCHREIBER, F. et al.: *Endkonturnahes Spritzen von Hartmetallschichten.* Technologieinformation, Durum Verschleißschutz GmbH, Willich, 2004.

[52] CHIANG, K.A. u. CHEN, Y.C.: *Microstructural characterization and microscopy analysis of laser cladding Stellite12 and tungsten carbide.* Journal of Materials Processing Technology, Vol. 182, Elsevier Inc., 2007, S. 297-302.

[53] PRIMES GMBH: *FocusMonitor/BeamMonitor.* Benutzerhandbuch, 2007.

[54] JÜTTNER, S.: *Werkstoffliche und fügetechnische Entwicklungen im Karosseriebau.* Institut für Werkstoff- und Fügetechnik, Otto-von-Guericke-Universität Magdeburg, 2010.

[55] SCHREIBER, F.: *Carbidische Werkstoffe zum Thermischen Spritzen.* Technologieinformation Durum Verschleißschutz GmbH, Willich, 2008.

[56] H.C. STARCK GMBH: *Amperit 518.* Produktinformation, 2008.

[57] WESLING, V.; PRETSCH, A. u. REITER, R.: *Tribosystemangepasste Verschleißuntersuchungen von wolframkarbidhaltigen Pseudolegierungen.* In: AMS-Online, 04/2010, S. 32-41.

[58] DIN ISO 4499: *Metallographische Bestimmung der Mikrostruktur.* Deutsches Institut für Normung, Beuth Verlag, Berlin, 1991.

[59] DIN ISO 4505: *Metallographische Bestimmung der Porosität und des ungebundenen Kohlenstoffs.* Deutsches Institut für Normung, Beuth Verlag, Berlin, 1991.

[60] HEINRICH, P.: *Thermisches Spritzen – Fakten und Stand der Technik.* Sonderdruck aus Jahrbuch der Oberflächentechnik, Band 48, Metall-Verlag, Berlin/Heidelberg,1992.

[61] KIEBACK, B. (Hrsg.); SCHATT, W. u. WIETERS, K.-P.: *Pulvermetallurgie – Technologien und Werkstoffe.* 2. Auflage, Springer Verlag, 2007.

[62] HELMICH, A.: *The Production of Tungsten Carbide.* Fachvortrag, Hochschule Pforzheim, April 2011.

[63] VOGL, G.: *Wandern ohne Ziel: Von der Atomdiffusion zur Ausbreitung von Lebewesen und Ideen.* Springer Verlag, Berlin, 2007.

[64] LECHNER, M.D.: *D'Ans – Lax – Taschenbuch für Chemiker und Physiker.* Band 1, Physikalisch-chemische Daten, 4. Auflage, Springer Verlag, Berlin, 1992.

[65] SCHUBERT, L.: *Herstellung und Charakterisierung von Silizium Nanodrähten mittels Molekularstrahlepitaxie.* Martin-Luther-Universität Halle-Wittenberg, Dissertation, 2007.

[66] BAUER; T.: *Untersuchungen zur Oxidationsbeständigkeit von Graphitfolien für Wärmespeicher.* Fachvortrag Arbeitskreis Thermophysik, Karlsruhe, März 2010.

[67] IMPAC ELECTRONIC GMBH: *Infratherm Handgerät IS 3 D.* Produkthandbuch, 2002.

[68] KELLEY, A.: *Tungsten Carbide-Cobalt by Three Dimensional Printing.* Massachusetts Institute of Technology (MIT), Master Thesis, 1998.

[69] OTT, A.: *Oberflächenmodifikation von Aluminiumlegierungen mit Laserstrahlung: Prozessverständnis und Schichtcharakterisierung.* Universität Stuttgart, Dissertation, 2010.

[70] GRÜNENWALD, B.: *Verfahrensoptimierung und Schichtcharakterisierung beim einstufigen Cermet-Beschichten mittels CO_2-Hochleistungslaser.* Universität Stuttgart, Dissertation, 1996.

[71] GASSER, A.: *Oberflächenbehandlung metallischer Werkstoffe mit CO_2-Laserstrahlung in der flüssigen Phase.* Rheinisch-Westfälische Technische Hochschule Aachen, Dissertation, 1993.

[72] EICHLER, J.; DÜNKEL, L. u. EPPICH, B.: *Die Strahlqualität von Lasern.* In: Laser Journal, Oktober 2004, Nr.2, S. 63-66.

[73] KAYSSER, W.A.: *Sintern mit Zusätzen.* metallkundlich-technische Reihe 11, Gebrüder Bornträger, 1992.

[74] FELGNER, K.H.: *Hochtemperaturmikroskopie an Bariumtitanatkeramiken.* Martin-Luther-Universität Halle-Wittenberg, Dissertation, 2001.

[75] KINGERY, W.D. u. NARHAISIMHAN, M.D.: *Densification During Sintering in the Presence of a Liquid Phase.* In: Journal of Applied Physics, Vol. 30, Issue 3, American Institute of Physics, 1959, S. 301-311

[76] KAYSSER, W.A.: *Vergleichende Untersuchungen des Flüssigphasensinterns der Systeme Fe-Cu, Fe-Sn, Cu-Bi, Cu-Sn, Ni-Bi, W-Cu.* Universität Stuttgart, Dissertation, 1978.

[77] RATKE, L., VOORHEES, P.: *Growth and Coarsening.* Springer Verlag, Berlin, 2002.

[78] CHRISTIAN, U.: *Metallkundliche Betrachtung von Laserauftragschichten auf Basis von Hartstoffpulvern.* In: Technik-Forum 2005: Umformwerkzeuge - Anforderungen und neue Anwendungen, Beiträge der Hochschule Pforzheim, Band Nr.123, 2005, S. 63-85.

[79] MROWEC, S. u. PRZYBYLSIK, K.: *Oxidation of cobalt at High Temperature.* In: Oxidation of Metals, Vol. 11, Springer Verlag, Berlin, 1977, S. 365-381.

[80] TOMPKINS, H.G. u. AUGIS, J.A.: *The Oxidation of Cobalt in Air from Room Temperature to 467°C.* In: Oxidation of Metals, Vol. 16, Springer Verlag, Berlin, 1981, S. 355-369.

[81] EGGERT, F.: *Standardfreie Elektronenstrahl-Mikroanalyse.* Books on Demand GmbH, Norderstedt, 2005.

[82] VÖLKSCH, G.: *Rasterelektronenmikroskop und Elektronenstrahlmikroanalyse.* Skriptum zum Praktikumsversuch, Institut für Glaschemie, Universität Jena, 2010.

[83] EGGERT, F.: *Grundlagen der Anregung von Röntgenstrahlung durch Elektronen.* unter: http://www.mikroanalytik.de/info1.phtml, Stand: 10.05.12.

[84] RAUTALA, P.: *An investigation of the System Wolfram-Cobalt-Carbon.* Helsinki Institute of Technology, Dissertation, 1946.

[85] HOTT DE FÙCIO BORGES, L. et al.: *HPHT Sintering and Characterization of Nanometric WC-Powders with Co-Addition.* Congreso Binacional de Metalurgia y Materiales (Conamet/SAM), Chile, 2008.

[86] PETZOW, G.: *Metallographisches, keramographisches, plastographisches Ätzen.* Gebrüder Bornträger, Stuttgart, 1994.

[87] ASM INTERNATIONAL: *Alloy Phase Diagrams.* ASM Handbook, Vol. 3, ASM International, 1992.

[88] ZIERKUSCH, R.: *Strukturvergleich laseraufgetragener und gesinterter Hartmetalle.* Hochschule Pforzheim, Bachelor-Thesis, 2010.

[89] KALTSCHMITT, M.; HARTMANN, H. u. HOFBAUER, H.: *Energie aus Biomasse.* 2. Auflage, Springer Verlag, Berlin, 2009.

[90] VÖLKL, R.: *Vergröberungsphänomene.* Skriptum zur Vorlesung „Schmelze, Erstarrung, Grenzfläche“, Universität Bayreuth, 2011.

[91] SMALLMAN, R.E. u. BISHOP, R.J.: *Modern Physicals – Metallurgy and Materials Engineering.* 6. Auflage, Elsevier Science, Oxford, 1999.

[92] KLOSE, S.: *Phasenstabilität, thermodynamische und mikromechanische Eigenschaften der metallischen Massivgläser Zr-Ti-Ni-Cu-Be und Au-Pb-Sb.* Technische Universität Berlin, Dissertation, 1995.

[93] WIELAGE, B.: *Herstellung SiC-haltiger für hochbeanspruchte Bauteile und Werkzeug mittels des HVOF-Verfahrens.* Abschlussbericht zum Forschungsvorhaben, Lehrstuhl für Verbundwerkstoffe, Technische Universität Chemnitz, 2001.

[94] SCHWETZKE, R. u. KREYE, H.: *Microstructure and Properties of Tungsten Carbide Coatings sprayed with various High Velocity Oxygen Fuel Spray Systems.* In: Journal of Thermal Spray Technology, Vol. 8, September 1999, S. 433-439.

[95] GOTTSTEIN, G.: *Physikalische Grundlagen der Materialkunde.* 2. Auflage, Springer Verlag, Berlin, 2001.

[96] SCHNEIDER, S.: *Viskositäten unterkühlter Metallschmelzen.* Rheinisch-Westfälisch Technische Hochschule Aachen, Dissertation, 2002.

[97] MÜLLER; B. u. POTH, U.: *Lackformulierung und Lackrezeptur.* 2. Auflage, Vincentz Network GmbH, Hannover, 2005.

[98] LECO CORPORATION: *LECO CS 244.* Produktbeschreibung, 2002.

[99] SAHM, P.; EGRY, I. u. VOLKMANN, T. (Hrsg.): *Schmelze, Erstarrung, Grenzflächen.* Vieweg Verlag, Wiesbaden, 1999.

[100] SCHÜLER, H.: *Simulation von Lötprozessen beim Metall-Keramik-Löten.* Technische Universität Chemnitz, Dissertation, 2001.

[101] UPADHYAYA, S.: *Cemented Tungsten Carbides.* Noyes Publications, New Jersey, 1998.

[102] LUGSCHEIDER, E.: *Handbuch der thermischen Spritztechnik (Technologien - Werkstoffe - Fertigung).* DVS-Media Verlag, Düsseldorf, 2001.

[103] SCHUMANN, H. u. OETTEL, H.: *Metallografie.* 14. Auflage, Wiley-VCH Verlag, Weinheim, 2005.

[104] SCHULZE, G.: *Die Metallurgie des Schweißens.* 4. Auflage, Springer Verlag, Berlin/Heidelberg, 2010.

[105] GÜNTHER, T.: *Zum Fällungsprozess und Wachstum kugelförmiger SiO_2-Partikel.* Otto-von-Guericke-Universität Magdeburg, Dissertation, 2008.

[106] SEIBEL, T.: *Organokompatible Zinnoxid Nanopartikel: Synthese, Oberflächenmodifikation und Dispersion.* Johannes-Gutenberg-Universität Mainz, Dissertation, 2007.

[107] LIEBERMANN, H.: *Rapidly Solified Alloys.* Marcel Dekker Inc., New York, 1993.

[108] BACH, F.-W. et al.: *Moderne Beschichtungsverfahren.* Wiley-VCH Verlag, Weinheim, 2000.

[109] SKOLNICK, L*: The Kinetics of Solution of Tungsten Carbide in Molten Cobalt.* Kinetics of High-Temperature Processes 1959, Massachusetts Institute of Technology, 1959, S.92-96.

[110] GERHARD IHLE HARTMETALLE E.K.: *Untersuchungsbericht Sinterhartmetall.* Königsbach, 10.01.2012.

[111] BECHTLOFF; B. *Gezielte Beeinflussung von Fest-Flüssig-Reaktionskristallisationen.* Martin-Luther-Universität Halle-Wittenberg, Dissertation, 2002.

[112] EBERT, L.: *Beeinflussung von geschweißten Auftragschichten durch instationäre Gasströme im Plasma-Pulver-Schweißprozess.* Technische Universität Chemnitz, Dissertation, 2011.

[113] STYRSA, V.J.: *Lamellare Entmischung und Vergröberung in eisenfreien Klinopyroxen.* Universität Darmstadt, Dissertation, 2000.

[114] SCHWARZ, R.: *Laserauftragschweißen an vergüteten Werkstoffen.* Hochschule Pforzheim, Diplomarbeit, 2009.

[115] BAEHR, H.D. u. STEPHAN, K.: *Wärme- und Stoffübertragung.* 3. Auflage, Springerverlag, 1998.

[116] ERMRICH, M.; STEPHAN, D. u. SCHULTRICH, B.: X-*Ray diffraction study of small laser-treated spots on WC-Co hardmetal.* Journal of Material Science, Vol.27, Springer Verlag, 1982, S. 2743-2748.

[117] SCHULTRICH, B. u. WETZIG, K.: *Investigation of laser irradiation of WC-Co cemented carbides inside a scanning electron microscope (LASEM).* In: Journal of Materials Science, Vol. 22, Springer Verlag, Berlin 1987, S. 3361-3367.

[118] MÜLLER, H. et al.: *In situ laser irradiation of WC-Co hard metals inside a scanning electron microscope Part 2.* In: Journal of Materials Science, Vol. 25, Springer Verlag, Berlin, 1990, S. 4440-4448.

[119] WANG, Y. et al.: *Effect of flame conditions on abrasive wear performance of HVOF sprayed nanostructured WC-12Co coatings.* Transaction of. Nonferrous Metals Society of China, Vol. 14 Special 2, Elsevier Ltd., October 2004, S. 72-76.

[120] RICHTERT, M. u. LESCZCYNKA-MADEJ, B.: *Effect of the annealing on the microstructure of HVOF deposited coatings.* Journal of Achievements in Materials and Manufacturing Engineering, Vol. 46, May 2011, OCSCO World Press, S. 95-102.

[121] KEAR, B.H.; SKANDAN, G. u. SADANGI, R.K.: *Factors controlling decarburization in HVOF sprayed nano-WC/Co-hardcoatings.* Scripta Materialia, Vol. 44 2001, Elsevier Ltd., S. 1703-1707.

[122] MC KINSEY & COMPANY: *Autoindustrie:* CO_2*-Regulierung sorgt bis 2030 für dreistelliges Milliardenwachstum im Leichtbau.* Pressemitteilung, 5. Januar 2012.

[123] BARTOS, R.: *Stahl erfolgreichster Leichtbauwerkstoff im Automobilbau.* Pressemitteilung, Stahl-Informations-Zentrum, Düsseldorf, 2.Juni 2008.

[124] SANDVIK HARD MATERIALS: *Das ist Hartmetall.* Informationsbroschüre, 2010.

[125] TECHEL, A.: *Gefüge und Eigenschaften von hartstoffverstärkten Laserstrahl-beschichtungen auf Stahl und Titan.* Technische Universität Dresden, Dissertation, 1998.

[126] SULZER METCO WOKA GMBH: *WOKA 6050.* Werkszeugnis, 2008.

[127] GEGNER, J.: *Komplexe Diffusionsprozesse in Metallen.* Expert Verlag, Renningen, 2006.

[128] GERBER, S.: *Leichtbau - Erhöhung der Crash-Sicherheit bei gleichzeitiger Gewichtsersparnis.* Hochschule für Technik und Wirtschaft Berlin, Diplomarbeit, 2009.